DIE DEUTSCHEN GEISSLERLIEDER

STUDIEN ZUM GEISTLICHEN VOLKSLIEDE DES MITTELALTERS

VON

ARTHUR HÜBNER

MIT VIER TAFELN

VERLAG WALTER DE GRUYTER & CO.
VORM. G. J. GÖSCHEN'SCHE VERLAGSHANDLUNG / J. GUTTENTAG, VERLAGS-BUCHHANDLUNG / GEORG REIMER / KARL J. TRÜBNER / VEIT & COMP.
BERLIN 1931 LEIPZIG

Druck von Walter de Gruyter & Co., Berlin W 10

Inhalt.

Einführung.

Kaum eine Frage ist für die mittelhochdeutsche Literaturgeschichte schwerer zu beantworten als die Frage des Publikums, und kaum eine ist wichtiger für ein rundes Verständnis unserer alten Dichtung. Literatur ist ja nicht nur eine Angelegenheit der Schaffenden, sondern auch der Aufnehmenden. Ihre Gestalt ist nicht nur bestimmt durch den einen und einsamen Willen des Dichters, sondern der äußere Zweck der Dichtung, der Kreis der sie aufnehmen soll, die Aufgabe die sie in diesem Kreise zu erfüllen hat, das Publikum also, wenn wir das Wort in diesem weiten Verstande nehmen, formt entscheidend an ihr mit. Das gilt doppelt für eine Literatur, die den Begriff des auf sich gestellten Dichters noch nicht kennt, sondern überall Zwecken folgt und Dienst verrichten will. Der Gedanke der Gebrauchskunst, in der Betrachtung mittelalterlicher Malerei und Plastik längst selbstverständlich, verlangt seine sinngerechte Anwendung auch auf die Literatur. Wir müssen sie in viel höherem Maße als bislang geschieht, als Gesellschaftsdichtung sehen lernen, im Sinne einer auf die Ansprüche und Bedürfnisse bestimmter Kreise sich einrichtenden Dichtung. Das Verständnis der mittelhochdeutschen Liederdichtung zumal hängt zu guten Teilen am rechten Begreifen des Publikums, das Wort in diesem umfassenden Sinn genommen. Die Frage der Liederzyklen etwa beim einzelnen Dichter oder die Frage aufeinander abgestimmter oder gegeneinander gestellter Lieder bei einem Dichterpaar wie Reinmar dem Alten und Walther von der Vogelweide, aber auch eine tiefer greifende Frage wie die nach dem ethischen Gehalt und der erzieherischen Bedeutung der Minnelieder, — sie alle werden solange nur unbefriedigend zu beantworten sein, als es nicht möglich ist, die übergeordnete Frage zu klären: Wie steht es mit der Lebensbezogenheit dieser Dichtung, mit ihrem rein äußeren Dasein, mit ihrer

Geltung und Wirkung bei den Menschen, für die sie geschaffen war, also mit der Frage des Publikums. Vielleicht gelingt es nicht, diese Frage in dem nötigen Umfang aufzuhellen, — gerade bei der hohen Minnedichtung ist es schwer. Dann werden jene anderen an sich bedeutsameren, aber in der Reihenfolge nachgeordneten Aussagen mit einer gewichtigen Unbekannten belastet bleiben.

Die Frage des Publikums will noch von einem anderen Gesichtspunkt gesehen werden. Bei der Dichtung Rudolfs von Ems etwa oder Konrads von Würzburg lichtet sich uns die Publikumsfrage erfreulich, insofern das Bild der Vermittler, Anreger, Besteller der einzelnen Werke immer klarer und lebensvoller wird. Wir sehen uns vor einer Stufung, die vom Kaiser bis in bürgerliche Kreise herunterreicht. Damit ist die Frage aufgeworfen, aber noch nicht beantwortet, was die Schichtenteilung des Publikums für die mittelhochdeutsche Literatur bedeutet. Denn ein Werk braucht in seinem Leserkreis und seiner Wirkung natürlich nicht beschränkt geblieben zu sein auf die soziale Stufe, zu der seine Entstehungsgeschichte führt. Hier ist noch viel Arbeit zu leisten, unter einem Wechsel der Blickrichtung. Die Frage, ob ritterlicher oder spielmännischer Dichter, wird immer wieder erörtert; die entsprechende und mindestens eben so wichtige, ob ritterliches, bürgerliches oder wie sonst geartetes Publikum, tritt demgegenüber ganz ungebührlich in den Hintergrund. Die herkömmliche Teilung zwischen 'ritterlicher' und 'bürgerlicher' Dichtung, das heißt hoch- und spätmittelalterlicher, ist ja auf ähnliche Dinge aus. Aber indem sie mit dieser grobschlächtigen Gegenüberstellung die Frage des Publikums so stark und schlagworthaft vereinfacht, verdunkelt sie die Angelegenheit mehr, als daß sie sie erhellte, und gibt sich den Anschein, eine Sache geschlichtet zu haben, die viel gründlicher angefaßt werden will. Nicht bloß deshalb weil sich im späteren Mittelalter die sozialen Besonderungen und Abstufungen immer vermehren, sondern auch weil neben der schichtenmäßigen Zerlegung des Begriffes 'bürgerlich' andere Unterscheidungen not sind. Dieselbe bürgerliche Schicht bedeutet bekanntlich heute ein verschiedenes Publikum, je nachdem sie in einer Groß- oder Kleinstadt lebt, je nachdem ihr Sitz ihr eine bestimmte kulturelle Tradition mitgibt oder nicht. Das gleiche gilt natürlich für die Städte des Mittelalters, — wie es für den Adel des Mittelalters gilt. Vielleicht sollte man einmal versuchen, eine Darstellung der mittelalterlichen Literatur nicht von den Dichtern, sondern vom Publikum her aufzubauen; ohne Zweifel würde auch die Betrachtung von Dichter und Dichtung dabei gewinnen.

Die Geißlerlieder des vierzehnten Jahrhunderts stellen den Betrachter, was die Frage des Publikums anlangt, vor ungewöhnlich günstige Verhältnisse. Hier bietet uns die Überlieferung einmal, was sie uns sonst vorenthält: ein rundes Bild von den Trägern des Liedes und den Formen seines Lebens. Der erschütternde Eindruck, den das Auftreten der Geißlerscharen allerorten hinterließ, hat viele Federn in Bewegung gesetzt, in Italien, dem Heimatlande der Geißlerzüge, ebenso wie in Deutschland. Ihnen danken wir es, wenn jenes Bild lebendig bewegt ist und uns auch den Wechsel des Hintergrundes sehen läßt. Zugleich gewinnt die Frage des Publikums hier wieder ein neues Gesicht. Die Geißlerlieder sind Volkslieder, das besagt: der Unterschied zwischen den Schaffenden und Aufnehmenden schwindet, das Publikum übernimmt selbst die Rolle des Dichters; das Lied wird aus einem Erzeugnis des einzelnen zu einer Funktion der Menge und ist nur noch von dieser Seite aus verständlich. Die moderne Volksliedforschung hat uns den Artunterschied von Kunstlied und Volkslied erkennen lassen; sie hat uns den Blick geschärft für das Besondere der Entstehungsbedingungen und der Daseinsformen auf dem einen und dem anderen Felde. Auch die Betrachtung der älteren deutschen Literatur hat öfter Anlaß, sich mit dem Problem des Publikums, so wie wir es eben sehen, auseinanderzusetzen. Man denke nur an die älteste deutsche Liebeslyrik, bei der die Fragen von Volkslied und Kunstlied lange noch nicht entschieden sind. Die Forschung wird sich hier mehr als bisher geschehen Erkenntnisse, die am lebenden Volkslied gewonnen sind, zunutze machen müssen. Die Geißlerlieder sind weitaus der günstigste Ansatzpunkt, um die an jüngeren Liedern ausgebildete Methode der Volksliedforschung auf mittelalterliche Dichtungen zu übertragen. Sie sind ein doppelt dankbarer Gegenstand für solchen Versuch auch wegen der Weite des Horizontes, in den sie den Betrachter stellen. Denn dieser Horizont dehnt sich von Italien bis zu den Niederlanden; es ist eine seltene Gunst der Umstände, die uns die

Schicksale von Volksliedern über einen so breiten geographischen Raum zu verfolgen gestattet.

Damit sind die wesentlichen methodischen Richtpunkte angedeutet, die die folgenden Untersuchungen leiten. Es kommt ihnen vor allem darauf an, die Geißlerlieder in dem Besonderen ihrer Daseinsform als geistliche Volkslieder zu verstehen und sie in den lebendigen literarischen Schichtungsprozeß einzugliedern. Das Bild wäre gewiß reicher und eindrucksvoller geworden, wenn neben der Untersuchung der Texte eine gleich angelegte Betrachtung der Melodien stünde. Aber sie ist ohne fachwissenschaftliche Schulung nicht möglich. Die Melodien sind deshalb nur soweit berücksichtigt, wie sie die Textgestalt deuten helfen. Das bleibt ein Mangel; immerhin ist damit schon erheblich mehr geschehen, als heute etwa bei der Erforschung des Minnesangs zu geschehen pflegt. Da behandelt man ja die Texte zumeist, als seien sie bloße Rezitations- oder Lesestücke gewesen, während doch anzunehmen ist, daß in Fragen der Rythmisierung beispielsweise die Melodie entscheidend mitsprach. Die Forderung ist alt und sie muß aufrechterhalten bleiben, daß literarische und musikalische Deutung sich bei der Betrachtung des mittelalterlichen Liedes zusammenfinden möchten. Aber sie ist schwer zu erfüllen; denn wirklich fruchtbar wäre sie erst erfüllt, wenn ein und derselbe Deuter, auf beiden Feldern gleich geschult, seinen Gegenstand von diesem doppelten Blickpunkt aus zu erfassen verstünde. Die öfters übliche Gemeinschaftsarbeit, derart daß ein Philologe sich mit einem Musiker zusammentut, ist ein fragwürdiger Notbehelf. Es ist deshalb nicht unverständlich, wenn die moderne Volksliedforschung hier zu einer klaren Arbeitsteilung gekommen ist; sie lehrt, daß auch die gesonderte Betrachtung zu Erfolgen führen kann.

Die Geißlerlieder stellen einen nur schmalen Ausschnitt aus dem Gesamtkreis des mittelalterlichen Volksliedes dar; aber sie ordnen sich in einen größeren Zusammenhang ein, den des Pilgerliedes, dessen ältere Geschichte sich für uns im Dunkel verliert. Die folgenden Forschungen versuchen hie und da, besonders in den letzten Abschnitten, von dem einen hellbeleuchteten Punkt aus in dies Dunkel vorzudringen. Aber wozu sie schließlich führen, das ist kein geschichtliches Gesamtbild, sondern es sind an das alte Pilgerlied sich knüpfende

Proben aufs Exempel der literarischen Stufung und Schichtung, Proben der Schichtensonderung ebenso wie der Schichtenmischung. An diesen Erscheinungen hing das Interesse des Verfassers, hier glaubt er auf Dinge hingewiesen zu haben, die über die Grenzen seines Beobachtungsgebietes hinaus von Bedeutung sind.

I. Voraussetzungen und Grundlagen des deutschen Geißlerliedes.

1. Die geschichtliche Erscheinung des Geißlertums.

Es ist gut ein Jahrhundert her, daß die bis heute grundlegende Arbeit über die mittelalterlichen Geißler erschienen ist; es ist das sehr gelehrte Werk von Ernst Günther Förstemann 'Die christlichen Geißlergesellschaften' (Halle 1828), das die historischen Zeugnisse für die europäische Geißlerbewegung mit großer Vollständigkeit zusammenträgt, freilich über solche Sammelarbeit noch nicht weit hinauskommt. Förstemann lenkt seinen Blick auch auf die Lieder der Geißler und vermerkt vielfach die entsprechenden Nachrichten. Aber auch abgesehen davon, daß ihm die wichtigsten Quellen für die Geißlerlieder noch fremd blieben, — es fehlt natürlich die ausgesprochen literarhistorische Fragestellung. So blieb es lange Zeit in den Untersuchungen über die Geißler, mochten sie von Historikern oder Theologen ausgehen [1]). Wandel schuf erst die ungeahnte Bereicherung, die unsere Kenntnis der deutschen Geißlerlieder durch die Erschließung der Hauptquelle, der Chronik Hugos von Reutlingen, im Jahre 1880 gewann. Aber man begnügte sich zunächst mit Publikationen (vgl. S. 94). Und erst die

---

[1]) Man findet die Literatur auch über die deutschen Geißler mit großer Vollständigkeit in dem vortrefflichen Artikel von Hermann Haupt 'Kirchliche Geißelung und Geißlerbruderschaften' in Herzogs Realenzykl. f. protest. Theol. u. Kirche 6, 432 ff. Als die für unsere Zwecke wichtigsten hebe ich folgende im Verlauf der Arbeit öfter genannte Untersuchungen hervor: Hermann Haupt, Zur Geschichte der Geißler, Zeitschr. f. Kirchengesch. 9 (1888), 114 ff.; derselbe, Die religiösen Sekten in Franken vor der Reformation, Würzburg 1882; Robert Hoeniger, Der schwarze Tod in Deutschland, Berlin 1882; Karl Lechner, Die große Geißelfahrt des Jahres 1349, Histor. Jahrbuch d. Görresgesellsch. 5 (1884), 437 ff.; J. Zacher, Artikel 'Geißler' bei Ersch-Gruber, Realenzykl. I 56, 242 ff.; nur diese letzte Arbeit zeigt ein stärkeres literarhistorisches Interesse.

Veröffentlichung der Melodien dieses großen Fundes rief die erste und bislang einzige halbwegs literarhistorische Arbeit über die Geißlerlieder hervor; es ist die umfängliche Studie 'Die Geißler des Jahres 1349 in Deutschland und den Niederlanden mit besonderer Beziehung auf ihre Lieder' von Hugo Pfannenschmid, die den Hauptbestandteil bildet von Paul Runges Werk 'Die Lieder und Melodien der Geißler des Jahres 1349 nach der Aufzeichnung Hugos von Reutlingen' (Leipzig 1900). Aber auch diese Untersuchung hat ein Archivar und Historiker geschrieben, der die Lieder der Geißler wesentlich als kulturhistorische Dokumente nimmt und sie ebenso von seinem geschichtlichen Bilde des Geißlertums aus zu erhellen versucht, wie er aus ihnen Stützen für seine Deutung des Geißlerwesens gewinnt. Indes, schon diese geschichtliche Auffassung des Geißlertums ist in ihren neuen und entscheidenden Gesichtspunkten ganz sicher falsch; und was das Germanistische anlangt, so hat sich Pfannenschmid an eine Arbeit gemacht, der er nicht gewachsen sein konnte, schon im rein Sprachlichen nicht. So ist denn das Besondere der Aufgabe, die hier zu lösen war, gar nicht erkannt, nämlich das Deuten der Geißlerlieder aus ihrem Wesen als geistlichen Volksliedern. Die literarische Untersuchung bleibt gutenteils im Aufweisen wirklicher oder vermeintlicher Quellen, wirklicher oder vermeintlicher Beziehungen zu anderen literarischen Denkmälern stecken. Dabei ist Wertvolles zutage gekommen; aber im ganzen ist das Vergleichen zu richtungslos, um rechte Frucht zu tragen. Dennoch ist der hingebende und gründliche Fleiß, mit dem Pfannenschmid gearbeitet hat, keineswegs ertraglos gewesen; seit Förstemann hat keine Untersuchung über die Geißler ihre Horizonte so weit gespannt. Der Literarhistoriker, der sich mit den Geißlerliedern beschäftigt, ist deshalb in einer glücklichen Lage: stoffreiche Vorarbeiten geben ihm das Werkzeug in die Hand, die Arbeit selber aber führt noch einigermaßen auf Neuland.

Eine Geschichte des Geißlertums, die nicht nur das äußere Bild und den Verlauf der Bewegung darstellt, sondern auch ihre geistigen und glaubensmäßigen Hintergründe zu fassen versucht, bleibt noch zu schreiben. Wir müssen uns hier damit begnügen, eine Vorstellung von dem Lebensboden zu geben, auf dem die Lieder der Geißler gediehen. Das ist Vorbedingung zu ihrem Verständnis. Und da ist das Wichtigste, daß man sich die Unterschiede klar hält, die nach sozialen Schichten, nach inneren und äußeren Voraussetzungen, nach Formen und Zielen der Bewegung innerhalb des Geißlertums aufzuweisen sind. Der gleiche Name deckt recht verschiedene Dinge. Gerade nach dieser Richtung hin hat Pfannenschmid gefehlt. Die Geißlerbewegung hat bekanntlich ihren Ausgang von Italien genommen und will verstanden werden aus den trostlosen politischen Verhältnissen des Landes um die Mitte des 13. Jahrhunderts. Die Parteikämpfe zwischen Welfen und Gibellinen ebenso wie das Faktionswesen in den Städten zerrissen die Nation bis in ihre kleinen Gemeinwesen hinein. Im September 1260 war das welfische Florenz von Siena und anderen gibellinischen Städten Toskanas geschlagen worden; den welfischen Städten schien Schlimmes zu drohen. In diesem Augenblick brach in Umbrien die große Geißelbewegung los, der Legende nach ausgelöst durch die Predigt eines Einsiedlers Raniero Fasani, der in dem welfischen Perugia auftrat und zu Buße und Versöhnung rief (s. u. S. 56). Ohne Zweifel handelt es sich um eine Bewegung, deren eigentliche Antriebe im Religiösen liegen; aber man darf daneben das politische Element nicht übersehen. *pax et misericordia!* ist der Bußruf der ältesten Geißler, — das setzt in bezeichnender Abwandlung eine politische Parole fort, den Wahlspruch *pax et iustitia* der staufischen Herrschaft. Das Geißlertum von 1260 ist in Italien auch ein Ausdruck politischer Selbstbesinnung; man wird sich bewußt, welchen Kräfteverlust die innere Zwietracht bedeutet. Es begreift sich wohl, wenn die Geißlerbewegung in Italien gutenteils als eine welfische Angelegenheit betrachtet worden ist; gibellinische Städte verschlossen ihr die Tore. Diese Dinge sind wichtig, wenn man die Frage nach den Trägern der Bewegung zu beantworten hat; sie machen es verständlich, wenn wir auch die geistlichen und weltlichen Behörden an ihr beteiligt sehen. Auf deutschem Boden stellen sich die Verhältnisse wesentlich anders dar.

Die breiteste und packendste Schilderung der italienischen Geißlerbewegung verdanken wir einem zeitgenössischen Chronisten, dem Mönch von Padua. Sie mag, da wir im folgenden wiederholt auf sie zurückkommen müssen, in ihren wesentlichsten Stücken hier wiederholt werden:

Sub precedenti annorum curriculo, cum tota Italia multis esset flagitiis et sceleribus inquinata, quedam subitanea compunctio et a seculo inaudita invasit primitus Perusinos, Romanos postmodum, et deinde fere Italie populos universos. In tantum itaque timor Domini irruit super eos, quod nobiles pariter et ignobiles, senes et iuvenes, infantes etiam quinque annorum, nudi per plateas civitatum, opertis tantum pudendis, deposita verecundia, bini et bini processionaliter incedebant; singuli flagellum in manibus de corigiis continentes, et cum gemitu et ploratu se acriter super scapulis usque ad effusionem sanguinis verberantes; et effusis fontibus lacrimarum, acsi corporalibus oculis ipsam Salvatoris cernerent passionem, cantu lacrimabili Domini misericordiam et Dei genitricis auxilium implorabant; suppliciter deprecantes, ut qui Ninivitis penitentibus est placatus, et ipsis, iniquitates proprias cognoscentibus, parcere dignaretur. Non solum itaque in die, verum etiam in nocte cum cereis accensis, in hyeme asperrima, centeni et milleni, decem milia quoque per civitates et ecclesias circuibant, et se ante altaria humiliter prosternebant, precedentibus eos sacerdotibus cum crucibus et vexillis. Similiter in villis et oppidis faciebant, ita quod a vocibus clamantium ad Dominum resonare videbantur simul campestria et montana. Tunc siluerunt omnia musica instrumenta et amatorie cantilene. Sola cantio penitentium lugubris audiebatur ubique, tam in civitatibus quam in villis, ad cuius flebilem modulationem corda saxea movebantur, et obstinatorum oculi se a lacrimis non poterant continere. Mulieres quoque tante devotionis fuerunt minime inexpertes, sed in cubiculis suis non tantum populares, sed etiam matrone nobiles et virgines delicate cum omni honestate hec eadem faciebant. Tunc fere omnes discordes ad concordiam redierunt, usurarii et raptores male ablata restituere festinabant, ceterique diversis criminibus involuti, peccata sua humiliter confitentes, se a suis vanitatibus corrigebant. Aperiebantur carceres, dimittebantur captivi, et exules redire ad propria sunt permissi. Tanta breviter opera sanctitatis et misericordie tam viri quam femine ostendebant, acsi timerent, quod divina potentia ipsos vellet igne celesti consumere vel hiatu terre subito absorbere aut concutere vehementissimo terre motu seu aliis plagis, quibus divina iustitia se ulcisci de peccatoribus consuevit . . . (Tantus fervoris impetus) a simplicibus sumpsit initium, quorum vestigia docti pariter et indocti subito sunt secuti. Mon. Germ. SS. 19, 179.

Indes, diese pathetische Schilderung gibt nur das halbe

Bild. 'Non erano collegi o sodalizj, ma popolazioni intere' sagt d'Ancona mit Recht von den ersten Geißlern [1]). Aber ebenfalls aus den Anfängen der Bewegung ist uns bezeugt, daß sich die Disciplinati zu festen Bruderschaften zusammentaten; für das Jahr 1260 ist das Entstehen einer ganzen Reihe von ihnen überliefert [2]). Die älteste, die 'Disciplinati di Gesu Cristo', trat in Perugia schon um die Wende von 1259 und 1260 ins Leben, angeblich von Fasani selbst gegründet. Aber auch diese Bruderschaften selber sind offenbar in verschiedenen Formen zu denken. Es hat anscheinend Arten von Bruderschaften gegeben, die an die deutschen Geißler von 1349 erinnern: man schloß sich nur für eine bestimmte Zeit zusammen und trug die Bewegung in der Weise voran, daß die Geißlerschaft einer Stadt nur die Nachbarorte heimsucht und von ihnen aus neue Scharen sich in Marsch setzen. Nach vielfältigen Nachrichten [3]) muß das die Hauptform für das Wuchern der Bewegung gewesen sein, und das versteht sich gerade auf Grund der politisch-sozialen Ursprungsbedingungen des italienischen Geißlertums sehr gut. Aber daneben hat es offenbar von allem Anfang an Disciplinatenbruderschaften gegeben, die als Dauereinrichtungen ins Leben traten und gleich mit der Gründung die festgefügten, durch Statuten geregelten Formen gewannen, wie sie uns ein paar Jahrzehnte später sicher bezeugt sind. Die Institution der Laienbruderschaften war damals in Italien etwas längst Bekanntes; Gesellschaften der 'Laudantes' gab es manchenorts. Es ist ganz deutlich, daß die späteren Disciplinatenbruderschaften in weitem Umfang die Tradition dieser 'Laudesi' fortsetzen. So ergibt sich die doppelte Möglichkeit, daß Geißelbruderschaften nach dem Vorbild der Laudesi in festen Formen sich auftaten, oder daß Laudesengenossenschaften sich unter dem

---

[1]) Alessandro d'Ancona, Origini del teatro italiano, 2. Ausgabe (Turin 1891) 1, 107.

[2]) Vincenzo de Bartholomaeis, Le origini della poesia drammatica italiana (Bologna 1924) S. 236.

[3]) Vgl. z. B. die Annales Placentini Gibellini zum Jahre 1260: *Eodem tempore inceperunt venire de versus Romam homines nudi, qui se de coriis verberabant, invocantes pacem et beatam Mariam; qui venerunt usque Bononiam. Quo viso Bononienses ceperunt et ipsi tam milites quam pedites et omnis turba se eodem modo verberare, et inde venerunt Bononienses usque Mutinam. Similiter Mutinenses illud idem fecerunt veniendo usque Regium* usw. Mon. Germ. SS. 18, 512.

Eindruck der Zeitereignisse in Disciplinatenbruderschaften umwandelten. Jedenfalls sind es diese städtischen Confraternitäten gewesen, die Jahrhunderte hindurch das Erbe der Bewegung von 1260 bewahrten und immer wieder Anstoß und Anhalt für neu aufflackernde Bewegungen elementarerer Form geben konnten. Sie haben auch in den Anfängen der Geißelbewegung schon ihre Rolle gespielt, vielfach wohl als der feste Kern der großen, von einer Stadt zur anderen ziehenden Geißlerscharen; das schimmert auch gelegentlich durch die historischen Nachrichten hindurch [1].

Es bleibt schade, daß die Quellen kein brauchbares Bild liefern von dem gegenseitigen Verhältnis, auch dem Quantitätsverhältnis dieser neben- oder nacheinander auftretenden verschiedenen Formen der ersten großen Geißlerbewegung. Aber dem Anschein nach ist die Annahme berechtigt, daß die Bewegung von Anfang an nicht in dem Maße und mit der Ausschließlichkeit jene Züge leidenschaftlicher Zügellosigkeit aufwies, wie das flammende Gemälde des Mönchs von Padua es uns glauben machen möchte; und wir müssen uns hüten, unsere Gesamtvorstellung des Geißlertums vom Jahre 1260 gar zu sehr von dieser Schilderung abhängig zu machen.

Die Wellen der Bewegung schlugen Anfang 1261 auch nach Deutschland hinüber, und anscheinend nicht ganz schwach. Eine größere Zahl von Quellen berichtet vom Auftreten der Geißler zumal in Südostdeutschland, bis nach Böhmen und Polen hinein [2]. Es sind offensichtlich die gleichen alten Kulturstraßen, auf denen die Bewegung auch 1349 lief. Bedeutsam ist, was sich über die Form ihres Auftretens aus den Zeugnissen herauslesen läßt. Nach ihnen hat sich die Geißelbewegung

---

[1]) *omnes illi homines de Mutina venerunt Regium, tam parvi quam magni, et omnes de comitatu Mutinensi et potestas et episcopus cum vexillis omnium societatum, et verberaverunt se per totam civitatem* Salimbene, Mon. Germ. SS. 32, 465.

[2]) Hauptquellen für die 1261 nördlich der Alpen auftretenden Geißler: Annales Mellicenses Mon. Germ. SS. 9, 509; Continuatio Sancrucensis II SS. 9, 645; Continuatio Zwetlensis III SS. 9, 656; Continuatio Praedicatorum Vindob. SS. 9, 728; Ellenhardi Argentinensis Annales SS. 17, 102 f.; Hermanni Altahensis Annales SS. 17, 402; Heinrici Heimburgensis Annales SS. 17, 714; Annales capituli Cracoviensis SS. 19, 601; Anonymi chronicon rhythmicum SS. 25, 363; Chronicon Pulkavae in: Monum. hist. Boemiae ed. Dobner 3, 232; Baczko von Posen in: Silesiac. rer. scriptores 2 (1730), 74.

nördlich der Alpen in bestimmten Ordnungen, vielleicht in der Form lockerer Organisationen ausgelebt. 33½ Tage währte nach dem Altaicher Chronisten die Bußfahrt, die Geißelung erfolgte nur zweimal am Tage, und zwar nach einem bestimmten Rituell; sie ging vor sich unter Umzügen um die Kirche oder durch die Kirche; auch in bezug auf die Bekleidung galten bestimmte Regeln. Eine Form der Bewegung also, wie sie für 1260 in Italien nur undeutlich sichtbar wird, steht hier mit größerer Greifbarkeit vor uns; da sie sicherlich aus Italien übernommen wurde, legt sie auch für die italienischen Verhältnisse Zeugnis ab. Aber wichtiger für uns ist, daß die Erscheinungsform des Geißlertums, die 1261 in Deutschland mindestens die vorherrschende war, starke Ähnlichkeit gehabt zu haben scheint mit der, die 1349 das Bild bestimmte. Zwar wird der entscheidende Punkt, das Zeremoniell beim Geißelungsakt, aus den Nachrichten für 1261 nicht hinreichend deutlich. Aber die Analogien im übrigen Gebahren lassen auch hier wenigstens Ähnlichkeiten erwarten. Das ist von Bedeutung für die Frage des Zusammenhangs der jüngeren Geißlerlieder von 1349 mit den älteren von 1261.

Daß die geißlerische Tradition auf deutschem Boden so wenig abriß wie auf italienischem, beweist das Auftreten kleinerer Geißlerscharen im Elsässischen im Jahre 1296 [1]). Aber alles Frühere verblaßte gegenüber der gewaltigen Ausdehnung, die die Geißelbewegung im Jahre 1349, mitten in der großen Pestzeit, vor allem auf deutschem Boden gewann. In seinen Ursprüngen will dieser größte Ausbruch des europäischen Geißlertums als ein Versuch der Vorbeugung gegen die Pest verstanden werden. Die Quellen fließen für diese Spanne der Geißlerbewegung so reichlich, daß sich von ihrer Art und Ausbreitung ein recht genaues Bild gewinnen läßt. Das ist für unsere Zwecke doppelt willkommen, weil diesem Zeitraum die erhaltenen deutschen Geißlerlieder zugehören. Die Bewegung hat auf deutschem Boden ihren Ausgang von den österreichischen Landen genommen. Ende 1348 treten die Geißler in Steiermark auf, Anfang 1349 in Nieder- und Oberösterreich; Tirol blieb anscheinend verschont. Man beachte, es ist dasselbe Gebiet, in dem auch 1261 die Geißler Boden gewannen. Bis zum Herbste

---

[1]) Vgl. Chroniken d. dtsch. Städte Bd. 8, 104 Anm. 5.

des Jahres 1349 hat dann die Bewegung, im ganzen nach Nordwesten und Westen weiter wuchernd, sich ganz Deutschland erobert. Am Niederrhein, auf dem alten Sektiererboden, hat sie sich reich entfaltet, um schließlich von Holland aus auch auf die angrenzenden Gebiete Frankreichs überzugreifen; sogar bis nach England schlug eine Welle. Ende 1349 begann die Unterdrückung durch geistliche und weltliche Behörden.

Stellen wir, um uns über den Nährboden des Geißlerliedes zu vergewissern, die Frage nach den Formen, in denen sich die Bewegung auf deutschem Boden vollzog, so ist zu sagen, daß das regellos wilde, ekstatische Wesen, wie es nach dem Mönch von Padua die ältesten italienischen Geißler zeigten, auf deutschem Boden ziemlich unbekannt geblieben zu sein scheint; gewisse Auflösungserscheinungen der Bewegung stehen auf einem besonderen Blatt. Eine Notiz, wie sie etwa die Annales Mechovienses bieten [1]), fällt unter den außeritalienischen Berichten auf, wenn auch öfter von sich geißelnden Frauen die Rede ist. Als die herrschende Form haben wir uns offensichtlich die zu denken, die uns aus den beiden Hauptberichten, den Zeugnissen Fritsche Closeners und Hugos von Reutlingen entgegentritt, die uns in sehr ausführlichen Schilderungen die Geißlerbewegung auf ihrer Höhe vorführen. Da handelt es sich um Laienbruderschaften von fester Organisation, aber zeitlich beschränkter Dauer. Für 33½ Tage tat sich eine Anzahl von Büßern unter selbstgewählten Führern zu einer Geißelfahrt zusammen. Sie hatten ihre Statuten; und diese Statuten stellten nicht nur genaue Bedingungen für die Aufnahme in die Bruderschaft, sondern regelten auch das Leben während der Fahrt bis ins kleinste. Selbstverständlich unterlag auch die Geißelübung einem festen, ziemlich umständlichen Rituell. Es wird am ausführlichsten bei Closener S. 105 ff. beschrieben. Soweit es sich mit dem Text der Liturgie verbindet, ist es unten S. 107 ff. abgedruckt. Die Bußhandlung begann mit einer theatralischen Absolutionszeremonie: den Oberkörper nackt, den Unterkörper bis auf die Füße mit einem weißen Kittel oder Tuch umkleidet, legten sich die Geißler in einem weiten Kreis zur Erde; ein

---

[1]) *virgines eciam parwe et magne de villis sparsis crinibus in modum processionis tamquam vesane discurrebant, verberantes se, et pernoctabant in silvis ad quendam Gregorium, quem pro sancto colebant, set deluse a dyabolo plures ex eis perierunt* Mon. Germ. SS. 19, 670.

Meineidiger reckte drei Finger in die Höhe, ein Ehebrecher legte sich auf den Bauch, so zeigten sie durch Gebärden die Sünden an, für die sie büßen wollten. Alsdann schritt der Meister über den ersten und absolvierte ihn durch einen Spruch und eine Berührung mit der Geißel (s. u. S. 153f.). Der erste erhob sich und schritt mit dem Meister zusammen über den zweiten. So ging es fort, bis alle aufgestanden und übereinander geschritten waren. Dann erst begann die von Gesang begleitete Handlung der Selbstgeißelung. Sie vollzog sich in drei prozessionsartigen Umgängen, die jeweilig durch einen gestenreichen Bittruf beschlossen wurden: nachdem sich die Geißler in die Knie gelassen, warfen sie sich in Kreuzgestalt zur Erde, um sich dann wieder auf die Knie zu erheben und mit erhobenen Händen um Bewahrung vor dem 'jähen Tod' zu bitten. Doch lassen die Berichte, gerade was diesen Gebetsteil anlangt, Unterschiede der Übung erkennen. Von Bedeutung ist vor allem die Aussage Heinrichs von Herford: *Cum autem psallendo venerint ad partem cantionis, ubi de passione Cristi mentio fit* (offenbar ist die Stelle R 37f. gemeint), *ubicumque tunc fuerint, sive terra munda, sive lutum, sive spine, sive tribuli, sive urtica, sive lapides ibi sint, se subito totos ex alto proni prosternunt in terram, non genibus successive vel aliquo alio fulcimento se demittentes, sed quasi ligna cadentes, se totos super ventrem faciem et brachia proicientes, et sic in modum crucis iacentes, orant. Cor lapideum esset, quod talia sine lacrimis posset aspicere* [1]. *Post signo dato per unum eorum, surgunt, cantionem suam processionaliter sicut prius prosequentes* (Liber de rebus memorabilioribus sive chronicon hsg. von Aug. Potthast, Göttingen 1859, S. 281). Also eine strengere und möglicherweise ursprünglichere Übung. Auch im übrigen zeigen die Beschreibungen des Rituells Abweichungen [2]; aber überall wird deutlich, daß es sich um liturgisch ausgebildete Formen von sakramentaler Geltung handelt. So ist also für die Geißler des Jahres 1349 ihre Bußübung nicht mehr ein

---

[1]) Das kommt den Worten merkwürdig nah, mit denen der Mönch von Padua die Wirkungen beschreibt, die das Auftreten der italienischen Geißler hervorrief (s. u. S. 62f.); es darf vielleicht ähnlich gedeutet werden, als Erinnerung an eine große Stelle der Liturgie, R 114f.

[2]) Neben Heinrich von Herford ist es vor allem die Chronik des Matthias von Neuenburg, die wichtige Sonderangaben macht, Mon. Germ. SS. nova ser. 4, 1, S. 271.

elementarer Ausbruch ekstatischer Religiosität, sondern eine religiöse Zeremonie, man darf fast sagen: ein mit einem Publikum rechnendes religiöses Schaustück. *magna spectacula in populis admirantibus facientes* sagt ein Fortsetzer des Guillaume de Nangis [1]). Das braucht dem blutigen Ernst derer, die sich dieser Bußübung hingaben, natürlich nicht Abbruch zu tun, — der gewaltige Eindruck, den die Geißler allenthalben hervorriefen, und die Kraft der Ansteckung, die von ihnen ausging, spricht deutlich genug für die Ursprünglichkeit des religiösen Impulses. Immerhin ist mit dieser Formgebung der öffentlichen Bußübung doch der Weg zu jenen rein symbolischen Formen beschritten, die der Geißelakt in den späteren italienischen Disciplinatenbruderschaften gewann.

Von besonderem Interesse ist die Entwicklung, die die Bewegung in den Niederlanden genommen hat. Nicht nur die historischen Nachrichten, auch das unmittelbare Zeugnis der Statuten der Geißler von Brügge und Doornik läßt erkennen, daß 'die Kirche in Verbindung mit der weltlichen Obrigkeit die Geißlerfahrten zu überwachen und zu leiten suchte', das hat Pfannenschmid (S. 123) richtig gesehen; wenn man statt 'Kirche' vielleicht auch besser sagt: einzelne kirchliche Organe. Liest man die Quellen für das Wesen und Treiben der niederländischen Geißler, vor allem die Hauptquelle, die Chronik des Aegidius li Muisis [2]), so fühlt man sich vielfach an die italienischen Geißler erinnert. Bedeutsam zumal, daß li Muisis als eine Wirkung ihres Auftretens anführt, *quod poenitentiam facientes et ad exemplum eorum quamplurimi condonabant et indulgebant guerras motas inter partes, et hoc fuit in Tornaco et in diversis locis* S. 352 [3]). Das war in Italien das erklärte Ziel der ersten großen Geißelbewegung gewesen. Bei den ganz veränderten Voraussetzungen der Geißelbewegung von 1349 legt sein Wiederaufleben Zeugnis ab von der Nachhaltigkeit des Einflusses, der von dem italienischen Geißlertum ausging, — man könnte fast zu der Vermutung kommen, daß er sich aus irgendwelchen Gründen auf niederländischem Boden mit ver-

---

[1]) Paul Fredericq, Corpus documentorum inquisitionis haereticae pravitatis neerlandicae (Gent 1889—96) 2, 125.

[2]) Corpus chronicorum Flandriae hsg. von De Smet 2, 346 ff.

[3]) Ähnliches auch sonst in niederländischen Quellen, vgl. Fredericq Corpus 1, 194; 2, 131.

stärkter Kraft entfaltete. Nicht nur daß die Statuten der niederländischen Geißler greifbare Zusammenhänge mit denen der Disciplinatenbruderschaften zeigen (s. u. S. 35ff.), auch die Formen ihres Auftretens erinnern in manchem mehr an das kirchlich gebundene italienische Disciplinatentum, als das bei den zeitgenössischen deutschen Geißlern der Fall gewesen zu sein scheint. Schon rein äußerlich hat anscheinend der Ort der Kirche für sie mehr bedeutet, und die Lobgesänge vor dem Muttergottesbilde (s. u. S. 71. 73f.) stellen sich unmittelbar neben die *laude dinanzi alla ymagine della nostra Donna* [1]), die zum Brauch der Disciplinaten gehörten.

Es ist deshalb ganz folgerecht, wenn wir gerade auf niederländischem Boden die Ansätze zur Bildung ständiger Geißlergenossenschaften beobachten, wie sie in Italien das bleibende Ergebnis der Bewegung waren. Bemerkenswert ist schon, daß in flämischen Städten neben den über Land ziehenden Geißlerbruderschaften auch Genossenschaften ins Leben traten, deren Mitglieder nur am Orte selber für eine kurze Zeit sich der Geißelung unterwarfen. Und wenn als Zeitspanne im Niederländischen 9 Tage genannt werden (li Muisis S. 359), so findet sich dieselbe Zahl für die Bußumgänge italienischer Bianchi (Förstemann S. 116. 125). Darüber hinaus aber lassen Verordnungen des Doorniker und des Genter Magistrats von 1349 und 1350 (Fredericq Corpus 2, 112 f. 117 f.) erkennen, wie die Praxis exerzitienmäßig begrenzter Geißelzüge einen Anreiz zu fortgesetzter Übung und zur Bildung dauernder Gemeinschaften geben mußte. Und wenn dabei besonders die Rede ist von Versuchen der Geißler, eine eigene Weise der Bestattung durchzuführen und sich Vermächtnisse zu sichern (vgl. li Muisis S. 354), so erinnert auch das wieder an italienische Verhältnisse: gerade der Feier der Exequien maßen die Disciplinatenbruderschaften, wie ihre Statuten vielfach erkennen lassen, besondere Bedeutung bei. Diese Dinge sind natürlich auch für die Frage des Geißlerliedes von wesentlichem Belang. Denn es bedingte unter Umständen einen Wechsel von Haltung und Höhenlage des Gesanges, wenn sich sein Lebensboden änderte.

Auch auf deutschem Boden sind Spuren der gleichen Entwicklung zu beobachten. In Avignon erschienen 1349 gegen

[1]) Vgl. die unten S. 36 zitierten Statuten der Disciplinaten von Orsammichele S. 24.

hundert Baseler Bürger, um vom Papst die Genehmigung ihrer Bußübung zu erhalten (Nachweise bei Pfannenschmid S. 144). In Straßburg tat sich 1349 eine Bruderschaft auf, die, wie Closener S. 119 berichtet, unter Geißelungen die Totenehrung für verstorbene Mitglieder beging; das ist wieder sehr bezeichnend. Die Versuche drangen nicht durch, weil der Verdacht der Ketzerei entgegenstand. Und der Kryptoflagellantismus, der auf deutschem Boden das Erbe der sozial und moralisch mehr und mehr herunterkommenden Bewegung antrat, ist ja wirklich schwerer Ketzerei verfallen. Er erst hat auf seine Art die Form dauernder Geißlergenossenschaften verwirklicht.

Am wenigsten Zuverlässiges bieten die Quellen über die Art und Weise, in der die Bewegung vorwärtsschritt und sich ausbreitete. Die gemeingültige Vorstellung ist wohl die, daß es sich bei den Geißlerfahrten um Züge handelt, die mit der Kraft der Ansteckung neues Volk an sich rissen, anderes erschöpft liegen ließen und sich so an- und abschwellend, formlos, weite Strecken durchmessend durchs Land wälzten; und die Quellen sind vielfach dazu angetan, eine solche Vorstellung zu nähren. Aber sie bedarf starker Einschränkungen. Denn sie verträgt sich schlecht mit der geregelten und organisierten Form der Geißlerbewegung, wie sie eben als die vorherrschende während des Jahres 1349 festgestellt wurde. Vor allem lag in der Zeitdauer von 33½ Tagen eine natürliche Begrenzung des Fahrtbereiches einer und derselben Bruderschaft [1]). Tatsächlich fehlt es nicht an Angaben, die erkennen lassen, daß die Bewegung, wenn vielleicht auch nicht ausschließlich, ganz in derselben Weise vorangetragen wurde, wie es die ersten italienischen Geißler getan hatten (s. o. S. 10) und wie es nicht anders auch ihre Nachfahren, die Bianchi, taten (s. Förstemann S. 124 f.). In der Geißlerpredigt bei Closener findet sich ein eindeutiges Zeugnis: (es vollbrachten die Wallfahrt) *die von Ysenach bitz zu den von Würtzeburg, die von Würtzeburg zu den von Halle* (d. i. Schwäbisch Hall), *die von Halle zu den von Eßelingen, die von Eßelingen zu den von Kalwe, von Kalwe gen Wile, von Wil gen Bulach, die von Bulach die vollebrohtent die wallefart*

[1]) Das gilt auch schon für die deutschen Geißler des Jahres 1261; aber auch da haben wir nur unbestimmte, weiträumige Angaben: *ibant de provincia in provinciam, de civitate in civitatem, de villa in villam, de ecclesia ad ecclesiam* Contin. Sancruc. der Melker Annalen Mon. Germ. SS. 9, 645.

zu den von Herrenberg und gen Tüwingen und gen Rotenburg, und ist also kummen uf den Rin in alle stete, große und kleine, und in Elsas. nu fûrent wir, die von Liechtenouwe, dise wallefart S. 116 f.[1]). Closener deutet freilich auch an, wie andere Formen sich entwickeln konnten: wenn die Bußfahrt von 33½ Tagen beendet war, so huben sie manche, statt nach Hause zurückzukehren, von neuem an (S. 118). Alle Wahrscheinlichkeit spricht dafür, daß diese wuchernde Form der Ausbreitung weit regelmäßiger war, als die Quellen erkennen lassen [2]).

Man darf sich auch durch die Riesenzahlen, die die Quellen z. T. nennen, nicht beirren lassen. Am glaubhaftesten sind die Angaben, die 40, 60 oder allenfalls einige hundert Mann als Stärke der einzelnen fahrenden Bruderschaften angeben [3]): höchstens solche Mengen kann die Organisation der Sozietäten fassen und übersehen, wenn auch damit zu rechnen ist, daß ein großer Trupp aus mehreren Bruderschaften bestand. Die Zahlen, die in die Tausende gehen, wollen vorsichtig betrachtet werden, ohne daß sie doch in jedem Fall auf Übertreibung zu beruhen brauchten. Manchmal werden die Quellen Gesamtsummen meinen, die sich durch Addition zeitlich aufeinanderfolgender Einzelscharen ergeben. Anderseits wird deutlich, daß bestimmte Orte (Klöster, Wallfahrtspunkte) und bestimmte Gelegenheiten (Kirchweihen) eine besondere Anziehungskraft auf die Geißler

---

[1]) Die sprechendsten Nachrichten haben wir bezeichnenderweise wieder aus den Niederlanden; man vergleiche vor allem li Muisis 348 f. 354 f. Dazu andere Nachrichten wie *et adonc alèrent casqune compagnie trente trois jours et demi; il rentroient en ès villes et chités ou chastiaus, dont il estoient issu* Jehan Froissart bei Fredericq Corpus 2, 131.

[2]) Einmal belehrt, liest man sie auch aus geschwellteren Darstellungen heraus: *ex singulis autem nationibus vel fortassis et urbibus se consociantes per totam terram discurrebant* Heinrich von Herford S. 281; auch von der Propaganda für das Weitertragen der Bewegung ist die Rede: *docentes ... qui penitentiam quam ipsi exercebant per XXXIIII dies perageret, quod talis a suis peccatis foret absolutus* Heinrich von Diessenhofen bei Boehmer Fontes rer. germ. 4, 73.

[3]) *40 vel 60 vel interdum plures, scilicet centum et supra* Mon. Germ. SS. 9, 656 (zum Jahre 1261); sehr bezeichnend: *flagellatores in Alamania insurrexerunt ubique in maxima multitudine, quia interdum octoginta simul iverunt* etc. Heinrich von Rebdorf bei Boehmer Fontes rer. germ. 4, 561; *und namen ir hundert oder zwaihundert oder mer oder minner ainen maister* Konrad von Megenberg, Buch der Natur, hsg. von Pfeiffer S. 217; auch die genauen Zahlenangaben bei li Muisis S. 354 f. bleiben gutenteils unter 100.

ausübten: auch in solchen Fällen will die Zahlenangabe als die Summierung einer Mehrzahl von Kolonnen verstanden werden, die von verschiedenen Seiten her am selben Ort zusammentrafen. Worauf es uns bei solchen Feststellungen ankommt, ist dies: die Bewegung wies Ausbreitungsformen auf, die ganz ungewöhnlich günstige Bedingungen schufen für eine schnelle und dabei doch volksliedhaft modelnde Weitergabe der Geißlerlieder.

Ähnliches gilt von dem, was sich über die soziale Zusammensetzung der Geißlerscharen ermitteln läßt. D'Ancona sagt von den Anfängen der italienischen Geißlerbewegung: Erano gli umili, gl'infimi, i poveri, gl'indotti, che a lor modo protestavano contro le iniquità de' grandi 1, 109; das ist an sich einleuchtend und fußt auf Nachrichten, wie sie beim Mönch von Padua und sonst gelegentlich sich finden. Aber wenn man sich den politischen Einschlag vergegenwärtigt, den die italienische Geißlerbewegung in ihren Ursprüngen hatte, versteht man es, wenn andere Zeugnisse die Kreise weiter ziehen: von den *nobiles pariter et ignobiles*, den *pauperes et divites* ist in deutschen und italienischen Quellen des öfteren die Rede, und einige deutsche heben sehr bestimmt die Teilnahme gerade der höheren Schichten hervor: *set multi nostri noti in eam* (sc. *sectam*) *ibant pura intencione et sincera devocione* Heinrich von Heimburg Mon. Germ. SS. 17, 714; noch bezeichnender: *quorum sectam non solum tota Ytalia, set et regiones plurime sunt secute, ita quod eam in primis sibi multi nobiles et mercatores, postea rustici et pueri assumpserunt* Hermann von Altaich Mon. Germ. SS. 17, 402. Anders zeichnet eine anscheinend noch nicht beachtete österreichische Quelle ihre soziale Zusammensetzung:

cerdo, pistor, carnifex evangelizatur,
contra clerum clanculo scisma suscitatur.
sutor penitenciam dans confessor datur,
textor, faber predicat et sacrificatur.
large tuba canere scit molendinator,
cantus novos promere scit et gladiator.

Anonymi chronicon rhythmicum Mon. Germ. SS. 25, 363. Und Baczko von Posen gar nennt die Geißler schlechthin *secta rusticorum* Silesiac. rer. scriptores 2 (1730), 74. Es wäre zu erwägen, ob bei dieser Buntheit der Angaben nicht auch an die verschiedenen Formen gedacht werden muß, in denen die Geißlerbewegung auftrat, wenigstens auf italienischem Boden. Was die Entwicklung in Deutschland anlangt, so scheint es, als wenn die Bewegung in ihrem Voranschreiten verschiedene soziale Stufen durchmaß: in ihren Anfängen rekrutierte sie sich anscheinend aus höheren Schichten, möglicherweise irgendwie ein Widerschein italienischer Verhältnisse.

Auch die Nachrichten für 1349 gewähren kein ganz einheitliches Bild. Der Augenzeuge Hugo von Reutlingen berichtet:

prespiter atque comes, miles, armiger hiis sociatur
hiisque scole varii se coniunxere magistri
et monachi, cives, rurenses atque scolares

Runge S. 24, V. 252 ff.,

eine Stelle, bei der man freilich die poetische Stilisierung in Rechnung zu setzen hat. Und ein anderer Augenzeuge Heinrich von Herford schreibt: *fuerunt inter eos etiam quidam spectabiles, probi et honesti viri, sed et episcopi, puta* (l. *puto*?) *Trajectensis et ceteri, quamquam communiter de plebeis terrarum et etiam de ribaldis collecti fuerint* S. 282. Die Mehrzahl der Zeugnisse stellt sich auf die Seite dieses 'communiter'. Die Verdammungsbulle Clemens VI. spricht einfach von *profana multitudo simplicium hominum* (Fredericq Corpus 1, 200). *viri non literati* sagen Verse aus einem Anniversarienbuch aus Villingen, Zeitschr. f. d. Gesch. d. Oberrheins N. F. 18, 45. Das gleiche meint Closeners Angabe S. 118, wo die Beteiligung gelehrter Geistlicher ausdrücklich ausgeschlossen wird; und für spätere Quellen steht diese Beurteilung im ganzen fest. Auch eine Angabe wie die des Heinrich von Diessenhofen besagt noch nicht viel anderes: *ad quorum societatem plures Constantienses accesserunt, non tantum pauperes immo eciam ditiores* a. a. O. S. 74. Auf der anderen Seite wird die Teilnahme Gebildeter ausdrücklich unterstrichen. Nach Matthias von Neuenburg waren unter ihnen *sacerdotes et literati* [1]), und gerade die Teilnahme von Klerikern ist oft bezeugt (vgl. auch Fredericq 2, 125. 131), wenn auch ein so summarischer Bericht wie der des Hermann Korner: *In hac secta erant episcopi, clerici et layci diversorum statuum et sexuum* (Chronica novella hsg. von Schwalm S. 56) falsche Vorstellungen wecken muß. Man wird nicht leugnen, daß innerhalb einzelner Bruderschaften Gebildetere die Führung

[1]) Nach der Fassung bei Urstisius, Script. rer. germ. 2 (1585), 149.

hatten; aber es wäre gewiß ein Fehlgriff, wenn man mit Pfannenschmid annehmen wollte, daß in solchen Angaben eine Führerschicht sichtbar wird, die die ganze Geißlerbewegung in Händen hielt (S. 124 ff.). In Wirklichkeit sind das nur Zeugnisse für die wechselnde soziale Zusammensetzung der Geißlerscharen. Daß die Geißlerbewegung im Laufe des Jahres 1349 eine Radikalisierung erfuhr, ist bekannt; natürlich hat sich damit auch eine Verschiebung der sozialen Zugehörigkeit ihrer Träger nach unten hin verbunden. Aber man darf sich dies Sinken schwerlich als einen ganz gleichmäßig verlaufenen Vorgang denken. Wenn man bei li Muisis S. 354 f. liest, daß aus denselben Orten immer neue Geißlerscharen aufbrachen, ist Grund zu der Vermutung, daß es auch in landschaftlicher Begrenzung eine innere und äußere Stufung der Bewegung gab. Und wenn wir hie und da von der Bildung dauernder Bruderschaften in den Städten lesen, so vertreten sie gewiß eine andere Schicht als das fahrende Volk der absinkenden Bewegung. Von der Bruderschaft, die in Straßburg ins Leben trat, sagt Closener, daß *etliche antwerkelute* sie gründeten (S. 119). Damit wird schon der höchste ständische Kreis bezeichnet sein, der sich in breiteren Massen an den Geißlerzügen beteiligt hat (vgl. die Angabe der österreichischen rythmischen Chronik S. 19). Sonach darf als sicher gelten, daß wir im allgemeinen mit den niederen Volksschichten als Trägern der Bewegung zu rechnen haben, das besagt: die Lieder der Geißler von 1349 fanden den günstigsten Nährboden, den Volkslieder zu ungestörtem Leben finden können.

Pfannenschmid spricht einmal von Literaten der Geißler, die einzelne Lieder zusammengefügt hätten (S. 168). Das heißt die Dinge schief sehen; aber es ist freilich folgerecht im Sinne einer Auffassung, die die ganze deutsche Geißlerbewegung des Jahres 1349 als die Schöpfung eines bewußt arbeitenden kleinen Kreises von antikirchlichen Revolutionären nehmen möchte. Pfannenschmid glaubt nämlich, das 'Vorhandensein einer Oberleitung der gesamten Geißlerbewegung' feststellen zu können (S. 127), über die sich freilich Positives nicht aussagen ließe; absichtlich, meint er, habe man davon wie von manchem anderen geschwiegen. Er denkt sich diese Oberleitung ins Leben getreten, als die Geißler Anfang 1349 aus Österreich donauaufwärts zogen; indessen war sie nicht an einen bestimmten Platz gebunden, sondern wechselte, nach Gründen der Sicherheit, ihren Versammlungsort. Ihre Hauptaufgabe war es, die einzelnen wandernden Bruderschaften nach einheitlichem Plane zu organisieren; Sendboten, die von der Zentralleitung ausgesucht und ausgeschickt wurden, besorgten dies Geschäft. Über ihre sonstigen Aufgaben möge man bei Pfannenschmid S. 126 nachlesen.

Diese Auffassung ist unhaltbar. Schon allgemeine Erwägungen sprechen nachdrücklich dagegen. Warum gerade bei den Geißlern von 1349 diese zentrale Leitung, und nicht bei den früheren Stößen der Bewegung? Und warum gerade bei den deutschen Geißlern von 1349 diese Oberleitung? Warum die innere Gleichartigkeit dieser europäischen Bewegung zerstören? Vor allem aber schlägt das Beweismaterial Pfannenschmids nicht durch, das im wesentlichen aus gewagten Interpretationen der Bulle stammt, durch die Clemens VI. im Oktober 1349 die Geißler verdammte. Es ist nicht einzusehen, warum die *ordinationes* und *statuta*, von denen die Bulle spricht, eine solche Oberleitung bedingten; und es ist sicher falsch, in den *congregationes conventuales*, die die Bulle verwirft, einen Hinweis auf die Oberleitung zu sehen; man mag selber S. 127 die Künstlichkeit dieses Beweisversuches verfolgen. Die Bulle bietet eine durchaus zutreffende Anschauung der Dinge, wenn sie sagt: *quod se per societates et conventicula* (*licet caudas invicem colligatas habeant*) *dividentes, diversas circumeunt patrias:* nur daß die *caudae colligatae* keine geheime Oberleitung meinen, sondern das allgemeine Verbundensein nach Ursprung und Haltung. Schon die Zeitgenossen haben sich offenbar darüber gewundert, daß die Bewegung sich rein wuchernd ausbreitete, ohne daß, wie bei anderen Sekten und Ketzereien, eine Führergestalt erkennbar war. Das klingt nach in einer noch nicht verwerteten aufschlußreichen Quelle, einer lateinischen Abhandlung, die in Form einer Quaestio das Geißlertum vom Standpunkt des Kirchenrechtes aus untersucht und verurteilt [1]). Da werden auch die verschiedenen Namen der Geißler

---

[1]) Die Abhandlung ist ein Teil der aus verschiedenen ehemals selbständigen Stücken zusammengesetzten lateinischen Sammelhandschrift Cod. Ms. I Qu. 72^{m} der Universitätsbibliothek Breslau (Papier, 14.—15. Jh.); sie steht auf Blatt 142^{r} ff. Die Abhandlung gehört nach dem Schriftcharakter schon ins 15. Jh., schöpft aber greifbar aus zuverlässiger und wertvoller Überlieferung.

erörtert: *Iidem etiam se acephalos* [1]) *id est sine capite appellabant, eo quod nullus homo autenticus huius secte dicatur inventor fuisse vel autor.*

Das ist also der Grundirrtum Pfannenschmids, der ihn das Wesen der deutschen Geißlerbewegung verkennen läßt, daß er an die Stelle ihrer Flüssigkeit eine Gebundenheit und Geschlossenheit setzt, die sie so niemals besaß, — dieser Grundirrtum führt ihn auch zu falschen Vorstellungen von den Lebensäußerungen der Geißlergesellschaften. So arbeitet er mit einem Grundstatut der Geißler, das die gemeinsame Vorform der uns erhaltenen Statuten darstellte; es hätte sozusagen das antihierarchische Programm der geißlerischen Oberleitung umschlossen. Aber nicht nur allgemeine Gründe, sondern auch die nachprüfbare Entwicklungsgeschichte der verschiedenen Statuten von 1349 spricht gegen eine solche Hypothese (Genaueres S. 33f.). Ebenso geht es schwerlich an, durch Addierung der auseinandergehenden Überlieferung Closeners und Hugos von Reutlingen über den Hergang nach Beendigung der Geißelprozedur eine Normalform des Rituells ermitteln zu wollen. Das ist eine ganz überflüssige Harmonistik, die sich wieder die Tatsache nicht genügend klar macht, daß bei den Lebensformen der Geißlerbewegung auch ihr Zeremoniell notwendig Veränderungen unterworfen war, — wie groß sie sein konnten, sieht man, wenn man die niederdeutschen und niederländischen Berichte mit jenen oberdeutschen vergleicht. Vor allem ist infolge dieser falschen Grundauffassung Pfannenschmids Vorstellung von den Geißlerliedern zu Schaden gekommen. Er denkt an 'Vorsänger, die, je nach Zeit- und Ortsgelegenheit, oder aus anderen Gründen aus ihrem Textbuche, worin, wie wir unbedenklich annehmen dürfen, alle Lieder in guter Anordnung verzeichnet waren, diese oder jene Verse oder Strophen in den ursprünglichen Text einschoben oder anfügten, anderes dagegen fortfallen ließen' (S. 176). Er schiebt also die Unterschiede, die die uns überlieferten Geißlerlieder in Bestand und Anordnung aufweisen, dem bewußten Eingreifen einzelner zu, die die ihnen vorliegenden Originaltexte bald so, bald so veränderten. Das heißt aber das Eigentliche dieser Texte,

---

[1]) *acephalas* Hs. Über die eigentliche Meinung dieser Bezeichnung s. S. 28.

ihr volksliedhaft unbewußtes Wachstum, verkennen. Es ist immer derselbe Irrtum bei Pfannenschmid: eine feste, einheitliche Organisation der Geißler, infolgedessen auch Festigkeit und Einheitlichkeit ihrer Lebensäußerungen.

An diesem Irrtum leidet schließlich auch Pfannenschmids Auffassung von den geistigen Hintergründen der Bewegung und ihren Zielen. Er glaubt, daß die Führer der Geißler den 'Sturz der Hierarchie im Sturm herbeizuführen suchten', um der in Sünden versunkenen Welt eine bessere Gestaltung zu geben. Sie verbargen ihre Absichten aber unter dem Deckmantel der hergebrachten kirchlichen Lehren und Formen (S. 97). Nur in Verhüllungen und Andeutungen haben sie ihre ketzerischen Meinungen in ihre Lieder Eingang finden lassen. In eingehenden Untersuchungen geht Pfannenschmid diesem 'Glauben der Geißler' nach (S. 188—197). Gegen diese Untersuchungen ist im ganzen wie im einzelnen manches einzuwenden. Zunächst ist es methodisch nicht angängig, die Lieder unterschiedslos als geißlerische Erzeugnisse zu behandeln und sie dogmatisch auszupressen. Es ist ja mit Händen zu greifen, daß zumindest einzelne Lieder und Liedteile von den Geißlern nicht geschaffen, sondern einfach adoptiert wurden; und im übrigen, es sind eben doch Volkslieder, die nach Volksliedart mit gegebenen Formeln arbeiten: wie kann man sie da Zug um Zug als geißlerische Glaubensäußerung nehmen!

So hält denn auch im einzelnen vieles von Pfannenschmids Nachweisen nicht Stich. Aus dem Schlusse des Liedes 'Maria muoter reiniu meit' (s. u. Lied III) will Pfannenschmid schließen (S. 195 ff.), daß die Geißler nicht an das Fegefeuer glaubten [1]);

[1]) Vermutlich leitet Pfannenschmid hier der Gedanke an die 1414 von der Inquisition verurteilten Sangerhausener Geißler, die tatsächlich das Purgatorium leugneten (Alexander Reifferscheid, Neun Texte zur Geschichte der religiösen Aufklärung in Deutschland während des 14. und 15. Jahrhunderts, Festschrift der Universität Greifswald 1905, S. 35). Aber Rückschlüsse von den späteren sektenhaften Verdichtungen auf die Geißlerbewegung von 1349 sind keineswegs ohne weiteres zulässig. Und die Quaestio der Breslauer Hs. (s. o. S. 22) sagt ausdrücklich in dem Abschnitt über die *Dicta* der Geißler: *Asserebant etiam se animas de purgatorio liberare. nam dicebant quod quicumque illas flagellaciones 33 et dimidio diebus faceret, indubitanter suam et 7 animas de purgatorio liberaret. et quidam eorum amplius insanientes dicebant se animas a penis inferni absolvere; ymmo quod esset inde infernus per eorum opera usque ad tres tantum animas scilicet Iude proditoris, Pylati et Herodis evacuatus* Bl. 142ᵛ.

'denn Maria führt diese (nämlich die durch die Geißelbuße gereinigten) Seelen nach dem Tode sofort in das Himmelreich':

Und nim die selen all gelich
Und fûr si in daz himelrich.

Aber die letzte Zeile ist keine individuelle Äußerung, sondern entlehnte Formel, und von 'sofort' steht nichts zu lesen. Aus ähnlichen Gründen ist die Empfängnis durchs Ohr, von der das Lied 'Maria unser frowe' (s. u. Lied IV) spricht, ganz unergiebig im Sinne eines Zusammenhangs der geißlerischen Lehre mit dem Doketismus der Katharer, für den Pfannenschmid sie ausmünzen möchte (S. 164 f.), ganz abgesehen davon daß (wie leider öfter) ein arger Übersetzungsfehler im Spiele ist: *Maria .. Was in götlicher schouwe* besagt nichts von 'göttlicher Gestalt'. Und was für gnostische Spekulationen knüpft Pfannenschmid gar an ein so landläufiges scholastisches Paradoxon wie *Jesu Christi mater et filia* S. 193!

Es ist ganz bezeichnend, daß die historischen Berichte im allgemeinen nicht einzelne Lehrmeinungen der Geißler als Grund des Häresievorwurfes anführen, sondern aus ihrem Gebahren und ihren Ansprüchen die Anschuldigung der Ketzerei ziehen; wie es in einer böhmischen Chronik zum Jahre 1349 heißt: *in cantu et in factis eorum principales fidei Katholice contrarii inventi sunt viciosi* Monum. hist. Boemiae hsg. von Dobner 4 (1779), 34. Daß sie als Laien Beichte hörten und Absolution erteilten, daß sie sich das Predigtamt anmaßten, daß sie die kirchlichen Sakramente verachteten zugunsten ihrer Geißelbuße, das ist der ständig wiederholte Vorwurf [1]) (vgl. S. 172). Natürlich ist das ausgesprochene Ketzerei; aber, so oft auch die Quellen die Bezeichnung *secta* gebrauchen

[1]) Vgl. etwa Konrad von Megenberg: *etleich ketzer, die sich in laienweis an all weih an nement peiht ze hæren und ze vergeben den läuten ir sünd* a. a. O. S. 217; Heinrich von Herford: *predicationis etiam officium cum penitentie flagellis infeliciter et pertinaciter indocti stolidique presumunt* a. a. O. S. 281; *sectam praefatam et erroribus quibusdam, dum se passim et mutuo ab enormibus peccatis absolverent et illecebris carnalibus . . fore inquinatam* Johannes Dlugossus Historiae Polonicae libri XII (Leipzig 1711) Sp. 1094; *qui sese flagellabant in conspectu hominum et sibi mutuo videlicet laicus laico confitebantur peccata sua et poenitentias injungebant et praedicabant ad populum et multos simplices decipiebant* Benessius de Weitmil Script. rer. Bohem. 2 (1784), 347.

mögen, es erweist noch nicht das Vorhandensein einer glaubensmäßig geschlossenen Sekte mit festem, allgemeinverbindlichem ketzerischen Lehrgebäude, wie Pfannenschmid es sich denkt. Daran kann es auch nichts ändern, wenn uns, bei den niederländischen Geißlern zumal, der eine oder andere konkrete Lehrsatz entgegentritt [1]: all das sind nur Interpretationen ihrer besonderen Bußform. Als später die Kryptoflagellanten dauernde geheime Vereine schufen, lagen die Dinge wesentlich anders; aber bei den Geißlern von 1349 fehlten eigentlich schon die soziologischen Vorbedingungen für eine Sektenbildung dieser Art. Die Bewegung war in sich viel zu ungleichartig. Es sind Tausende rechtgläubiger Katholiken in sie hineingerissen worden, die gewiß nicht für die 33½ Tage ihrer Geißelfahrt sektiererische Revolutionäre ganz bestimmter Farbe waren, um nachher wieder rechtgläubige Katholiken zu werden. Die Dinge liegen vielmehr so, — und damit kommen wir zu dem entscheidenden Punkt, daß auch nach der Seite des Glaubensmäßigen hin Unterschiede gemacht werden wollen. Es ist keine Frage, daß ketzerische Elemente aus schon bestehenden Sekten sich den Geißlern angeschlossen haben: sie stellten eine Bewegung dar wie geschaffen, um die verschiedensten antikirchlichen Strömungen und Stimmungen an sich zu ziehen. Daher weisen die Quellen denn auch gelegentlich auf Zusammenhänge zwischen den Geißlern und gewissen Sekten hin. Aber das darf nicht zu der Meinung führen, als habe es ein bestimmtes System geißlerischer Lehrmeinungen gegeben, das sich aus averroistischen, katharischen, gnostischen Ketzereien nährte (Pfannenschmid S. 96 f. 165. 193), und gerade die Lieder sind mitnichten Zeugnisse für dies System. Die Flüssigkeit, die ihrem Wesen nach der ganzen Bewegung und ihren Lebensäußerungen eignet, hat ihre Bedeutung auch für die Frage des 'Glaubens' der Geißler; der Grad der inneren wie der äußeren Entfernung von der Kirche war verschieden.

Eher könnte man versucht sein, nach einer anderen Seite hin eine gemeinsame geistige Linie für die Geißler von 1349 festzustellen. Hermann Haupt hat die Vermutung aus-

---

[1] *dicebant, quod eorum sanguis sic per flagella tractus et effusus cum Christi sanguine miscebatur* Fortsetzung der Chronik des Guillaume de Nangis, Fredericq 2, 125; vgl. li Muisis S. 349.

gesprochen, daß die unmittelbare Veranlassung der Geißlerzüge des Jahres 1349 eine apokalyptische Prophezeiung gewesen sei, die für das Jahr 1348 allerlei Umwälzungen und Schrecken verkündete [1]) (Die relig. Sekten in Franken vor der Reformation, Würzburg 1882, S. 14). Das heißt gewiß, das Gewicht einer Prophetie überschätzen, deren Zusammenhang mit der verbreiteten Apokalyptik der deutschen Kaisersage greifbar ist; und mit Recht hat Karl Bauer widersprochen (Theol. Lit. Ztg. 8 [1883], Sp. 206). Aber wenn er seinerseits das apokalyptische Moment bei der Entstehung der Geißlerbewegung ganz ausschalten möchte, so heißt das vielleicht doch, die Dinge zu einfach nehmen. Konrad Burdach hat einmal ausgesprochen, daß eschatologische Stimmung neben den nationalen Forderungen dem reformatorischen Geist des 14. Jahrhunderts seine Grundfarbe gibt (Der Dichter des Ackermann aus Böhmen und seine Zeit 1, 116). Die Erwartung der Endzeit, durch das ganze Mittelalter hin stärker oder schwächer gespannt, tritt uns tatsächlich, gerade wo Opposition gegen die Kirche sich erhebt, immer wieder entgegen, — bis zu Luther hinauf. Daß auch das Auftreten der deutschen Geißler sich vor eschatologischen Hintergründen abspielte, wird einem schon aus manchen Zeugnissen ihrer Gegner heraus deutlich. So bringen Erfurter Annalen folgenden Ausfall gegen sie:

Gens antichristi, cur signaris cruce Christi?
Achephalisti tu nequam secta fuisti;
Scismata fecisti, datur huic herisis (l. *herisi*), *puto, sisti.*
Clerum sprevisti, lapidare quem voluisti,
Quem sanctum scisti; rogo dampneris nece tristi.
Quos seduxisti, tecum pereant simul isti.
Conqueror hoc triste quod pitzonarius [2]) *iste*
Hos subplantavit, sibi quos Deus associavit,
Sanctum Johannem matrem Dominique Mariam.

Mon. Germ. SS. 6, 541.

---

[1]) Hausbuch des Michael de Leone: *Anno domini m.ccc.xl.viii. multa mirabilia contingent ut astrologus maximus attestatur. Unus solus erit dominus. Imperium Romanum exaltabitur. Magna rixa erit in terra. Tyrannus rex Francie cadet cum baronibus suis. ... Papa dissipabitur cum cardinalibus suis. Erit magna fames et mortalitas* Boehmer, Fontes rer. germ. 1, 474.

[2]) Am Rande: *id est flagellarius.* Auch Karl Strecker kann das Wort *pitzonarius* nicht erklären.

Der dies schrieb, hat die Geißler offenbar als 'praecursores Antichristi' genommen, so wie etwa Heinrich von Langenstein (1325—97) sich diese praecursores dachte [1]). Auch abgesehen von dem Antichristen enthält die Stelle deutliche eschatologische Hinweise: *Scismata fecisti* weist auf die *discessio* 2. Thess. 2, 3, die man eschatologisch zwar meist anders interpretierte, aber doch auch als *scissura magna Ecclesiae* verstand (Heinrich von Langenstein a. a. O. S. 550 f.). Und *Quos seduxisti* ist ein Zitat aus derselben großen eschatologischen Stelle (*ne quis vos seducat ullo modo;* vgl. Matth. 24, 4 und 5). Das Stück als ganzes bezieht sich auf eine alte Prophezeiung, auf die auch sonst öfter hingewiesen wird. So erscheint unter den historischen Notizen, die dem Annalista Saxo beigeschrieben sind, die folgende:

Hiltegardis dixit: azephala gens mala fingens
exit cum muscis, mox evolat illa locustis etc.

Mon. Germ. SS. 6, 551 mit weiteren Nachweisen.

Ähnlich in einer niederländischen Quelle des 15. Jhs., der Chronik des Joannes van der Beke: *Men seyde dat een Prophete propheteerde van desen volcke langhe te voren aldus: Veniet gens sine capite et flagellabit se pro peccatis suis* nach Fredericq Corpus 1, 197. Die Hauptlosigkeit war bei den Geißlern dadurch gegeben, daß sie Kopf und Antlitz mit Kapuzen bedeckten.

Ihre geistlichen Gegner also nahmen die Geißler z. T. als Sendlinge des Antichristen. Als Antwort der Geißler auf eine solche Kennzeichnung hätte man ein Rückgeben der Beschuldigung erwarten können: der Papst oder der Klerus ist der Antichrist; das haben die Kryptoflagellanten später ausgesprochen [2]). Aber in den auf uns gekommenen Verlaut-

[1]) Vgl. das Kapitel 'De hypocritis adventum Antichristi praecessuris' in seinem Buche 'Liber adversus Telesphori eremitae vaticinia' (B. Pez Thes. anecdot. 2, 547ff.): *consurget in publicum coetus quidam hypocritarum, quos diabolus ex haereticis colliget vel ex diversis fidelium statibus. ... isti, opportunitate capta, exibunt in publicum praedicantes, clerum ordinarium jam a Deo reprobatum esse et abjectum ... quid mirum, si populus laicalis et principes eius .. illos auribus attentis audiant hypocritas excessum sanctitatis et zelum salutis omnium praetendentes? quis non videat istos primos Antichristi praecursores* usw.

[2]) *Anticristus, qui diu regnavit, sunt prelati et presbiteri, qui omnes Anti-*

barungen der Geißler findet sich diese Meinung nicht [1]). Im übrigen spricht wenigstens ein Zeugnis mit voller Deutlichkeit aus, daß die Geißler sich wirklich in der Endzeit fühlten. Die Quaestio des Breslauer Handschrift (s. o. S. 22) führt unter den *Dicta eorum* an: *Item de quadam sua cantilena* [2]) *dicebant quod post 17 annos immediate presentem annum domini 1349 sequentes religiones et precipue mendicantium ordines post multas tribulationes deficient substituto quodam novo ordine. postquam etiam priores ordines cum magna gloria resuscitabuntur. et tunc mundus certissime finietur. et multa animalia non tam frivola quam insana garriebant, quae recitare longum esset* Bl. 143r. Das Zeugnis ist doppelt wertvoll, weil es wieder auf die Zusammenhänge des deutschen und des italienischen Geißlertums hinzuführen scheint. Daß beim Ausbrechen der ersten großen italienischen Geißlerbewegung vom Jahre 1260 eschatologische Erwartungen stark beteiligt waren, ist eine bekannte Tatsache; nach den Weissagungen des Joachim von Fiore sollte mit diesem Jahr der letzte status mundi, der 'status spiritus sancti' einsetzen. Auch die Geißelfahrten der späteren Bianchi nährten sich von dem Glauben, daß die Welt in kurzem untergehen werde (Förstemann S. 135. 139); bezeichnenderweise treten auch in der unter dem Einfluß der Geißlerbewegung sich entfaltenden Laudenpoesie eschatologische Stoffe öfter zutage (vgl. Otto Beckers, Das Spiel von den zehn Jungfrauen, Breslau 1905, S. 45). Und nun also für 1349 ein Zeugnis, das die endzeitlichen Erwartungen bis ins kleine ausmalt, und zwar mit Einzelzügen wie dem *novus ordo*, deren Zusammenhang mit joachimitischen Vorstellungen unverkennbar ist. Mit aller Schärfe

---

cristi sunt et dicuntur, qui (l. *quia*?) *sectam flagellatorum infestant et persequuntur* war die Meinung der Sangerhausener Geißler, Reifferscheid S. 35.

[1]) Denn ein Zeugnis wie das folgende wiegt vielleicht nicht schwer genug: in Doornik predigte ein Dominikanermönch, der mit einem Geißlerhaufen aus Leyden gekommen war, *imponens fratribus de ordinibus mendicantium, quod contra devotionem assumptae poenitentiae praedicabant ... vocans tales fratres scorpiones et antichristos* li Muisis a. a. O. S. 349.

[2]) Wie mich Karl Strecker belehrt, könnte man übersetzen 'vermittels eines Liedes'. Dann würde die Notiz also ein verlorenes Geißlerlied erweisen. Aber hier habe ich Zweifel an der Zuverlässigkeit der Quelle; zumindest ist sie kaum wortwörtlich zu verstehen. Denn neben den erhaltenen Geißlerliedern ist ein Text mit so bestimmten Angaben schwer vorstellbar.

zeigt sich der Glaube an das nahe Weltende alsdann bei den Kryptoflagellanten [1]); mit Recht stellt Hermann Haupt die Erwartung des nahen Weltgerichtes als den tragenden Gedanken der späteren Geißler hin (Zs. f. Kirchengesch. 9, 117 f.). Das ist also nur ein Nachhall und vielleicht eine Verdichtung von Stimmungen, wie sie auch bei den Geißlern von 1349 vorausgesetzt werden müssen. Das ganze Mittelalter hat ja gespannt nach Vorzeichen des Endes der Dinge Ausschau gehalten. Es gab ihrer außer dem Antichristen noch andere; man las sie vor allem aus Matth. 24 und Luc. 21 heraus. Die greifbarsten darunter waren die *pestilentiae et fames et terrae motus per loca*, von denen Matth. 24, 7 spricht. Nun sind freilich mittelalterliche Chroniken nicht gerade arm an entsprechenden Nachrichten; aber es darf doch darauf hingewiesen werden, daß ein großes Erdbeben in Kärnten Anfang 1348, nach der häufigen Erwähnung in den Quellen zu schließen, die Gemüter stark beschäftigt hat, von mehrfachen Erdbeben in Italien im Jahre 1349 zu schweigen; es ist gewiß nicht bedeutungslos, wenn in diesen Nachrichten z. T. ein eschatologischer Ton schwingt [2]). Und daß man das ungeheure Sterben der Jahre 1348 bis 51 nicht als Vorzeichen des Endes genommen haben sollte, ist einfach undenkbar. Detmars Lübische Chronik deutet, wie bereits Haupt betont hat, den schwarzen Tod denn auch in diesem Sinne [3]). Übrigens rücken auch mehrfach überlieferte jüngere Merkverse auf das Jahr 1349, auf die schon Maß-

---

[1]) Unter den 'Articuli' der Sangerhausener Geißler besagt der zehnte: *quod Cristus in Cana Gallilee circa finem convivii nupcialis aquam albam in vinum rubeum convertit, designavit, quod circa finem mundi baptismus aque et baptismus sanguinis mutari debent* Reifferscheid S. 33; vgl. 35, 6 ff.

[2]) Annales S. Stephani Frisingensis: *Anno Domini 1348 in die conversionis sancti Pauli apostoli* (25. Januar) ... *est factus terre motus tantus, qui a passione Christi numquam auditus vel visus est aut fuit* mit genauerer Beschreibung Mon. Germ. SS. 13, 59; Annales Casinenses: *Anno Domini 1349, tertia indictione, die 9. Septembris fuit magnus terrae motus in toto regno Siciliae, qualis non fuit ab initio mundi nisi in morte Christi* Mon. Germ. SS. 19, 320; vgl. Matth. 24, 21: *tribulatio magna, qualis non fuit ab initio mundi usque modo.* Über ein anderes italienisches Erdbeben im März 1349 Heinrich von Diessenhofen bei Boehmer, Fontes rer. germ. 4, 72.

[3]) *so sint desse stervende, orloghe, vorretnisse unde al de plaghe de nů scheen mer, de tekene, de Cristus heft ghesproken in den hilgen ewangelien, dat se scholen scheen vor der lesten tiid; wo langhe vore, dat is nicht beschreven, wente Gode is dat alleneghen bekant* Chron. d. dtsch. Städte 19, 522.

mann aufmerksam gemacht hat [1]), Pest und Erdbeben zusammen:

Pestis regnavit plebes quoque millia stravit.
Contremuit tellus, populusque crematur Hebraeus
Insolitus populus flagellat se seminudus etc.

Das ist gewiß sinngemäß nach der Anschauung jener, die diese Zeichen miterlebten.

Aber trotz dem Zeugnis der Breslauer Handschrift darf man nicht glauben, daß eine bestimmte eschatologische Meinung geißlerisches Gemeingut gewesen sei. Nicht so sehr als Glaubenssatz, sondern mehr als wogender Stimmungshintergrund der Bewegung muß das Eschatologische verstanden werden. Bunt und brodelnd, wie die ganze Bewegung nach ihren soziologischen Bedingungen war, muß man sich auch ihren geistigen Untergrund denken. Das hat es ja den Nachdenklicheren unter den alten Chronisten so schwer gemacht, zu einem bündigen Urteil über den Wert oder den Unwert der Geißlerbewegung zu gelangen. In li Muisis spricht ein reifer Beobachter, der keinen rechten Ausweg aus dem Für und Wider sieht und die Entscheidung Gott anheimstellt, und bei Hugo von Reutlingen, auch einem geistlichen Manne, äußert sich deutliche Sympathie, — wenn nur nicht so viele *folli* und *insipientes* sich unter die *sapientes* gemischt hätten (Runge S. 28, V. 308ff.). Selbst ein so gehässiger Urteiler wie der Verfasser der Quaestio in der Breslauer Handschrift stuft mit deutlicher Absicht und weiß bei den 'Dicta' wie bei den 'Facta' der Geißler von Unterschieden der Irrung und des Frevels, dem Grade und den Trägern nach.

Robert Hoeniger hat in seinem Buche über den schwarzen Tod in Deutschland (Berlin 1882) die Meinung vertreten, daß die Geißlerbewegung von 1349 sich in zwei Stadien abgespielt habe: im ersten rein religiös begründet, hätte sie sich im zweiten zu einer vollständig organisierten sozialpolitischen Bewegung entwickelt, die unter dem Deckmantel ihrer Bußübungen nur sozialrevolutionäre Ziele verfolgt hätte. Diese Ansicht ist dahin zu modeln, daß die Bewegung bei

---

[1]) in dem unten S. 98 zitierten Werk S. 78 nach einer jungen Quelle, dem Erläuterten histor. chronologischen Abriß der Stadt Königsberg in der Neu-Mark (Berlin 1713) des Augustinus Kehrberg.

einer freilich sehr deutlich wahrnehmbaren Radikalisierung von Anfang an Elemente an sich zog, die mit revolutionären Phantasien erfüllt waren; und insofern hat man auch recht, mit Hermann Haupt auf jene Nachricht bei Johann von Winterthur hinzuweisen, wonach man für das Jahr 1348 auf das Wiedererscheinen Friedrichs II. rechnete, der Kirche und Staat reformieren und den Unterschied zwischen reich und arm beseitigen sollte (Realenzykl. f. protest. Theol. 6, 437). An dieser Stelle öffnet sich der Ausblick in einen neuen Bezirk eschatologischer Vorstellungen: die chiliastischen Ideen, die sich an den Kaiser der Endzeit knüpften, klingen an. Und hier darf hingewiesen werden auf das eigentümliche dramatische Fragment 'Des Entcrist vasnacht' (Keller, Fastnachtsp. S. 595 ff.), um 1354, also kurz nach der Geißelbewegung entstanden, das uns freilich den eschatologischen Ablauf schon in einem vorgeschrittenen Stadium zeigt. Von diesen chiliastischen Vorstellungen führen dann Fäden zum endzeitlichen System des Joachim von Fiore. Karl Müller hat die Geißelfahrten des 14. Jahrhunderts geradezu als ein Glied in die Kette der Erscheinungen einreihen wollen, die sich seit dem Anfang des Jahrhunderts an jene extremen Schichten der Minoriten anlehnen, deren asketische Tendenz auf den Spuren joachimitischer Apokalyptik zu kommunistischen Gedankengängen führte (Theol. Lit. Ztg. 7 [1882], Sp. 323). Das ist eine zugespitzte Auffassung, die wieder daran leidet, daß die ganze vielfach gebrochene Erscheinung des Geißlertums unter einen Gesichtspunkt gezwungen wird. Aber bei der engen Verbindung, die wir des öfteren zwischen den Geißlern und den Bettelorden feststellen können, ist es freilich in hohem Maße wahrscheinlich, daß die extremen Elemente der Geißler auch von dieser Richtung her beeinflußt waren. Es gab im 14. Jahrhundert, nach der Seite hin ist Burdachs Ausspruch zu ergänzen, auch eine Verbindung eschatologischer und sozialer Phantasien.

Indes, diese sozialrevolutionären Begleiterscheinungen und Ausläufe der Geißlerbewegung dürfen außerhalb des Kreises unserer Betrachtung bleiben. Sehr wichtig dagegen ist die Erkenntnis, daß das Geißlertum auch des Jahres 1349 getragen wird von einer nicht eindeutig zu bestimmenden, aber in mancherlei Abschattungen eschatologisch gefärbten Volksreligion. Erst dieser Hintergrund gibt den Liedern der Geißler das richtige Relief.

2. Die Geißlerstatuten.

Die Frage nach dem Wesen und der Herkunft der Geißlerstatuten [1]) ist auch bei der Zielsetzung unserer Untersuchung von Belang, und zwar aus einem doppelten Grunde. Erstens weil unzweifelhafte Beziehungen zwischen dem Hauptleis der Geißler, der Liturgie, und den Statuten walten, sodann weil vielleicht die Möglichkeit besteht, aus dem Ursprung und der Zusammensetzung der Statuten Analogieschlüsse zu ziehen auf die Lieder, von denen wenigstens die Liturgie einen den Statuten durchaus vergleichbaren Besitz der Geißlerscharen darstellt.

Pfannenschmid sieht auch hier die Dinge schief, weil er hinter der Geißlerbewegung eine feste, einheitliche Organisation sucht. Das führt ihn notwendig zu der Annahme eines festen Grundstatuts, das offenbar von der 'geheimen Oberleitung' verfaßt zu denken ist (s. o. S. 21). Von diesem Statut verschwieg man nach Pfannenschmid, was geheim zu bleiben hatte, man konnte das Statut auch 'in besonderer Berücksichtigung der jeweiligen Orts- und Landesverhältnisse in einer für die Geißler vorteilhaften Weise verändern' (S. 120). Wir haben also in den Statuten von Doornik und Brügge nur 'lückenhafte Überlieferung'; was uns erhalten ist, sind nur verschiedenartige Spiegelungen des Grundstatuts, der 'wahrscheinlich absichtlich vernichteten Urschrift'. Es sind nur Auszüge, und noch dazu gefärbte: die Brügger Statuten sollen zwar noch 'von echten Geißlern herrühren, aber z. T. schon kirchlich beeinflußt' sein, während die Doorniker Statuten 'nicht mehr von echten Geißlern, sondern von Mönchen verfaßt worden sind' (S. 123).

In Wirklichkeit beweist das einheitliche Gepräge der Statuten so wenig für eine Oberleitung (Pfannenschmid S. 126) wie ihre Abweichungen voneinander für eine bewußt verhüllende Redaktion. Das eine wie das andere ist vielmehr notwendige Folge der wuchernden Ausbreitungsform und malt das Flüssige

[1]) Erhalten sind die Statuten, die Brüggische Geißler dem Domkapitel von Doornik eingereicht haben, abgedruckt bei Fredericq Corpus 2, 111 f. Ein anderes Statut, das der Doorniker Abt Aegidius li Muisis aus dem Munde von Geißlerführern erfahren zu haben behauptet, findet man abgedruckt bei De Smet 2, 355 f. Die Statuten werden in folgendem als die Brügger und die Doorniker unterschieden.

der Bewegung; im Grunde wollen die Statuten in ihrem Wachstum und ihren Veränderungen nicht anders beurteilt werden als die Lieder. Man muß deshalb auch mit ähnlichen Fragestellungen an sie herangehen.

Nun ist bei den Liedern ganz greifbar, daß sie zumindest mit ihren Wurzeln in ältere Geißlerübung zurückreichen; also wäre zu versuchen, auch für die Statuten ältere Anknüpfungspunkte zu finden. Für die deutschen Geißler von 1261 reichen leider die Quellen nicht zu. Es werden uns zwar gewisse Formen und Normen bei den sich geißelnden Scharen erkennbar (s. o. S. 12); aber unsicher bleibt, ob die Organisation schon zu so festen Formen gediehen war, wie wir sie in den Gemeinschaften von 1349 vor uns sehen. Man mag es für wahrscheinlich halten, erweisbar ist es nicht. Aber erst wo feste Gemeinschaften sind, scheint der Platz für Statuten gegeben. Auf italienischem Boden indessen hatte sich die alte Geißlerbewegung sehr bald in dauernden Bruderschaften gefestigt und diese Confraternitäten der Disciplinati gaben sich, anknüpfend an das längst in Italien bestehende Bruderschaftswesen, ihre Statuten; sie sind in größerer Zahl erhalten und zeigen, nebenbei bemerkt, denselben Mangel an logischer Anordnung, über den sich Pfannenschmid bei den niederländischen Statuten wundert. Diese Disciplinatenbruderschaften, die namentlich im nördlichen Italien bis nach Tirol [1]) hinauf sehr verbreitet waren, standen im 14. Jahrh. noch in voller Blüte. Die Frage stellt sich also von selbst, wieweit sie mit ihren Einrichtungen die deutschen Geißler von 1349 beeinflußt haben.

Sie stellt sich vor allem auch, wenn man sich die Geographie der deutschen Geißelbewegung von 1349 vergegenwärtigt. Über die Ausgangspunkte dieser Bewegung ist Zuverlässiges nicht bekannt; fest steht nur, daß sie auf oberdeutschem Boden eingesetzt hat. Im ersten Vierteljahr des Jahres 1349 zeigt sie sich in Ober- und Niederösterreich voll entfaltet; die ersten Geißler treten schon im Herbst 1348 in Steiermark auf. Das Gerücht wußte freilich von Geißlergesellschaften in Ungarn [2]), und jüngere Quellen behaupten, daß die Geißler

[1]) Christian Schneller, Statuten einer Geißlerbruderschaft in Trient aus dem 14. Jahrh. (Innsbruck 1881) weist ihrer für Südtirol eine ganze Anzahl nach (S. 9).

[2]) li Muisis S. 341.

von da nach Deutschland gekommen seien. Aber selbst wenn das zutreffen sollte, bleibt nach der geographischen Lagerung Raum genug für die Annahme, daß die deutsche Geißlerbewegung von Süden her beeinflußt worden ist. Die Annahme ist um so ungezwungener, als auch elementarere Formen des Geißlertums als sie in den italienischen Confraternitäten vor uns stehen, bis fast an die Schwelle der deutschen Geißlerbewegung auf norditalienischem Boden festzustellen sind; man denke an die Bußfahrt des Fra Venturino aus Bergamo vom Jahre 1335 [1]) und die durch eine cremonesische Schwärmerin im Jahre 1340 entfesselte Geißelfahrt, die übrigens auch, wie die Züge des Jahres 1349, durch eine Pestepidemie mitveranlaßt scheint (s. Förstemann S. 55 ff. 63). Es ist eine Frage für sich, wieweit solche spontanen Ausbrüche der Geißelbuße in ihren Formen sich an die Gebräuche der inkorporierten Disciplinati anlehnten, wie denn auch umgekehrt erwogen werden muß, ob und in welcher Gestalt Elemente aus der stürmischen Jugend der noch ungefesselten italienischen Geißelbewegung in den Bräuchen und Regeln der Disciplinatenbruderschaften fortleben. Aber man wird zugeben, daß es das Gebotene ist, die Statuten der sozusagen halbstarren Formen des deutschen Geißlertums mit den italienischen Disciplinati in Verbindung zu bringen. Wenn sie nicht, wie Pfannenschmid möchte, als etwas völlig Neues in die Welt getreten sind, müßte man da wohl nach ihren Wurzeln suchen.

Vergleicht man die Brügger und Doorniker Statuten mit denen italienischer Geißlerbruderschaften, so ergibt sich tatsächlich eine Fülle von Berührungen. Wir erhalten die gleichen Angaben über die Zahl der Leiter der Sozietät: *debent habere quatuor rectores seu magistros* B [2]); *Unum vel binos semper tenuere magistros* Hugo von Reutl. V. 328 (Runge S. 28). Entsprechend haben z. B. die Institutionen der Compagnia dele

[1]) Konrad Burdach hat mit Recht eine Verbindungslinie zwischen Fra Venturino und der deutschen Geißlerbewegung von 1349 gezogen (Rienzo und die geistige Wandlung seiner Zeit S. 482); doch darf man den Zusammenhang nicht zu unmittelbar nehmen. Was nach Deutschland herüberwirkte, ist die Erscheinung der italienischen Geißelbuße als ganzes, wie sie sich in verschiedenen Gestalten und sich wiederholenden Stößen formte. Aufs einzelne gesehen zeigt der Büßerzug des Venturino und die deutschen Geißlerfahrten mancherlei Unterschiede.

[2]) Im folgenden bedeutet B die Brügger, D die Doorniker Statuten.

hospedale de madona sancta Maria di batù von Modena (aus dem Jahre 1334) zwei Leiter: *ordenemo ... che .. dui ministri per la compagnia dibiano fir elleti* (also wie bei den deutschen Geißlern) Opuscoli religiosi, letterary e morali Bd. 4 (1858), S. 368f.; eine Trientiner Geißlerbruderschaft hat nur einen *ministro*, der auch *maystro* genannt wird, Schneller (s. o. S. 34) S. 12. Am häufigsten aber ist die Zahl 4 im Beamtenstab der Confraternitäten: *4 masari* haben die eben genannten Batuti von Modena (a. a. O. S. 372); *4 insegnatori di laude* nennen die Capitoli della compagnia della madona d'Orsammichele dei sec. XIII e XIV hsg. von Leone del Prete (Lucca 1859) S. 2; *4 visitatori* neben einem *generale* nennt das Statut einer Disciplinatenbruderschaft von Viterbo (erste Hälfte des 14. Jhs.), veröffentlicht von Egidi im Archivio della R. società Romana di storia patria Bd. 23 (1900), S. 342. — Die Eintrittsbedingungen zeigen mancherlei Ähnlichkeiten: man vergleiche mit den Anfangspartien von D etwa die ersten Kapitel der Trienter Statuten, Schneller S. 12—14 oder den Eingang der Statuti dei disciplinati di Maddaloni (13. Jh.) bei Ernesto Monaci, Crestomazia italiana (1912) S. 421 mit ihren Bestimmungen über die Beichte vor dem Eintritt, über die Meldung beim Geistlichen und die Einkleidung durch ihn. Sogar die Anweisung *in prima li* (dem Eintretenden) *legano li capitoli* hat im Deutschen ihr Gegenstück: *intrantibus et promittentibus legebantur* sagt li Muisis am Eingang seiner Aufzählung der Doorniker Statuten. — Auf der einen wie auf der anderen Seite haben wir ähnliche Anweisungen über das tägliche Gebet, zumal auch bei den Mahlzeiten: man vergleiche die entsprechenden Bestimmungen in B und D mit den Trienter Statuten S. 13, den Modeneser Statuten S. 375. 377, mit der Regola dei servi della vergine gloriosa ordinata e fatta in Bologna nell' anno 1281, hsg. von Giuseppe Ferraro (Livorno 1875) S. 9. — Anweisungen über das Tragen des Bußkleides, Schweigegebote findet man hier wie dort: *nullus deponat crucem eundo, sedendo vel jacendo, qui non habeat colobium vel capellum* D; *tenere silentium, nisi fiat per licentiam* D (in B etwas anders); *nullo de li fratelli se deca vestire et spollare da vesta* (d. i. Bußkleid) *sencza licentia de li mastri* Stat. aus Maddaloni S. 422; *et poy se assecto honestamente* (nämlich *a lo oratorio*), *et ste sencza parlare, et si avesse necessario de dire alcuna cosa chi sy a laude de Jhesu Christo, cerche licentia a li mastre, et si a loro pyace, chi dica chelle chi ave dire* ebenda S. 421 und ähnlich sonst. — Auf beiden Seiten das Verbot Waffen zu tragen, Almosen zu heischen: *nullus portabit arma* B, ähnlich D; (die Mitglieder) *deveno obedire a li mastri ... nè degiano portare arme, excepto se fosse per qualeche cosa necessaria* Stat. aus Maddaloni S. 421; die Statuten der Compagnia del Crocifisso in S. Agostino zu Gubbio enthalten ein eigenes Kapitel *De modo exterius exeundi et de pena ferientium arma* nach der Inhaltsangabe von G. Mazzatinti im Giornale di filologia romanza Bd. 3, S. 94; ebenda auch ein Kapitel, das unter anderem handelt *de non petendo elimosinas;* vgl. *recepta cruce non debent petere elemosinas* B, ähnlich D. — Sehr ähnliche Angaben über die Schlichtung von Streitigkeiten innerhalb der Genossenschaft, über die Bestrafung und Ausstoßung Widerspenstiger: *quando habent aliquas causas seu discordias, conqueri debent suo magistro* B, ähnlich D; vgl. *se alcuna persona rixa overo discordia nassese dentro alcuno di li homini de la nostra compagnia,* so sollen die *ministri* und *masari* eingreifen, Stat. aus Modena S. 382; ähnlich in den Stat. aus Trient S. 19 und den Stat. von Sieneser Disciplinaten, hsg. von Luigi de Angelis (Siena 1818) S. 44. *rebelles debent privari cruce et repelli a societate* B, daneben Korrektionsvorschriften in B wie in D; ähnliches vielfach in den italienischen Statuten, z. B. Stat. aus Modena S. 380; aus Trient S. 17; Statuti dei disciplinati di Cividale del Friuli bei Monaci, Crestomazia S. 425. — Auf beiden Seiten dieselbe Abwehr des Schwörens, dasselbe Gebot, sich lebenslang am Karfreitag zu geißeln: *non jurare juramentum tangens Domini passionem* D; *che çaschauno de la fradaya nostra si deba guardarse de çurar e de sconçurar el corpo de Christo et el sangue de Christo* etc. Stat. aus Trient S. 22; ähnlich Stat. aus Modena S. 383; Stat. aus Bologna S. 14; Stat. der Disciplinaten von Orsammichele S. 37. *die paraskeues flagellabunt se ter de die et semel de nocte, quamdiu vixerint* B, ähnlich D; im Ital. darüber hinaus das Gebot, sich jeden Freitag zu geißeln, Stat. aus Gubbio S. 92; aus Siena S. 40; aus Viterbo S. 352.

Nun erweisen solche Übereinstimmungen gewiß nicht notwendig eine Abhängigkeit der deutschen Statuten von den italienischen; handelt es sich doch zu einem guten Teil um Bestimmungen, wie sie sich auch sonst in Bruderschaftsstatuten finden. Wie die Lieder sind eben auch die Statuten der deutschen Geißler Mischgebilde, die sich aus verschiedenen Quellen speisen; eine recht bedeutsame glaube ich noch aufweisen zu können. Die Doorniker Statuten gebieten *sedere non super plumas, jacere sine linea et sine pluma* (ähnlich auch B). Das hat im Italienischen kein Gegenstück und fußt offenbar auf einer Bestimmung, die im Franziskaner- und Dominikanerorden galt [1]). Über geistige Verbindungslinien zwischen gewissen Strömungen im Franziskanerorden und dem Geißlertum ist oben gehandelt worden (s. S. 32); hier haben wir die praktische Entsprechung dazu, — wie man natürlich auch gewisse allgemeinere, ins Mönchische streifende Bestimmungen der Geißlerstatuten (etwa die Schweigegebote [2]) mit den Regeln der Bettelorden in Verbindung bringen könnte. So kann also nicht daran gedacht werden, die deutschen Statuten einfach aus einem italienischen Bruderschaftsstatut abzuleiten. Aber ein Zusammentreffen, wie es in jenen Bestimmungen über die Freitagsgeißelung festzustellen war, scheint doch auf einen unmittelbaren Zusammenhang zu deuten; denn sie haben eben doch in Disciplinatenbruderschaften ihren eigentlichen Platz. Man erinnere sich auch der Tatsache, daß sich 1349 aus den umherziehenden Geißlern heraus an manchen Orten Geißlerbruderschaften bildeten, die nicht mehr über Land fuhren (s. S. 16f.). Closeners oben vermerkte Angabe, so kurz sie ist, läßt doch erkennen, daß sie ein ausgebildetes Rituell hatten. Also dieselbe Entwicklung wie in Italien und gewiß auch in Anlehnung an das italienische Vorbild, das ja auch in manchen anderen Zügen des deutschen Geißlertums von 1349 unverkennbar ist.

Nun will freilich beachtet werden, daß die Brügger und Doorniker Statuten uns die deutsche Geißelbewegung in einem besonderen Entwicklungszustand zeigen. Pfannenschmid betont nicht mit Unrecht, daß sie auf ein Stadium weisen, in dem die Geistlichkeit die Geißlerbewegung in die Hand zu bekommen

---

1) *sani fratres in locis, in quibus morantur, culcitris et pulvinaribus de pluma non utantur* Ehrle, Die ältesten Generalconstitutionen des Franziskanerordens, Archiv für Litt.- u. Kirchengesch. des Mittelalt. 6 (1892), 91; ähnlich übrigens auch bei den Dominikanern, vgl. Denifle in ders. Zeitschr. 5, 540.

2) *in mensa nullus loquitur praeter seniorem* B, etwas anders D; vgl. *omnes fratres ubique intus et extra in mensa silentium teneant, tam priores quam alii excepto uno qui maior fuerit inter eos* etc. Denifle a. a. O. S. 541.

trachtete, wenn man vielleicht auch vorsichtiger sagt: in dem Geistliche eine führende Rolle in den Bruderschaften spielten. Namentlich die Doorniker Statuten zeigen einen ziemlich mönchischen Charakter; aber es geht völlig fehl, wenn Pfannenschmid sie deshalb gegen das angebliche antikirchliche Grundstatut ausspielen und ihre angeblich mönchischen Verfasser in Gegensatz zu den 'echten' Geißlerführern bringen will, die das 'echte' Statut geschaffen haben (S. 123) [1]. Daß die Statuten an sich nicht etwa nur dem Stadium der stärker geistlich versetzten Bewegung angehören, steht ja fest. Auch die Berichte von Closener und Hugo von Reutlingen, die die Bewegung auf der Höhe zeigen, bieten uns wenigstens Proben eines Statuts. Die Angaben Hugos, die sich ausdrücklich als unvollständig bezeichnen (V. 315, Runge S. 28), weisen nicht weniger als elf Regeln auf, die in den holländischen Statuten wiederkehren; man hat also Grund zu der Annahme, daß die vollständige Satzung der von ihm beobachteten Geißler von den Statuten etwa der Brüggischen Geißler nicht übermäßig weit ab gestanden haben wird. Nun enthalten aber auch die von Hugo verzeichneten Regeln schon ganz zweifellose Elemente mönchischen Charakters [2]; die Statuten sind eben von allem Anfang an geistlich-kirchlich durchsetzt, und es besteht nicht der geringste Grund, die Möglichkeit eines Zusammenhangs zwischen den deutschen und den italienischen Statuten deshalb außer Betracht zu lassen, weil die Disciplinatenbruderschaften unter kirchlicher Autorität standen, die deutschen Geißler aber angeblich antikirchlich waren, — solche Erwägungen scheinen Pfannenschmid zu leiten (s. S. 123 Anm.).

Wir stehen sogar vor der Tatsache, daß einzelne Züge aus den holländischen Statuten erst von den italienischen her

---

[1] Ich sehe dabei ganz ab von der Tatsache, daß das stärkste Argument für die mönchische Verfasserschaft, das Pfannenschmid beibringt, nicht verfängt; der Ausdruck *nostri confessores* D soll in dem Pronomen keineswegs die Zugehörigkeit zur Kirche, sondern zu der Geißlerbruderschaft betonen; vgl. *aliquis fratrum nostrorum* kurz vorher im selben Sinne.

[2] Hugo v. Reutl. V. 295/297:

Insuper hii nullam lecto sumpsere quietem,
Stramina pro lecto fuerant superaddita panno,
Pulvinar capiti licuit tamen associari.

Vgl. die entsprechende Regel aus den Constitutionen der Franziskaner und Dominikaner oben S. 16.

die rechte Beleuchtung erfahren. Wenn die Doorniker Statuten von dem neu eintretenden Mitglied verlangen, daß es sich verpflichte *faciendi de bene acquisitis testamentum sive ordinationem*, so fragt man sich: wozu solche Vorsorge, da doch die Geißelfahrt nur einen reichlichen Monat währte. In den italienischen Genossenschaften aber hatte das seinen guten Sinn: natürlich sollte der Testator in seinem Testament die Bruderschaft, die eine Dauereinrichtung war, bedenken; und deshalb wird in den italienischen Statuten gerade dieser Punkt mit großer Sorgfalt behandelt (vgl. die Statuten aus Siena S. 41, Bologna S. 24, Modena S. 382). In anderen Fällen ist es so, daß uns italienische Quellen die statutarische Unterlage geben für bezeugte Gebräuche der deutschen Geißler, denen in den erhaltenen Statuten aber keine Regel entspricht. So lesen wir in der Beschreibung Hugos von Reutlingen V. 318 (Runge S. 28):

Nec nisi confessus hiis fratribus associatur,
Quique satisfacere lesis per verba probatur.

Man halte dagegen die Eintrittsbestimmungen aus den Statuten der Disciplinaten von Maddaloni: *secundo, lo deano fare confessare; tertio, lo deano fare reconciliare, se avesse hodio con qualeche persona* a. a. O. S. 421. Auch das ist schwerlich ein Zufall, wenn die Bestimmung über das 'reconciliare', die man in den holländischen Statuten vermißt, bei Hugo wie in der italienischen Quelle auf die gleiche Bestimmung vom Beichten folgt. Closener berichtet, die Geißler dürften nicht mit Frauen reden; das deckt sich mit einer Regel der Brügger Statuten, wiederum einer mönchischen [1]). Dann sagt er weiter: *welre aber daz brach, daz er zu einre frowen rette, der knüwet für iren meister und bichtet es ime, so satte ime der meister buße und schlugen mit der geischeln uf den rücken* (S. 106). Dem entspricht in den holländischen Statuten nichts, wohl aber haben die italienischen die zugehörige Regel: *qualunque fratre fallesse in alcuno de li capitoli per alcuno casu che li avenesse, degia gire a lo cappellano overu ad uno de li mastri et dicere come ave fallato*, und der legt ihm, wie das folgende lehrt, eine *penetencia* auf, Stat. aus Maddaloni S. 423.

[1]) *caveant omnes fratres a prolixis colloquiis mulierum* Generalconst. des Franz.-Ordens, a. a. O. S. 106; in den italienischen Statuten eingeschränkt: *che niuno possa parlare ad alchuna rinchiusa ne mandare lettera ne messo* Stat. aus Siena S. 46.

Die Abhängigkeit von den Gebräuchen bestehender Sodalitäten greift überhaupt bis tief ins Grundgefüge der Riten der deutschen Geißler. Mit der eindrucksvollste Zug in dem großen Schaustück ihrer Bußzeremonie scheint es gewesen zu sein, wenn die Sünder, auf dem Boden liegend, durch gewisse Gebärden die Art ihres Vergehens andeuteten und der Meister, oft indem er über sie hinwegschritt, jedem durch Geißelschlag eine symbolische Buße oder auch Absolution erteilte. Das mag in diesen besonderen Formen in Geißlerkreisen erfunden worden sein; aber die Anregung kam offenbar aus gewissen Gebräuchen der Laienbruderschaften. Die italienischen Statuten weisen des öfteren Korrektionsriten auf, die, wenngleich in den Formen durchaus andersartig, doch eben auch den Tatbestand bieten, daß im Kreise der ganzen Bruderschaft eine gemeinsame Sündenerforschung stattfindet, bei der dem 'ministro' eine ähnliche Rolle zufällt, wie sie der Anführer der Geißler bei der entsprechenden Zeremonie spielt [1]). Auch hier bieten die Bruderschaften nur abgeschwächte Formen von Übungen, wie sie sich innerhalb der Mönchsorden entwickelt zeigen. Aber wichtiger ist noch etwas anderes: auf jenen Korrektionsritus als Eingang folgte bei den deutschen Geißlern der gemeinsame Geißelumgang, und auch hier finden wir das deutliche Gegenstück bei den Disciplinaten. Aus den Statuten der Geißlerbruderschaft von Viterbo, die spätestens 1345, vielleicht schon 30 Jahre früher gegründet worden ist, ergibt sich für die an jedem Freitag abzuhaltende Geißelung folgender Hergang: 'era composto di tre lezioni di cui le prime due vertono intorno alle battiture di Cristo e la terza intorno ai dolori di Maria Vergine. Sono intercalati dei responsori tratti quasi esclusivamente dal racconto della Passione. Seguiva la disciplina, fatta durante la recitazione del Miserere o di cinque Pater e cinque Ave. Si ripetevano le battiture per tre volte e per la stessa durata, frapponendo fra l'una e l'altra la recitazione di un Pater ed un' Ave a mo' di riposo. Quando era possi-

---

[1]) *Imprimeramente vada fora uno lo quale sede de coe, e lo ministro da i altri compagni diligentemente domandi d'i soi difetti, ... e olduo quilli, quello che andoe de fora fia revocao in mezo, e denanci dal ministro seda in genucchiuni, lo quale correza quello de tuti i deffetti e de le negligencie de le quali l'era stao acusao; e questa correcione se faza denanci tuti. e quillo visitao e corretto, e inzunta ad ello la penitencia, vaga un altro fora* Statuten aus Bologna nach Monaci Crestom. S. 362.

bile, precedeva la messa, celebrata dal prete della compagnia, senza la cui assistenza non era permesso far disciplina' a. a. O. S. 352. Das ist gewiß nicht dieselbe Form, wie sie uns im Geißelrituell der deutschen Flagellanten entgegentritt, vor allem auch stimmungsmäßig nicht; die elementare Leidenschaft des Ausgangs ist gebändigt und in die Form einer mehr symbolischen Handlung gebracht. Nach dieser Richtung hin hatte die deutsche Geißelübung etwas Ursprünglicheres bewahrt: das wilde Niederwerfen zur Erde, wie es besonders Heinrich von Herford beschreibt (s. S. 14) hat sein Gegenstück bei den ältesten, den freien italienischen Geißlerscharen (s. die Schilderung des Mönchs von Padua, oben S. 9, die auch sonst einzelne Züge aus der Praxis der deutschen Geißler vorgebildet zeigt). Im übrigen aber sind die Zusammenhänge zwischen dem Bußakt der incorporierten Geißler von Viterbo und der deutschen Geißlerverbände unverkennbar. Alle ausführlicheren deutschen Berichte melden übereinstimmend die Dreiteilung der Geißelungszeremonie, und auch innerhalb jedes Teiles läßt Closeners Beschreibung eine Drittelung der Handlung erkennen, wenigstens in Hinsicht auf den begleitenden Gesang. Jeder Dritteil gipfelte bei den Disciplinaten in der Geißelung, bei den deutschen Geißlern in einer Genuflexio, die mit einem unter starken Gesten erfolgenden Bittgesang verbunden war; dieser Bittgesang aber war ein Miserere, wie auch der Geißelakt der Disciplinaten von der Rezitation des Miserere begleitet war. Die Passion Christi und die Schmerzen der Maria machen den Inhalt der Lektionen aus, ebenso wie sie in dem ersten und zweiten Stück der deutschen Liturgie ihre Rolle spielen. Und endlich, die Zeitangabe für die Dauer des Geißelaktes 'cinque Pater e cinque Ave' begegnet, statutenmäßig festgelegt, auch bei den Doorniker Geißlern, wenn auch nicht in demselben Zusammenhange: *et die Veneris in paraskeue tu disciplinabis temetipsum ter solum . . . per tantum spatium quod possis dicere quinquies Pater Noster et quinquies Ave Maria* D; der entsprechende Paragraph der Brügger Statuten hat vermutlich in seiner unverkürzten Gestalt dieselbe Angabe enthalten.

Dieser Nachweis beseitigt jeden Zweifel daran, daß die Statuten und die Übungen der deutschen und italienischen Geißler in Verbindung miteinander stehen. Man wird zugeben, daß sich daraus eine Stütze ergibt für die Meinung, die auch weniger kennzeichnende und in anderen Genossenschaften aufweisbare Elemente der geißlerischen Statuten und Bräuche an die italienischen Disciplinaten anknüpfen möchte. Offen bleibt dabei freilich noch die Frage, auf welche Art dieser Zusammenhang zu deuten ist, zumal bei den wichtigsten, den im eigentlichen Sinne geißlerischen Bestandteilen in der Übung der deutschen Flagellanten. Es ist an sich nicht von der Hand zu weisen, daß das Zusammengehen der deutschen Geißler von 1349 und der späteren italienischen Disciplinaten sich aus einem gemeinsamen Zurückgreifen auf die gleichen Quellen, d. h. die Geißelbewegung von 1260/61, erklären könnte. Aber in Anbetracht der sonstigen jüngeren italienischen Einwirkungen (s. u. S. 80) dünkt es mich wahrscheinlicher, daß wir mit einer fortgesetzten Beeinflussung von Süden her zu rechnen haben. Das entspräche ja nur dem Bilde, das wir auch sonst im 14. Jahrh. von den kulturellen Ausstrahlungen Italiens nach Norden hin und zwar besonders nach Südostdeutschland hin gewinnen. Diese Ausstrahlungen, die uns vor anderen Konrad Burdach besonders in den hohen Äußerungsformen der Kultur sehen gelehrt hat, würden uns dann also hier in einer tieferen gesellschaftlichen Schicht entgegentreten.

Was die Lieder der Geißler anlangt, so sind die eben dargestellten Tatsachen vor allem für die zweite Strophe der Liturgie bedeutsam:

Der unserr bůzze welle pflegen,
Der sol gelten und wider geben.
Er biht und lass die sůnde varn,
So wil sich got ůbr in erbarn.

Das entspricht genau den Eingangsbestimmungen der Brügger Statuten: *Primo debita et male acquisita restitui . . . Item quilibet debet confiteri curato et recipere licentiam ab ipso;* vgl. auch die Eingangsbestimmungen der Doorniker Statuten: *Nos obligamus nosmetipsos . . . de omnibus peccatis de quibus recordabimur faciendi contritionem et confessionem generalem. Item . . . debita solvere vel assignare et facere restitutionem de alieno* [1]). Das Lied verarbeitet also nur Elemente der Statuten, ein bedeutsamer Beweis dafür, daß die Statuten mit der deutschen Geißlerbe-

[1]) Auch hier wird der Widerschein von Ordensbestimmungen sichtbar; so verlangen die Generalconstitutionen der Franziskaner, daß der Recipiendus ad ordinem u. a. *debitis expeditus* sein müsse a. a. O. S. 89.

wegung altverbunden sein müssen. Rein theoretisch wäre auch die Auffassung möglich, daß die Statuten aus der Liturgie schöpften. Praktisch verbietet sie sich schon dadurch, daß diese Statutenstücke sich als ein den meisten sonstigen Bestimmungen gleichzuordnendes Lehngut erweisen lassen: sie sind wieder nur aus den Satzungen älterer Genossenschaften herübergenommen. So haben die Statuten der Trientiner Disciplinaten folgende Eintrittsbestimmungen: *si statuem e si ordenem chel no se debia reçeuer a la nostra fradaya nesun usurari sel no rendesse la usura el mal tolleto* a. a. O. S. 16. Fast die gleichen Worte treten uns nun in den ältesten historischen Berichten über das Aufkommen der italienischen Geißlerbewegung entgegen, vor allem in der Kronstelle, dem Zeugnis des Mönchs von Padua: *Tunc fere omnes discordes ad concordiam redierunt, usurarii et raptores male ablata restituere festinabant, ceterique diversis criminibus involuti, peccata sua humiliter confitentes, se a suis vanitatibus corrigebant* (oben S. 9 im Zusammenhang gegeben) [1]. Es wird an anderer Stelle (s. S. 62f.) der Beweis versucht werden, daß dieser Bericht Liedzitate besonderer Art enthält. Auch der in Rede stehende Satz muß nach den vorangehenden Nachweisen ein Zitat sein, das Forderungen wiedergibt, wie sie auch innerhalb des italienischen Geißlertums vermutlich in programmatischen Äußerungen erhoben wurden. Welcher Art diese Äußerungen waren, woher also das Zitat stammen mag, ist schwer zu sagen. Vielleicht einfach aus den Bußpredigten, von denen wir uns das Auftreten der Geißler begleitet zu denken haben. Aber das merkwürdige Zusammengehen des historischen Berichtes mit dem Disciplinatenstatut läßt es immerhin als möglich erscheinen, daß dem Berichterstatter ein Bruderschaftsstatut im Sinne lag: dann würden also im Hintergrunde der großen Schilderung des Mönchs von Padua stehende Confraternitäten sichtbar [2]. Jedenfalls ergibt

---

[1]) In deutlichem Zusammenhang damit steht übrigens der andere große zeitgenössische Bericht des Salimbene: *Et paces fiebant et restituebant homines male ablata et de peccatis suis confitebantur* Mon. Germ. SS. 32, 465.

[2]) Sehr beachtenswert ist übrigens, daß auch ein niederländischer historischer Bericht dieselben Wendungen gebraucht wie die italienischen: *Nec est credibile, quod qui mala* (l. *male*) *ablata non restituunt et injurias irrogatas proximis non emendant, adulteri, proditores, latrones, fures et consimiles* (vgl. die Sünderliste der Liturgie und S. 49f.), *quod qui tales per voluntarias poenitentias, quas sibi sine auctoritate ecclesiae assument, per hoc debeant liberari quoad Deum*

sich nach allem die Möglichkeit, das Alter der deutschen Strophe bis in die erste deutsche Geißelbewegung von 1260/61 hinaufzudatieren; selbst das ließe sich erwägen, ob nicht die deutsche Strophe einem italienischen Liedvorbild aus derselben Zeit folgt. Aber hier ist über Vermutungen nicht hinauszukommen.

An sich ist die 'restitutio', die die Strophe zum ersten Gebot für den Geißler macht, auch nach kirchlicher Lehre eine Vorbedingung der 'poenitentia'. Das Kirchenrecht behandelt das Thema 'Poenitentia non agitur, si aliena res non restituatur' unter c. 1 C. 149. 6 nach Augustin [1]). Die biblische Grundlage scheint Levit. 6, 2 ff. zu sein, wo die Sündenvergebung durch den Priester von der Rückgabe des zu Unrecht Erworbenen abhängig gemacht wird. Auf die eben angeführte Stelle des Kirchenrechts beruft sich Berthold von Regensburg, Rust. de sanctis nr. 50 (bei Schönbach, Bs. v. R. Wirken gegen die Ketzer 56, 28 ff.). Er nennt dort unter denen, die nicht absolviert werden können: *qui injustas res possident, cum sint in solvendo et certas sciant personas, quibus competit restitutio.* Derselbe Gedanke erscheint in einer deutschen Predigt, I 394, 30 ff.; mehr oder weniger prägnant auch sonst noch oft (vgl. I 60, 36 ff. 73—5. 119. 122. 135, 27—138, 28). Vollkommen formelhaft tritt dabei immer wieder die Wendung *gelten unde widergeben* auf (außer den genannten Stellen noch 7, 13. 17, 20. 23, 30. 41, 36. 55, 3 u. ö.), deutlich im Sinn eines Hendiadyoin, eben für 'restituere'.

Es ist also festzustellen, daß der Eingang der Statuten wie der Eingang der Liturgie sich kirchliche Forderungen und Formulierungen zu eigen macht: der Erfolg der Geißelbuße ist an dieselben Vorbedingungen geknüpft wie die kirchliche Buße. Es ist höchst bezeichnend, daß in Closeners Fassung der Liturgie das Bestreben, genauen Anschluß an die kirchlichen Forderungen zu halten, noch verstärkt erscheint: zu dem *bîhten*, der 'confessio', ist da noch das *riuwen*, die 'contritio', getreten (s. u. S. 107). Pfannenschmid, der alles daransetzt, die antikirchliche Stellung der Geißler zu erweisen, läßt weder D noch B als ver-

---

et a talibus absolvi, nisi prius restituant et omnia forefacta in longo et in lato secundum quod poterunt, emendent Vläm. Chronik des 15. Jhs. bei Fredericq Corpus 2, 132.

[1]) Diesen Hinweis verdanke ich wie die Nachweise aus Berthold von Regensburg Herrn cand. phil. Gerhard Marx; vgl. auch S. 118.

läßliche Zeugen für das 'echte' Geißlerstatut gelten (S. 123); die Doorniker Statuten hält er für eine rein mönchische Arbeit, die Brügger wenigstens für 'kirchlich beeinflußt'. Die Liturgie mahnt zu einer vorsichtigeren Beurteilung dieses 'kirchlichen' Einschlages. Denn sie erweist, daß ausgesprochen kirchliche Formulierungen auch auf der Höhe der Bewegung schon dem Geißlerstatut eigen gewesen sein müssen. Hängen, wie wir glauben erwiesen zu haben, die deutschen Statuten mit denen der italienischen Geißler zusammen, so ist anderes auch gar nicht zu erwarten; denn die Disciplinatenbruderschaften waren kirchlich gebilligte und geleitete Einrichtungen. Selbst eine Bestimmung also wie *debet confiteri curato* B, die Pfannenschmid ohne Zweifel als junge Zutat, als verkirchlichende mönchische Einschwärzung in die holländischen Statuten hinstellen würde, muß von Haus aus in diesem kirchlichen Rahmen zur Geißlersatzung gehört haben; auch das *bîhten* müßte sonach, zunächst wenigstens, die ordnungsmäßige kirchliche Beichte meinen (so versteht es offenbar auch Hugo von Reutlingen V. 318 noch). Das gerade scheint das Eigentümliche der deutschen Geißlerbewegung zu sein, daß sie, und zwar eben bestimmt durch ihre italienischen Wurzeln, in ihren Anfängen die Brücken zur Kirche nicht abbrechen wollte; erst allmählich kam sie in ein radikaleres Fahrwasser, um schließlich offenem Aufruhr gegen die Kirche zu verfallen.

3. Die Geißlerpredigt.

Von größtem Belang ist die Frage nach der Art und dem Alter der Beziehungen, die zwischen der Geißlerliturgie und der Geißlerpredigt bestehen. Die Geißler des Jahres 1349 beriefen sich nämlich, um das Recht ihrer Bußübung zu begründen, auf ein himmlisches Gebot. Nach dem Geißelakt trat regelmäßig einer auf, wie mehrfach bezeugt, um eine Predigt zu halten; und der Kern dieser Predigt war die Mitteilung eines Himmelsbriefes, der die Geißelfahrt von 33½ Tagen forderte und beglaubigte [1]). Dieser Himmelsbrief schließt sich natürlich an die

[1]) Welche Bedeutung gerade der Himmelsbrief für die Geißler hatte, geht recht deutlich aus einer anscheinend noch nicht beachteten Aufzeichnung im Hausbuch des Michael de Leone hervor. Es sind 12 leoninische Hexameter, *Versus de secta flagellatorum dictorum Geysseler* (Münch. Univ. Bibl.

lange Kette ähnlicher Erzeugnisse an, wie sie schon in der frühchristlichen Zeit bekannt sind. Ihr Inhalt ist seit alters eschatologisch gefärbt: der Schreiber des Briefes, Gott, verlangt, daß die Christen sich bessern, und gibt ihnen auch ins einzelne gehende Gebote, deren Innehaltung sie vor dem Hereinbrechen des Gerichtstages schützen soll. Die historischen Quellen für die große deutsche Geißelbewegung bieten mehrfach Hinweise auf den Inhalt des von den Geißlern benutzten Himmelsbriefes [1]; vollständig gibt ihn mitsamt der umrahmenden Predigt nur Closener in seiner Straßburger Chronik (S. 111 ff.) [2]. Es ist erwiesen, daß diese deutsche Fassung die Umsetzung einer lateinischen Vorlage ist, die in mehreren Versionen bekannt ist (vgl. Diu vrône botschaft ze der christenheit hsg. von Robert Priebsch [1895] S. 23 ff. 33 ff.); die 'Historia flagellantium, praecipue in Thuringia' des Erfurter Kartäusers Augustinus Stumpf (hsg. von Heinrich August Erhard in: Neue Mitteilungen aus dem Gebiete historisch-antiquarischer Forschungen, hsg. von K. Ed. Förstemann Bd. 2 [1835], 1 ff.) bietet uns den Himmelsbrief als ein Dokument der Geißlerbewegung in einer weiteren lateinischen Fassung, die Priebsch noch nicht verwertet hat.

2° cod. ms. 731, Bl. 42rb), die gerade auf den Himmelsbrief den größten Nachdruck legen:

De celo lapsam dicunt quandam fore capsam
Marmore praeclaram sancti Petri super aram
Litterolis gratis scriptam digito deitatis.

[1]) Chronicon Elwacense Mon. Germ. SS. 10, 40; Heinrich von Diessenhofen bei Boehmer Fontes rer. germ. 4, 74; Fredericq Corpus 2, 119.

[2]) Nach Clos. S. 111 waren Brief und Rahmenpredigt in einem Schriftstück zusammengefaßt. Es enthielt sich aller Angriffe auf die Geistlichkeit. Closeners Zeugnis geht also auf Geißler gemäßigter Richtung. Die Quaestio der Breslauer Handschrift (s. o. S. 22) gibt einen Eindruck von der Predigt extremer Formen der Bewegung; aber auch sie läßt erkennen, welche Rolle der Himmelsbrief immer in der Geißlerpredigt gespielt hat: *Quantum ad dicta eorum sciendum quod in suis predicationibus tria faciebant. Primo vitam clericorum omnes et quidam etiam religiosorum virulenter lacerabant. Secundo sacrum misterium misse et venerandum corporis et sanguinis domini nostri Jhesu Christi sacramentum injuriose blasphemabant, asserentes quod infra 17 annos nunquam aliquis sacerdos veram missam et recto ordine celebravit nec sacramentum veneratione eukaristie consecravit, quia per illos 17 annos sacerdotes suas, de quibus multas legerunt insanias, literas suppresserunt. Etiam propter quod execrati essent et sic nec conficere nec ligare nec solvere homines potuissent. Ideoque in proximo lapidandi essent* Bl. 142[v]. Dann folgt die o. S. 24 ausgehobene Stelle über die Befreiung vom Fegefeuer.

Es ist nun eine längst beobachtete Tatsache, daß die Geißlerliturgie mit diesem Himmelsbrief zusammenhängt; aber man darf mehr sagen: sie fußt geradezu auf ihm. Dabei wird es methodisch geboten sein, wenn man die Liturgie zunächst in Vergleich setzt mit der deutschen Fassung der Predigt, wie Closener sie zusammen mit jenem Denkmal überliefert: ein deutscher Wortlaut muß es doch wohl gewesen sein, der auf das deutsche Lied gewirkt hat. Am schwächsten ist der Zusammenhang in dem ersten Dritteil der Liturgie. Hier kommt als Anregung lediglich Clos. 116, 20 ff. in Frage: Christus hat für dich die Marter am Kreuz erlitten (vgl. die vierte Strophe bei Hugo v. Reutl.). Du aber dankst ihm nicht dafür. Willst du dich mit Gott versöhnen, so mußt du für ihn dein Blut vergießen (vgl. Clos. 116, 25: *du . . . solt vergießen din blůt* und V. 25: *Durh dich vergiess wir unser blůt*).

Das Mittel- und Kernstück der Liturgie lebt von der Predigt. In dem Himmelsbrief sagt Gott, daß er den Beschluß gefaßt habe, die Welt zu vernichten, aber *daz hat mich gerüwen, durch uwern willen nüt, sunder me durch die menie miner heiligen engele, die mir zů ſůße sint gevallen und mich erbetten hant, daz ich minen zorn von uch gewendet han und ich min barmehertzekeit mit uch geteilet han* (Clos. 113, 5 ff.). Und ein Stück später (Clos. 113, 24 ff.): *daz hat mich wendig gemachet mine liebe muter Marie und die heiligen engel Cherubin und Seraphin, die nüt abe stont ſür uch zů bittende. durch die habe ich uch vergeben uwer sünde und mich erbarmet uber üch sünder.* Die Dublette, die der Brief in Closeners Fassung hier bringt, ist in den Strophen 2 und 3 des Mittelstücks zusammengezogen, wo Christus den Engeln seinen Vernichtungsbeschluß mitteilt, aber durch Marias Bitten besänftigt wird. Bedeutsam ist, daß die Predigt hier von vollendeten Tatsachen spricht: 'meine Mutter hat mich durch ihre Bitten erweicht und ich habe mich euer erbarmt'. Der Geißlerleis zeigt uns nur Christi Zorn und Marias Bemühungen, ihn zu besänftigen: *So wil ich schiggen, daz sie mössen Bekeren sich* V. 61 f. (vgl. zum Wortlaut Clos. 114, 4; 115, 4 f.). Maria wird also gewissermaßen zur Urheberin der Geißelbewegung gestempelt. Da die Geißelbuße das Mittel zur Besänftigung von Gottes Zorn ist, war hier eine Umbildung der Quelle geboten.

Völlig gebunden an die Predigt ist schließlich auch der

dritte Teil, der Sündenkatalog; doch sind hier die Zusammenhänge verwickelter. Als Quelle käme hier aus Closeners Fassung nur das Stück 115, 9—20 in Frage. Damit sind die Haltepunkte für die Strophen von den Wucherern, den Ehebrechern und den Meineidigen gegeben. Auch die Strophe, die von der Ehrung der heiligen Tage handelt, findet hier ihre Anknüpfungsmöglichkeit; doch ist zu beachten, daß Closener an dieser Stelle nur von der Heiligung des Sonntags handelt: *wer die sint die zů der kirchen gont an mime heiligen sunnendage und an andern heiligen dagen und ir almusen teilent mit den armen, die erwerbent erbarmunge mins vatters* 115, 17 ff.; damit findet er sich in Übereinstimmung mit der Tradition der Himmelsbriefe. Wenn die Strophe der Liturgie hier den Freitag in den Vordergrund schiebt, so ist das eine Änderung, die sich wieder aus der besonderen Lage der Geißler versteht: für sie kam dem Freitag, dem Tag der Passion, in gewissem Sinne der Vorrang zu. Übrigens zeigt der Brief Closeners an anderen Stellen ganz deutlich das Bestreben, den Wortlaut in diesem Punkte den Bedürfnissen der Geißler anzupassen. Während es nämlich den Himmelsbriefen von allem Anfang an nur um die Sonntagsheiligung geht und nach den religionsgeschichtlichen Zusammenhängen, in denen wir sie zuerst auftauchen sehen, auch nur darum gehen kann, hat sich in Closeners Fassung an den meisten Stellen dem Sonntag der Freitag beigesellt (112, 10. 27. 34; 113, 12. 20; 114, 3. 23; 115, 8) [1]. — Übergangen hat die Liturgie aus Closeners Sündenkatalog dagegen den Fluch: *ist daz ir nüt gebent uwern zehenden reht, gottes zorn get uber üch* Clos. 115, 16 f. Vielleicht darf man, um dies Übergehen zu deuten, daran erinnern, daß es sich bei den Geißlern ja wesentlich um eine Bewegung der unteren sozialen Schichten handelt: man könnte begreifen, daß ihnen dieser Fluch, der auch aus weit zurückliegenden Formen der Himmelsbriefe gedeutet werden muß und sich von ihnen aus immer weiter vererbt hat, unbehaglich war. Aber auch eine ganz andere Erklärung ist denkbar. Es fällt nämlich sofort auf, daß zwei Strophen aus dem Sündenkatalog der Liturgie bei Closener keine Entsprechung haben; es sind die von den Mördern und Straßenräubern (81 ff.) und den Hoffärtigen (101 ff.). Nun bieten aber andere Himmelsbriefe längere

[1]) Vgl. Priebsch S. 37.

Sündenlisten als die Closenersche Fassung. In dem von Stumpf mitgeteilten Himmelsbriefe heißt es: *audite omnes populi, audite perfidi et iniqui, et malefactores, fures, adulteri, fornicatores, coinquinati in malitia, raptores, iniusti, sacrilegi, mendaces, iniqui iudices, quibus veritas non est, in cordibus vestris mala cogitatis* S. 14. Aber auch das genügt noch nicht. Wir brauchen die noch längere Sündenliste, wie sie der von Priebsch mitgeteilte Brief [1]) enthält: *audite omnes populi, audite perfidi et iniqui et malefactores, periuri, falsi testes, homicide, blasphematores, fures, adulteri, fornicatores, coinquinati omni malicia, raptores, iniusti, sacrilegi, mendaces, iniqui iudices, quibus veritas non est in cordibus vestris, qui decipitis alter utrum cum loquela et in cordibus vestris mala cogitatis. audite vos qui dimittitis uxores vestras et per alienas itis, sciatis quia prope est tempus vestre perditionis* S. 59, Z. 149 ff. Hier haben wir also die Sünder beisammen, gegen die sich die Strophen des dritten Stückes richten; und es zeigt sich, daß die Strophe *Ir lugener, ir mainswǒrere* usw., die man an sich zunächst für eine freie Umdichtung des Passus *alle die bi gotte sweren frevelliche* Clos. 115, 14 f. halten könnte, in Wirklichkeit die genaue Wiedergabe einer Quelle darstellt, die nur eben eine andere war als die Closenersche Predigt. Es fällt auf, daß das Sündenregister die Ehebrecher mit besonderem Nachdruck und wiederholt vornimmt. Nicht anders ist es ja in der Liturgie, in der ihnen auch zwei Strophen gewidmet sind; der Gedanke drängt sich auf, daß das in der Quelle begründet liegt. Es fehlen in der Sündenliste freilich die 'usurarii'; und obgleich an anderen Stellen des Briefes wiederholt gegen sie angegangen wird, also Anhalt genug da war, um ihnen eine Strophe zu widmen, — vielleicht darf man doch vermuten, daß es Fassungen des Himmelsbriefes gab, in denen sie auch in dem oben angeführten Sünderkatalog ihren Platz hatten [2]). Ohne Anknüpfungsmöglichkeit in dem Himmelsbrief ist schließlich die Strophe von der Hoffart; aber

[1]) Er stammt aus der Münchener Pergamenths. 21518 und ist von einer Hand des 12. Jh.s geschrieben.

[2]) Die kurzen Angaben über den Inhalt des Himmelsbriefes bei Matthias von Neuenburg, die übrigens das Zusammengehen von Brief und Liturgie besonders fühlbar machen, heben den Wucher ausdrücklich hervor: *in qua* (sc. *epistula*) *narrat angelus Christum offensum contra mundi pravitates plura exprimens crimina: violacionem diei dominice, et quod non ieiunatur in feria sexta, blasphemias, usuras, adulteria* usw. a. a. O. S. 271.

sie konnte am ehesten quellenmäßiger Grundlage entraten. Bei der mittelalterlichen Einschätzung der superbia begreift es sich leicht, daß sie sich abrundend in einem Sündenverzeichnis einstellte; bezeichnenderweise steht die Strophe am Schluß der Sündenliste. Diese Tatsache stützt die Vermutung, daß sie nicht von Anfang an mit den andern Sünderstrophen einen festen Zusammenhang gebildet hat, sondern erst nachträglich, weil die schlimmste Todsünde nicht fehlen durfte, angehängt worden ist (vgl. S. 134).

Eine Frage für sich ist, warum die Liturgie aus dem langen Sündenregister des Himmelsbriefes gerade diese Auswahl traf: Lügner und Meineidige, Mörder und Straßenräuber, Ehebrecher, Wucherer, Entheiliger der Feiertage. Die Frage läßt eine bündige Antwort schon deshalb nicht zu, weil die unmittelbare Quelle nicht greifbar ist: wir wissen nicht, welche Form das Sündenregister in der Form des Himmelsbriefes hatte, an die die Liturgie sich hält. Vergleicht man die lange Liste der Münchener Fassung, so zeigt sich nur, daß die Liturgie derbe und greifbare Sünden bevorzugt hat. Man möchte ja einen tieferen Sinn hinter der Auswahl finden, darf aber kaum zu viel aus ihr herauslesen. Bei den Wucherern drängt sich der Gedanke an die sozialreformerischen Ideen auf, die auch einen Bestandteil in der geistigen Welt wesentlich des späteren deutschen Geißlertums bedeuteten (s. o. S. 32). Aber wer weiß, ob ohne den Anstoß des Himmelsbriefes diese Sünde gegeißelt worden wäre; — die Drohung gegen die Entheiligung der Feiertage geht ja deutlich nur auf den Himmelsbrief zurück. Aus dem Himmelsbrief sprach den Geißlern Gottes Stimme. Die Liturgie bedeutete für sie die Umsetzung dieser göttlichen Kundgebung in eine sakramentale Handlung. Daß diese Handlung mit ihrem Begleittext den Anschluß an Gottes Sprüche hielt, das war das Entscheidende. In diesem Zusammenhang ist es von Bedeutung, daß bei jenem eigentümlichen Teil des Bußaktes, der ein Sündenbekenntnis durch stumme Gesten verlangte, dem Anschein nach gerade solche Sünden zum Ausdruck kamen, die auch in den Sünderstrophen der Liturgie angegriffen wurden.

Aber die Abhängigkeit der Liturgie von dem Himmelsbrief erschöpft sich nicht darin, daß er Anregung und Stoff mindestens für den Kern des zweiten und dritten Teiles der

Liturgie gab; auch im einzelnen findet man einige Berührungen, hinter denen vielleicht Einwirkungen der Prosa auf das Lied gesehen werden dürfen. Immer wieder ist in Brief und Predigt von dem Zorn Gottes die Rede, der in der Liturgie nicht nur in dem Mittelstück, sondern auch in den Kehrreimen eine beherrschende Rolle spielt. Auch auf eine in ihrem Zusammenhang ziemlich rätselhafte Stelle der Liturgie fällt wohl von der Predigt aus Licht: *Dů erd erbidemt, zercliebent die staine* V. 102. Über die mutmaßliche Herkunft dieser Zeile ist später genauer zu handeln (s. S. 86). Sie gehört an sich in den Zusammenhang der elementaren Wunder, die bei Christi Tode geschehen (*et terra mota est, et petrae scissae sunt* Matth. 27, 51); das wird auch durch den herkömmlichen Wortlaut erhärtet. Aber die Handlung ist ins Präsens umgesetzt, die Stelle scheint also auf die Gegenwart deuten zu sollen. In der Tat ist mir nicht zweifelhaft, daß diejenigen, die diesen Vers sangen oder hörten, ihre Gedanken auf die Erdbeben der eigenen Zeit richteten, die man als Strafgerichte des erzürnten Gottes oder gar als Vorzeichen des Endes empfand (s. o. S. 30). Wenn die Geißler bei einem Bußakt, der die Pest abwenden sollte, auch von Erdbeben sprachen, so war eine andere Deutung eigentlich gar nicht möglich. Umsomehr als auch die Predigt an jener Stelle, wo sie von den bedrohlichen Zeichen des göttlichen Zornes spricht, das Erdbeben nachdrücklich in den Vordergrund schiebt (Clos. 112, 14). Es ist also sehr wohl möglich, daß diese Stelle den Anlaß gegeben hat zur Einflechtung jenes Passus in die Liturgie.

Erwiesen ist sonach, daß die Liturgie der Geißler zwar auf ihrem Himmelsbriefe fußt, aber keineswegs auf der Fassung des Briefes, mit der sie in Closeners Bericht verkoppelt erscheint. Und das dürfte man auch gar nicht erwarten. Denn dieser Brief ist massenhaft verbreitet und abgeschrieben worden; verhieß die Predigt doch selber: *unde wer die botschaft gottes abeschribet und von stat zů stat und von hüse zu hüse und von dorfe zu dorf den brief sendet, min segen kummet in sin hüs* Clos. 115, 33 ff. Er teilte also in gewissen Grenzen das volksläufigunfeste Leben, das die Statuten und die Lieder führten, — auch von den letzten darf man ziemlich sicher sein, daß sie sich nicht nur mündlich, sondern auch geschrieben verbreiteten. Wie hätte es der Zufall fügen sollen, daß die Fassung des Briefes, auf Grund deren die Ausgestaltung des dritten Teiles der

Liturgie erfolgte, so wie wir sie bei Closener und Hugo von Reutlingen lesen, mit dem Brieftexte übereinstimmte, den die von Closener in Straßburg beobachteten Geißler verwendeten.

Es ist nun eine Frage von großem Belang auch für die Beurteilung der Liturgie, ob erst die Geißler des Jahres 1349 den Himmelsbrief zur Grundfeste ihrer Bewegung gemacht haben, oder ob die Verbindung von Brief und Geißlertum älter ist. Für die Beantwortung der Frage ist schon dies bedeutsam, daß das Rahmenwerk, mit dem die Predigt den Brief umkleidet, ganz deutlich über die deutschen Grenzen hinaus in den Süden weist. An den König von Sizilien wendet sich das Volk von Jerusalem um Rat, nachdem es auf dem Altar von St. Peter daselbst den marmelsteinernen Himmelsbrief gesehen und die furchtbare Botschaft des Engels vernommen hatte. Und von Sizilien hat dann die Geißelfahrt ihren Anfang genommen. Unter den Geißlern von 1349 gab es also eine Überlieferung, die wußte, daß die Geißelbewegung von Italien gekommen war. Sie ist freilich denkbar phantastisch: der König von Sizilien soll die Wallfahrt zum König von Krakau gebracht haben (Clos. 116, 28 f.); man wird also kaum nach einer bestimmten historischen Anknüpfung für diesen König von Sizilien suchen dürfen. Ob in dieser Vorstellung nicht aber doch eine vage Erinnerung an die letzten Staufer lebt? Eine Tradition, die in die Zeit der ersten, aus Italien herübergefluteten deutschen Geißelbewegung zurückreicht, könnte dann mit der zweiten sich verschmolzen haben. Nun enthält der Himmelsbrief freilich selber Züge, die auf südländischen Ursprung weisen (vgl. Pfannenschmid S. 156): *ich han üch gesant von korne, von wine und olei genůg* Clos. 112, 7 (freilich biblisches Zitat, s. Joel 2, 19; Haggai 1, 11; bei Stumpf nur *vinum et frumentum*); *so wil ich loßen vallen blůtigen regen* Clos. 113, 21 (Stumpf: *mittam super vos lapides cum igne ferventi*); *darumbe gebüt ich den Sarracenen und andern heideschen lüten, daz sü vergießent üwer blůt und vil gevangen mit in furent* Clos. 112, 12 f. u. ö. Aber das hätte kaum dazu führen können, so konkrete geographische Angaben mit dem Brief zu verbinden, wie der Rahmenbericht es tut.

Noch eine andere Stelle des Briefes weist über das deutsche Geißlertum von 1349 hinaus. Es ist einer der schönsten Nachweise Pfannenschmids, daß die Zeitangaben des Briefes mit dieser zweiten großen Welle der Geißlerbewegung nichts zu tun haben können; doch hat er seine Feststellungen nicht ausgeschöpft [1]). Christus sagt in dem Briefe: *ich hatte gedaht an dem zehenden tage des sübenden monen, daz ist an dem sunnendage noch unser Frowen tage alse sü geboren wart, daz ich getotet wolt haben allez daz lebendig waz uf erden* Clos. 113, 21 ff.[2]). Pfannenschmid hat S. 155 sehr einleuchtend festgestellt, daß damit nur der 10. September 1262 gemeint sein kann [3]). Damit rückt denn der Brief dicht an das Jahr 1260, an das Aufspringen der Geißlerbewegung in Italien heran. Ja man darf sagen, daß die Datierung auf 1262 erst dann ihren rechten Sinn zu gewinnen scheint, wenn man annehmen dürfte, daß der Brief in dieser Form bereits in der Geißlerbewegung von 1260 seine Rolle spielte. Der Brief hat doch erst dann die wirksame Aktualität, wenn im Augenblick seiner Verkündigung Gottes Strafgericht als etwas für die allernächste Zeit Geplantes hingestellt wird. So scheint sich also die Vermutung zu empfehlen, daß schon die deutschen Geißler von 1261 mit dem Briefe arbeiteten.

Nun ist freilich die Auslegung der Closenerschen Angabe (samt ihrer Quelle) nicht ganz eindeutig. Seine Sätze

---

1) Vielmehr sind die Ausführungen S. 156 ganz haltlos, nach denen der Brief in Zusammenhang stehen soll mit einer angeblich im Jahre 1262 einsetzenden neuen Epoche der deutschen Geißlerfahrten.

2) Bemerkenswert ist, daß nur die deutsche Fassung Closeners diese genaue Zeitangabe hat; die Fassung bei Stumpf liest nur *decimo die mensis Septembris* (S. 11), in Übereinstimmung mit den von Priebsch verwerteten lateinischen Briefen (S. 48).

3) Nur die geographischen Folgerungen, die Pfannenschmid aus seiner Feststellung zieht, scheinen mir anfechtbar. Er ist geneigt, auch in der Datierung einen Hinweis auf Sizilien zu sehen. Da der siebente Monat der September sein muß, schließt er auf eine Jahreseinteilung, die das Jahr mit dem März begann, und kommt so zu dem calculus Florentinus, der freilich in Sizilien, aber auch in Norditalien in Geltung war, sogar in Deutschland und zwar gerade im Südwesten, in der Erzdiözese Trier und ihren Tochterdiözesen Metz, Toul und Verdun vom 12. bis 17. Jh. Anwendung fand (s. Grotefend, Zeitrechnung d. Mittelalt. u. d. Neuzeit 1, 8). Aber bezeichnete man bei dem calculus Florentinus, der das Jahr vom 25. März ab rechnete, wohl den März als ersten Monat, so daß der September der siebente sein konnte? Näher läge es da doch, an einen calculus zu denken, der nach altrömischer Art mit dem 1. März begann; als solcher käme der modus Venetus in Betracht, Grotef. 1, 203b. Oder ist überhaupt der *sübende mone*, wie es dem Stil der Prophezeiung entspräche, einfach eine versteckende Umschreibung des Septembers?

legen die Auffassung nahe, als gehöre das Weltuntergangsdatum im Augenblick wo Christus spricht, bereits der Vergangenheit an; vgl. *Cogitavi decimo die mensis Septembris, ne disperderem vos* Stumpf und sonst. Unsere Ausmünzung der Stelle setzt indessen voraus, daß Christi Entschluß, die Welt zu vernichten, ein noch in der Zukunft liegendes Datum wählte. Daß man diese nach der ganzen Situation paßrechtere Vorstellung aus den lateinischen Himmelsbriefen herauslesen konnte, scheint die Vrône botschaft zu erweisen; vgl. V. 237 ff.:

Ich hete gedâht durch iwer missetâte
daz ich iu ab der erde tâte
mit vil jâmerlîcher chlage
an dem zehentem tage
des mânen der septembris genant ist.

Aber selbst wenn unsere Deutung zu weit gehen sollte, so bliebe mit dem Datum von 1262 immer noch ein Zug geißlerischer Tradition gegeben, der wieder in die Zeit der ersten Geißelbewegung zurückweist.

Ein weiteres kommt hinzu. Es ist anerkannt, daß in dem italienischen Flagellantismus von 1260 joachimitische Ideen lebten. Die Chronik des Salimbene sagt ausdrücklich: *In tertio statu operabitur spiritus sanctus in religiosis. Ita scribit abbas Joachym, qui fuit de ordine Floris. Quem statum inchoatum dicunt in illa verberatione, que facta est MCCLX, indictione III, quando qui verberabant se, clamabant 'Dei voces et non hominis'* Mon. Germ. SS. 32, 466. Aber dieser dritte status, der die Zeit des 'evangelium aeternum', des 'intellectus spiritualis' bedeutet, soll nach Joachim unter Qualen geboren werden: schwere Strafgerichte werden durch die Vorläufer des Antichrists, durch Sarazenen und Ketzer zuvor über die sündige Kirche kommen.

So sah der Spirituale die Dinge; wo seine Meinungen in breitere und niedere Volkskreise drangen, war es unvermeidlich, daß sie sich mit handfesteren endzeitlichen Vorstellungen verbanden. Nun sehe man sich einmal den Himmelsbrief auf seinen eschatologischen Gehalt hin an: der Kern seines Inhalts, der Entschluß des erzürnten Christus, die sündige Welt in Kürze zu vernichten, führte mit Notwendigkeit dazu, den Brief mit ganz konkreten Bezügen auf die Endzeit auszustatten. So sind denn die Beziehungen zu dem großen eschatologischen Kapitel 24 des Matthäus ganz handgreiflich. Mehrfach wird Christi Wort *hiemel und erde mûs vergan* usw. zitiert, Clos. 112, 5. 32 (vgl. Matth. 24, 35). *ertbidemunge* und *hunger* sind bei Closener 112, 14 die stärksten Zeichen von Gottes Zorn, nach Matth. 24, 7; manche lateinischen Fassungen zitieren wörtlich die biblische Stelle (Priebsch S. 60 Z. 161). Die *pestilentiae* fehlen bei Closener, dafür setzt er hinzu *großes strites vile* nach Matth. 24, 6. Die Verfinsterung der Sonne Clos. 113, 29 entspricht Matth. 24, 29. Einige Beziehungen zu Stellen aus den kleinen Propheten, die die mittelalterliche Bibelexegese z. T. auch eschatologisch deutete, bringt Pfannenschmid S. 149 bei. Der Himmelsbrief spricht von den Sarazenen (Clos. 112, 12; 113, 15; vgl. 112, 22; 113, 32), die in dem eschatologischen System des Joachim von Fiore als praecursores Antichristi auftreten. Der Brief malt (Clos. 114, 4 ff.) das Bild jener segenschweren Zeit, die dem Endgericht vorangehen soll für die, die sich von ihren Sünden bekehren: so mochte sich in gröberen Köpfen der 'status spiritus sancti', das Reich des Friedens und der Beschauung darstellen, zumal von einem anderen eschatologischen Vorstellungskreise her eine solche Auffassung gestützt wurde. So darf man also sagen: der Himmelsbrief konnte gar keine bessere Stätte finden als die von endzeitlichen Erwartungen erfüllten Scharen der Geißler.

Es läßt sich auch der Nachweis führen, daß schon italienische Geißler sich auf einen Himmelsbrief stützten. Über das Aufflammen der italienischen Geißlerbewegung gehen die Zeugnisse auseinander. Eine Meinung, die früh Glauben fand und späterhin den Vorrang gewann, war die, daß ein Eremit aus der Gegend von Perugia, Raniero Fasani, den Anstoß gegeben habe, weil eine himmlische Stimme ihm mitteilte, die Stadt würde zugrunde gehen, wenn ihre Einwohner nicht Buße täten [1]). Von diesem Fasani ist uns aus dem 14. Jahrh. eine Legende überliefert, die für unsere Untersuchung bedeutsam genug ist, um ihren Text in den entscheidenden Teilen wörtlich wiederzugeben [2]). Sie berichtet, daß Fasani sich mehr als 18 Jahre heimlich geißelte; dabei sah er einmal, wie den

[1]) Nachweise bei de Bartholomaeis S. 225 ff.

[2]) Veröffentlicht von G. Mazzatinti im Bollettino della società Umbria di storia patria Bd. 2 (Perugia 1896), S. 561.

Augen des Marienbildes, vor dem er die Disciplin vollzog, Tränen entquollen, und bald danach erschien ihm der hl. Benvignay und führte ihn durch die verschlossene Tür in die Kirche des hl. Florencius. Da begab sich das Folgende: *Sequenti vero nocte, dum dictus frater Rainerius in media nocte faceret disciplinam, occulis levatis versus Crucifixum et ymaginem gloriose Virginis, vidit ab utraque parte unum puerum. Et parum stando venit in medio illorum quedam puella deferens litteram in manu sua. Et posita littera super tabulam, disparuit cum pueris. Et statim dictus frater ex admiratione cepit flere et valde turbari. Dicebat frater semper infra se ipsum: »Benedictus Deus in donis suis et sanctus in omnibus operibus suis.« Et sic stando apparuit sanctus Benvignay dicens dicto fratri: »Quare ploras et quare turbaris?« Et frater Rainerius respondit: »Propter ea que vidi indignus.« Cui sanctus Benvignay ait: »Non turberis, quia que vidisti a Deo sunt. Pueri quos vidisti unus est sanctus Michael, alter est sanctus Gabriel. Puella quam vidisti est mater Domini nostri Ihesu Christi. Et dico tibi quia propter peccata innumerabilia et turpia, scilicet sodomitarum feneratorum et propter corruptionem fidei christiane, scilicet propter incredulitatem patarenorum gazanorum pauperum leonis et aliorum multorum, volebat Dominus mundum istum subvertere; precibus tamen pie Virginis inclinatus Dominus Ihesus Christus largitur spacium christianis penitenciam faciendi, et vult quod disciplina, quam occulte diu fecisti, publice fiat a populis. Unde ibis cras ad episcopum perusinum et ei litteram presentabis, ut quod continetur in litera publice denunciet populo. . . .« Et accepta littera cecinit missam episcopus super eam. Et statim aperta est littera; et episcopus confestim cum littera in manu ivit ad scalam palacii Comunis Peruxii et congregato populo dixit condictionem littere et qualiter portata fuit et id quod continebatur in ea. Et inter cetera legit ibi hunc versiculum profecte: Apprehendite disciplinam, ne quando irascatur Dominus et pereatis de via iusta. Lecta autem littera multi cum domino fratre Rainerio nudi ceperunt facere disciplinam; et sic cohoperante divina gracia secunda die nullus remansit in urbe qui non iret nudus faciens disciplinam.*

Daß hier ein Himmelsbrief ähnlichen Inhalts, wie die deutschen Geißler ihn hatten, im Spiele ist, wird niemand bezweifeln. Der einzige Satz, der wörtlich zitiert wird (übrigens eine Psalmstelle, Ps. 2, 12), kommt so in dem Brief der deutschen

Geißler zwar nicht vor; die Aufforderung zur Geißelung gehörte ja nicht zum ursprünglichen Bestande der Himmelsbriefe. Aber der Kern des legendarischen Berichtes, daß Christus beschlossen hatte, die Welt ob ihrer Bosheit zu vernichten, aber durch seine Mutter sich erbitten ließ, einen Aufschub zu gewähren, damit die Menschheit auf dem Wege der Geißelung Buße tun könne, — dieser Kern deckt sich so völlig mit dem Kern des Geißlerbriefes, daß der Schluß berechtigt ist: die Legende zehrt hier von dem Inhalt des Briefes, von dem sie berichtet. Damit ist also erwiesen, daß bereits die italienischen Geißler mit einem Himmelsbriefe operierten, wenigstens die späteren Geißler: im Kreise der Disciplinatenbruderschaften muß die Tradition gelebt haben, daß ihre Sache mit einer himmlischen Botschaft in Zusammenhang stehe. Es hat deshalb auch seine Bedeutung, daß die Legende in einem Codex aufbewahrt ist, der einer Laienbruderschaft gehörte.

Die aus dem 14. Jahrh. überlieferte Legende kann freilich noch nicht beweisen, daß auch die Urheber der Geißelbewegung schon sich auf einen Himmelsbrief bezogen. Man könnte vielmehr einwenden, daß die historischen Nachrichten über die ersten Geißler dieser Tatsache doch wohl Erwähnung getan hätten, wie sie es 1349 taten. Dagegen läßt sich sagen, daß die jüngeren, an sich viel ausgiebigeren Nachrichten nicht zuletzt deshalb von dem Himmelsbrief Notiz nehmen, weil er fest mit dem Rituell der Geißler verbunden war. So kann es bei dem Aufspringen der Geißelbewegung in Italien kaum gewesen sein; es fehlten noch die festen Formen. Der Mangel an unmittelbaren Erwähnungen würde auf die Art vielleicht verständlich; und an mittelbaren Zeugnissen scheint es nicht zu fehlen. Die Genueser Annalen berichten, daß die ersten Geißler in Perusia umherzogen, indem sie ausriefen: *Domina sancta Maria, recipite peccatores et rogetis Jesum Christum, ut nobis parcere debeat* (s. u. S. 61). Das ist ein Ruf, der nur den Hauptinhalt des Himmelsbriefes zusammenzufassen scheint. Nach Salimbene (s. o. S. 55) riefen die Geißler: *Dei voces et non hominis* (Apost. 12, 22); auch das könnte auf eine himmlische Botschaft deuten.

Die Legende von Fasani beginnt in der Bologneser Handschrift mit der Überschrift: *Questa è la vita de fra Rainero Faxano de Peroxa comenzatore de la regola di Batudi in Bologna.*

Danach ehrte man also in den Kreisen der späteren inkorporierten Disciplinaten Fasani als Stifter ihrer 'regola', also ihres Statuts. Das wird sagenhaft sein; aber es würde es begreiflich machen, wenn die Statuten der italienischen Geißlerbruderschaften Anknüpfung suchten an Fasani, ob auch nur an das legendarische Bild ihres Stifters. So stellt sich die Frage, ob am Ende Zusammenhänge bestehen zwischen den Geißlerstatuten und den Geboten und Verboten des Himmelsbriefes. Und tatsächlich stößt man in den italienischen Statuten des öfteren auf Stellen, bei denen einem sofort die Parallelen aus dem Himmelsbrief ins Bewußtsein kommen [1]). Aber der Boden wird hier sehr unsicher, weil natürlich auch Gemeinsamkeit der Quellen, das Wort im weitesten, nicht nur konkreten Sinn genommen, in Betracht zu ziehen ist. Wie etwa hinter Gottes zornigen Vorwürfen gegen die sündige Menschheit die Tafeln des Dekalogs sichtbar werden, so spielen seine Gebote auch in die Statuten der Disciplinaten hinein [2]). Ein Zusammengehen braucht deshalb keineswegs immer auf Abhängigkeit zu beruhen. Immerhin läßt sich wenigstens eine Tatsache anführen, die eine deutliche Sprache spricht: Die Statuten von Maddaloni schreiben für die Aufnahme des neuen Mitgliedes folgende Formen vor: *tertio, vada lo cappellano et dui mastri .. e vestanoli la veste, dicendo: Apprehente disciplinam, ne quoniam irascatur Dominus conducat te via iusta* a. a. O. S. 421 [3]). Diesen Satz enthielt aber nach der Legende der Himmelsbrief des Fasani (s. o. S. 57). Mag hier auch vielleicht eine Art ätiologischer Legende vorliegen, mag der Satz erst aus geißlerischer Tradition in die Legende hineingearbeitet

[1]) Namentlich fällt auf, wie der Wucher in dem Brief wie in manchen Statuten gleich heftiger Zurückweisung begegnet; vgl. etwa die Statuten von Maddaloni S. 424; die Statuten von Viterbo S. 349. Weiter etwa das Gebot des Friedehaltens und der Versöhnung, der Heilighaltung der Ehe, die Abwehr unnützen und meineidigen Schwörens.

[2]) Vgl. die Statuten der Disciplinaten von Modena (s. o. S. 36); in die Regola dei servi della vergine gloriosa zu Bologna (s. o. S. 36) sind sogar die ganzen zehn Gebote hineingearbeitet.

[3]) Das ist eine in Disciplinatenkreisen geläufige Formel gewesen; eine Laudenhandschrift aus Gubbio zeigt die Eingangsnotiz: *apprendite disciplinam, ne quando irascatur deus, ne pereamus de via iusta* Mazzatinti, Laudi dei Disciplinati di Gubbio in: Il Propugnatore hsg. von Carducci, Neue Reihe II, 1 (1889), 156.

sein, das ist hiernach deutlich, daß zumindest gewisse Kreise der Disciplinaten eine Brücke schlagen zu können meinten von ihrem Statut zu dem Himmelsbrief des Fasani.

Aber diesen Dingen weiter nachgehen, hieße den Rahmen der vorliegenden Untersuchung überschreiten. Es genügt uns, gezeigt zu haben, daß nicht etwa erst die deutschen Geißler den Himmelsbrief in ihren Dienst gestellt haben und ihm mit dem Aufruf zur Geißelung keineswegs 'neue Momente' beigesellt haben, wie Pfannenschmid S. 154 meint, sondern daß sie in diesem Stück ihres geistigen Besitzes greifbar italienischem Vorbild folgen, wie es oben für die Statuten darzutun versucht wurde.

4. Die geschichtlichen Zeugnisse für das Geißlerlied.

Wer die Lieder der deutschen Geißler deuten will, muß mit einem Stück vergleichender Literaturgeschichte beginnen. Denn wie die Geißlerbewegung des 13. und 14. Jahrhunderts einen großen Teil Europas übergriff, hat auch das Geißlerlied etwas Internationales. Freilich nur die deutsche Überlieferung gibt uns die Texte selber in einigem Reichtum in die Hand, für die übrigen Länder müssen wir uns mit knappen historischen Zeugnissen begnügen, wenigstens wenn wir an die Lieder heran wollen, die die Geißlerbewegung in ihren elementaren Formen aufwies. Historische Zeugnisse aber gibt es die Fülle; und sie gilt es zunächst zu sichten.

An den Anfang gehört eine Musterung der italienischen Verhältnisse, weil Italien den Herd der ganzen Bewegung darstellt. Hier ist die Situation scheinbar ja günstiger, insofern in den sog. Lauden der späteren Disciplinaten, die uns in einer Fülle von Sammlungen erhalten sind, unmittelbar verwendbares Vergleichsmaterial gegeben scheint. In Wirklichkeit macht das die Lage verwickelt. Es ist oben betont worden, daß in Italien die Geißlerbewegung sehr verschiedene Formen gewann (s. S. 10 f.). Die spontane Volksbewegung, als die das Geißlertum in seinen Anfängen im Jahre 1260 uns entgegentritt, war etwas anderes als die Confraternitäten der Disciplinaten mit ihrer durch feste Regeln geordneten und stilisierten Form der Geißelung, die wir fast gleichzeitig mit dem Aufkommen des Geißlerwesens sich entwickeln sehen. Es liegt auf der Hand, daß die Lieder, die der einen wie der anderen Form eigen waren, nach Qualität und Stil nicht ohne weiteres gleichgesetzt werden dürfen. Das im Kreise einer fest organisierten und lokalisierten kirchlichen Bruderschaft gehegte geistliche Lied und das freizügige religiöse Volkslied sind Dinge verschiedener Schichtenlage.

Aus dieser Situation ergeben sich gewisse Vorbehalte. Der Gedanke liegt nahe, daß in den historischen Nachrichten Dinge verschiedener Artung durcheinander gehen; vor allem meldet sich der Verdacht, daß sich in den Zeugnissen die Lauden, wie sie im Kreise der Confraternitäten in Schwang waren, vordrängen zuungunsten primitiverer Liedformen, wie man sie im Munde der buntzusammengesetzten regellosen Scharen des Anfangs voraussetzen möchte. Selbst dem gleichzeitigen Chronisten würde man es zugute halten, wenn seine Angaben über die ältesten Formen des Geißlerliedes sich färbten durch die Erinnerung an die Lauden der Disciplinatenbruderschaften, die ihm viel näher lagen.

Die konkretesten Angaben über den Inhalt des ältesten Geißlergesanges bieten die Annalen von Genua: *Nam in civitate Perusii ceperunt homines ire per civitatem nudi verberando se cum flagellis ... et clamando: Domina sancta Maria, recipite peccatores et rogetis Jesum Christum, ut nobis parcere debeat* Mon. Germ. SS. 18, 241. Nichts anderes besagt auch die Angabe des Mönchs von Padua: *cantu lacrimabili Domini misericordiam et Dei genitricis auxilium implorabant; suppliciter deprecantes, ut qui Ninivitis penitentibus est placatus, et ipsis, iniquitates proprias cognoscentibus, parcere dignaretur* (o. S. 9 im Zusammenhang gegeben). Daß diese Angaben brauchbar und zuverlässig sind, leidet keinen Zweifel, vor allem deshalb nicht, weil sie vollkommen der Situation entsprechen. Es ist schon auf die Tatsache hingewiesen worden, daß in der Geißlerbewegung des Jahres 1260 sich eschatologische Stimmungen auswirken (s. o. S. 29). Begreiflich also, wenn der älteste Geißlergesang einen entsprechenden Inhalt aufwies: Christ, der die Welt ob ihrer Frevel verderben will, soll sich der Sünder erbarmen, und seine Mutter Maria soll bei ihm Fürbitte einlegen. Dabei ist zu beachten, daß die Notiz der Genueser Annalen noch nicht notwendig ein ausgebildetes Geißlerlied voraussetzen läßt. Man könnte wohl auch an kurze

Rufe, vielleicht in litaneiartiger Form denken, zumal wenn man eine spätere Stelle derselben Quelle heranzieht: *et depositis pannis ad domum fratrum Minorum per civitatem Janue nudi ire ceperunt verberando se et clamando alta voce: Domina sancta Maria, ut supra dictum est, et proicientes se in terram unanimiter clamabant: Misericordia! Misericordia! Et subsequenter clamabant: Pax! Pax!* S. 242. 'pax' und 'misericordia' sind ja recht eigentlich die Stichworte der Bewegung von 1260. Das erste ein Notschrei, der das größte Leiden des von Parteikämpfen zerrissenen Italiens trifft, das zweite ein Notschrei, in dem gewiß auch die Sorge vor Gottes Gericht mitschwingt. So gehört also auch ein Zeugnis der Annales Placentini Gibellini zum Jahre 1260 hierher: *homines nudi, qui se de coriis verberabant, invocantes pacem et beatam Mariam* Mon. Germ. SS. 18, 512.

Die Angabe des Mönchs von Padua meint deutlich ein geformtes Lied und zielt vielleicht nicht mehr auf gleich primitive Äußerungen der Geißlerbewegung. Was die Quelle über den Inhalt des Liedes andeutet (das Beispiel der Niniviten), paßt recht gut in den eschatologischen Gedankenzusammenhang, weniger gut in ein geistliches Volkslied niederer Schichtung: in den deutschen Geißlerliedern ist ein solcher Vergleich nicht zu denken. Eher verstünde er sich in einem Liede kunstmäßigen Ursprungs. So wird also die Frage nach Schicht und Qualität des Liedes, auf das der Mönch von Padua anzuspielen scheint, offenbleiben müssen. Aus seinen Angaben ist aber noch mehr für das Geißlerlied zu holen. Es heißt bei ihm weiterhin: *Sola cantio penitentium lugubris audiebatur ubique ..., ad cuius flebilem modulationem corda saxea movebantur, et obstinatorum oculi se a lacrimis non poterant continere* (o. S. 9 im Zusammenhang). Man vergleiche damit eine Laude, die aus Gubbio, also dem Herzen der italienischen Geißlerbewegung, stammt [1]). Das Stück ist dialogisch; Christus spricht mit den Geißlern und er beginnt: ich trage für die Sünder mein Kreuz auf dem Nacken; das sündige Volk hat meine Gebote übertreten, deshalb muß ich für die Menschen Genugtuung leisten; dann weiter:

Verghognar se de' ciascuno
Chi la croce sua non tolla;

---

[1]) Bei Mazzatinti, Laudi dei disciplinati di Gubbio a. a. O. S. 158 f.

Piú che pietra è el suo cuor duro
Se assequitar me non s'amolla,
Vedendo ch'io porto la mia
Che so' sí alta segnoria.

Qual serà el disciplinato
Ch'a la croce m'acompagni,
E piangendo el suo peccato
Mo' de lagrime se bagni,
E em questa mia venuta
Me receva com saluta?

Sieht es nicht nach Zitaten aus, wenn man die oben ausgehobenen Sätze mit diesen Strophen vergleicht? Der Vergleich gewinnt an Gewicht, wenn man weiß, daß es sich hier offenbar um eine sehr alte Laude handelt, eine Laude überdies, bei der deutlich scheint, daß sie aus dem Kunstgebilde wirklich zu einem volksläufigen Lied geworden ist; Monaci gibt Proben einer Fassung aus einem Codex Vallicellianus, die das Lied in einer einigermaßen zersungenen Gestalt bietet [1]. Und wenn er vermutet, daß diese Laude zum Liedbestande der ältesten Geißler gehörte, so läßt sich aus dem Mönch von Padua vielleicht eine Stütze für diese Vermutung gewinnen. Freilich haben die vergleichbaren Züge, die verhärteten Herzen und die Tränen, etwas Stereotypes; sie gehören zu den stehenden Elementen der späteren Laudendichtung. Um so mehr Recht hat man zu dem Schluß, daß die Angabe des Mönchs von Padua wenigstens auf ähnliche Stücke zielen muß. Und wenn er ein paar Zeilen vorher sagt *effusis fontibus lacrimarum, acsi corporalibus oculis ipsam Salvatoris cernerent passionem* (o. S. 9 im Zusammenhang gegeben), so könnte darin wohl ein Hinweis liegen auf Lieder von Christi Passion; die späteren Lauden zeigen uns ja, mit welcher Inbrunst man sich das Leiden Christi bis in die Einzelheiten vergegenwärtigte.

Andere Angaben über das alte italienische Geißlerlied sind farbloser. Salimbene schreibt: *Et componebant laudes divinas ad honorem Dei et beate virginis, quas cantabant, dum se verberando incederent* Mon. Germ. SS. 32, 465. Eine Notiz,

---

[1] E. Monaci, Uffizj drammatici dei disciplinati dell' Umbria in: Rivista di filologia romanza 1 (1872), 251.

die, wenn man sich die Situation dieser ersten Wallfahrerscharen vergegenwärtigt, gewiß etwas Merkwürdiges hat. Wenn d'Ancona (Origini del teatro italiano 1, 112) dazu sagt: 'notisi questo verbo, che si fa quasi supporre un' improvvisazione', so trifft das schwerlich zu. Einleuchtender wäre die Angabe, wenn sie auf Dichtungen gemünzt wäre, wie sie aus dem Schoße der Confraternitäten hervorgingen. Um so mehr als in Statuten solcher Bruderschaften fast mit denselben Worten vom Gesang der Lauden die Rede ist: die 'Fratelli della Misericordia' in Gubbio hielten ihre Umzüge durch die Kirchen der Stadt *semper canendo laudes per iter ad honorem matris Mariae* (Mazzatinti, I disciplinati di Gubbio in: Giornale di filologia romanza 3 [1880], 92). Auf einen Inhalt jedenfalls, wie wir ihn nach den früheren Zeugnissen für das älteste Geißlerlied voraussetzten, kann man nach dieser Angabe schwerlich noch schließen. Zu einem ähnlichen Urteil führt die Notiz: *Multi laudes Dei et Beatae Mariae Virginis tempore illo inveniebant, et eas nudi processionaliter ... devote cantabant* Memoriale potestatum Regiensium bei Muratori Script. rer. Ital. 8, 1121. Auch bei dem, was sonst noch an Angaben über die Lieder der ältesten Geißler begegnet, scheint mir die Frage geboten, ob nicht den Autoren Lieder vorschwebten derart, wie sie im Schoße der Bruderschaften entsprangen und gepflegt wurden. So heißt es in der Genueser Chronik des Jacobus de Voragine: *se verberantes ibant, virginem gloriosam et ceteros Sanctos cantilenis angelicis implorantes* Muratori 9, 49. Man halte daneben die Angabe, nach der im Oktober 1260 20 000 Bolognesen sich geißelnd nach Modena zogen, wobei sie *laudes divinas et incondita carmina* sangen [1]). Da können *incondita carmina* nur religiöse Volkslieder im eigentlichen Sinne meinen, so wie die deutschen Geißlerlieder sie darstellen; dann muß doch wohl *laudes divinas* auf eine höhere Schicht von Dichtung zielen, und das könnte nur die Laudenpoesie sein.

Vergegenwärtigt man sich, welche kraftvolle Entwicklung das Bruderschaftsleben in Italien gewann und zu welcher Breite, mit ihm zugleich gedeihend, die zünftige Lauden-

[1]) Wiedergegeben bei E. Monaci, Appunti per la storia del teatro italiano in: Rivista di filologia romanza 1 (1872), 248, leider mit falscher Quellenangabe.

dichtung anschwoll, so begreift es sich, wenn auch spontane religiöse Bewegungen, wie wir sie im späteren Italien ja immer wieder ausbrechen sehen, in ihrem Liedergut Zusammenhang mit der Laudenpoesie verraten. Die Büßerscharen des Fra Venturino aus Bergamo sangen 1335 in Rom zur Vesper ihre *laudes* (Burdach, Rienzo und die geistige Wandlung seiner Zeit S. 472). Platina berichtet in seiner Geschichte von Mantua von einer wieder eschatologisch bestimmten Schwärmerei, die Ende des 14. Jhs. von einem Priester in Oberitalien entfesselt wurde und sich in Umzügen entlud: *laudes beatae Virginis euntes et stantes canebant, hymnis ad id apte compositis* (Graevius, Thesaurus antiquitatum et historiarum Italiae tom. IV pars II, Sp. 144). Das ist ebenso verständlich, wie wenn uns von den Bianchi der Zeit berichtet wird, daß sie *psalmos et devotos rhythmos*, darunter das lateinische Stabat mater sangen (Georgius Stella, Annales Genuenses bei Muratori 17, 1170. 1172) oder wie die Summa historialis des Antonius Florentinus sagt, *hymnos in latina vel vulgari lingua*, darunter vorzüglich das Stabat mater (nach E. Lempp, Realenzykl. f. prot. Theol. 8, 518).

Die verschiedene historische Situation des italienischen und des deutschen Geißlertums bedingt also Unterschiede nicht nur im Inhalt, sondern auch in der Qualität der Zeugnisse; das will genau beachtet werden. Die Volksbewegung des Geißlertums und ähnlicher späterer Schwärmereien entfaltete sich in Italien vor dem Hintergrunde stehender Laienbruderschaften. Auch die Lieder dieser Volksbewegungen halten sich gewiß an den Liedbesitz der Bruderschaften, der dann natürlich seine volksliedhaften Wandelungen durchmachte; sie haben sich aber, zumal in den Anfängen, sicherlich nicht auf solches Lehngut beschränkt. Bei den Chronisten jedoch verwischen sich die Dinge. In Deutschland, wo die Konkurrenz solcher Bruderschaftslieder entfällt, dürfen die Nachrichten vorbehaltloser gewertet werden. Dafür ergeben sich andere Unklarheiten.

Überblickt man die deutschen Zeugnisse für die Geißler des Jahres 1260, so macht sich schon insofern eine Schwierigkeit fühlbar, als sich nicht immer zwischen dem oder den Geißelleisen, die das Rituell der Geißelhandlung begleiteten (vgl. u. Lied I), und den Fahrtleisen (vgl. u. Lied II—IV) scheiden läßt. Befragen wir zunächst die Angaben, die einigermaßen deutlich und mit Inhaltsbezeichnung auf den Geißelleis weisen, so ist am bedeutsamsten die Notiz eines Zwettler Chronisten: *tam diu se ipsos verberantes, quousque quidam cantus maternus ad hoc deputatus finiebatur* Mon. Germ. SS. 9, 656. Der Zusatz *ad hoc deputatus* weist deutlich auf eine Art von liturgischem Text, der ständig die Geißelübung begleitete. Die Bezeichnung *cantus maternus*, also 'Marienlied', würde von den Liedern der Geißler des Jahres 1349 nur Stück III verdienen. Aber höchstwahrscheinlich hat es sich um ein Lied von ausgeprägterem Inhalt gehandelt, als dies verwaschene Stück mit seinen herkömmlichen Litaneizeilen ihn bietet. Die italienischen Nachrichten (s. o. S. 61 f.) helfen die knappe Angabe des Chronisten deuten: der Inhalt des Liedes muß ein Hilferuf an Maria gewesen sein, sie möge um der bußfertigen Geißler willen Christi Zorn versöhnen, der die Welt zu zerstören drohe. Der Gedanke meldet sich, ob dieser *cantus maternus* nicht das Urbild von Teil II der Geißlerliturgie des Jahres 1349 gewesen sein könne. Das ist ja das Stück, in dem die spätere Liturgie den tragenden Gedanken der Geißlerbewegung gestaltet: der zürnende Christus soll mit Mariens Hilfe durch die Geißelbuße versöhnt werden. Aber obgleich der *cantus maternus* im Ziel auf dasselbe ausgewesen sein muß wie dies Kernstück der späteren Liturgie, die Formung des Gedankens war doch wohl eine andere: denn Teil II der Liturgie hätte schwerlich als *cantus maternus* bezeichnet werden können. Bestätigt wird die Zwettler Nachricht durch die Verse eines anonymen zeitgenössischen Chronisten, ebenfalls eines Österreichers:

catervatim populus omnis flagellatur.
cantus hinc attollitur: mater imploratur
Jhesu Christi, canticum sic multiplicatur
(dann folgen die auf S. 19 ausgehobenen Verse)
SS. 25, 363.

Im übrigen gibt Hermann von Altaich einen Hinweis auf den Inhalt des Gesanges: *flagellis semet ipsos ... tamdiu chruciantes, quousque ad quasdam cantilenas, quas de passione ac morte Domini dictaverant, duobus vel tribus precinentibus, circa ecclesiam vel in ecclesia compleverunt* SS. 17, 402. Dazu stellt sich die Angabe eines Wiener Chronisten, die dadurch bedeutsam ist, daß sie uns die ersten deutschen Verse aus einem Geißlerliede bietet: *Anno Domini 1261 ordo flagellantium oritur, que dicebatur penitentia laycorum, cuius exordium soli Deo et sue matri* [1]) *ascribitur. Quam et divites nobiles humiles pauperes senes adolescentes et pueri manifeste circueundo ecclesias nudi psallendo, passionem Christi pronunctiando ... et illum cantum psallebant:*

Ir slacht euch sere in Christes ere.
Durch Got so lat die sunde mere SS. 9, 728.

Dabei bleibt freilich etwas unsicher, ob die 'passio Christi' während der Geißelprozedur gesungen wurde und ob die deutschen Verse mit der passio in Verbindung standen, oder ob sie sich sonst in einen größeren Rahmen stellten. An sich wäre auch dies Thema einem Geißlerliede von liturgischer Verwendung gemäß. Denn die Geißler empfanden ihre Buße als Wiederholung zugleich und als Vergeltung von Christi Leiden; also war es gegeben, daß ein liturgischer Geißelleis auf die Passion Bezug nahm. Die Liturgie von 1349 vereinigt beide Themata, Christi Besänftigung durch Marias Fürbitte und die Passion; der Gedanke ist also zu erwägen, ob der Geißelleis der Flagellanten von 1260 es nicht auch schon tat. Aber auch die Meinung läßt sich vertreten, daß der 'cantus maternus' und die 'passio Christi' verschiedene Lieder und eine unterschiedliche Praxis in der noch unfesten Bewegung darstellen. Erst ein späteres Stadium hätte dann die Vereinigung beider Themata in derselben Liturgie gebracht, — eine Vorstellung, die sich vom Standpunkt des Volksliedwachstums aus gesehen sehr empfiehlt.

Im übrigen fällt die Tatsache auf, daß von dem Gesang, unter dem die Geißler einherzogen, bald im Plural und bald im Singular die Rede ist. Die Continuatio Sancruc. der Melker Annalen sagt: *cantabant devotos cantus* Mon. Germ. SS. 9, 645. Baczko von Posen dagegen spricht von einem bestimmten Liede: *quandam cantilenam precinentes* Silesiac. rer. scriptores hsg. von Friedr. Wilh. von Sommersberg 2 (1730), 74. Das

[1]) Das zielt anscheinend nicht unmittelbar auf ein Lied, aber es entspricht vollkommen dem, was der Himmelsbrief, das Hauptstück der Geißlerpredigt, über den Ursprung der Bewegung sagte. Und auf diesem Himmelsbrief fußt das Kernstück der Geißlerliturgie von 1349; vgl. S. 48.

könnte darauf deuten, daß immer ein und derselbe Gesang die Bußzeremonie begleitete, und trifft sich mit der Angabe des Zwettler Chronisten (s. o.): *quidam cantus maternus ad hoc deputatus*. Die Angabe in der Reimchronik Ottokars von Steiermark: *Ir buozliet si sungen* (Mon. Germ. Dtsch. Chron. 5, 1, V. 9441) ist doppeldeutig; aber die Notiz der Melker Annalen scheint trotz dem Plural darauf zu deuten, daß bereits ein fester Zusammenhang zwischen dem Zeremoniell der Geißelung und dem dabei angestimmten Gesang bestand: *se ipsos flagellis cruentantes et cantus ad suum libitum pro numero plagarum compositos decantantes* Mon. Germ. SS. 9, 509.

Bemerkenswert ist, daß man die Gesänge als neu empfunden hat. Schon die letzte Quellenangabe läßt sich in dieser Richtung verwerten; deutlicher spricht der Satz des Hermann von Altaich: *cantilenas quas de passione ... dictaverant*. Und das gereimte Chronicon jenes anonymen Österreichers (s. o. S. 19) sagt sogar:

cantus novos promere scit et gladiator.

Auch von den gegen Ende des Jahrhunderts in kleineren Scharen in Deutschland auftretenden Geißlern wissen die Gesta Trevir. archiepisc. zum Jahre 1295 zu berichten: *vapulatores, qui ... per civitates oppida et villas decurrentes sub quadam spe* (l. *specie* ?) *sanctitatis quaedam nova cantica decantabant* Martène et Durand, Coll. ampl. 4, Sp. 362. Aber solche Angaben dürfen nicht zu gewichtig genommen werden und lassen im einzelnen Falle auch eine Interpretation in der Richtung zu, wie sie die Bezeichnung 'neues Lied' im Bereiche des frühneuhochdeutschen Volksliedes verlangt.

Für das Jahr 1349 stehen uns bei Hugo von Reutlingen, in Closeners Straßburger Chronik und in der Limburger Chronik die umfänglichen Berichte über die Geißelungszeremonie zur Verfügung, denen mehr oder weniger vollständig auch Liedertexte beigegeben sind. Ihr Interesse sammelt sich begreiflicherweise durchaus auf dem Hauptleis, der die Geißelungszeremonie begleitete (s. u. Lied I). Aber Closener bemerkt ausdrücklich: *doch hettent etliche maniger hande andere leiße die wil sü zogetent. aber zů der buße hieltent sü alle einen leis* S. 118, 10 ff. Es ist deshalb nicht wertlos, auch die anderen historischen Angaben über die Lieder des Jahres 1349 zu prüfen, auch deshalb nicht, weil von ihnen aus Licht auf die älteren Notizen fallen kann.

Die meisten Angaben zielen natürlich auf den Geißelleis. *usque ad effusionem sanguinis se ipsos ceciderunt, cantantes insuper devotissimam melodiam* sagt das Chronicon Elwacense, Mon. Germ. SS. 10, 41; *qui se flagellantes canticum quoddam vulgariter decantabant* sagt die Fortsetzung der Königsaaler Geschichtsquellen durch Franz von Prag, Fontes rer. Austr. I 8, 599. Und ähnliche Angaben halten sich bis in späte Quellen: *habebant etiam cantum specialem, quem flagellando cantabant* Theodericus de Niem Vitae pontif. bei Eccard, Corp. hist. m. aevi 1, 1505. Dagegen meint die Angabe der Melker Annalen möglicherweise einen Fahrtleis: *se flagellis acriter verberabant, et cantum quendam decantantes, ecclesias, in quibus penitenciam hanc exercebant, processionaliter intrabant* Mon. Germ. SS. 9, 513. Zweifellos hat diese Seite ihres Gesanges Heinrich von Herford im Auge, wenn er berichtet von ihrem Einzug in die Ortschaften *cum cantu devoto dulcique melodia* a. a. O. S. 281.

Bisweilen lassen einige zitierte Worte erkennen, daß tatsächlich gewöhnlich ein und derselbe Leis gemeint ist: *Et portabant flagella..., quibus se percuciebant, cantando maxime et ad terram se prostermendo sic:*

Tret her zu wer buzzen wδlle!
Luczeber ist bδsse geselle et cetera multa

Chron. S. Petri Erford. SS. 30, 463. Als etwas ganz Bekanntes zitiert Hermann Korner das Lied: *se flagellantes . . . alta voce cantabant illud carmen, uno incipiente:*

Wer de sunde butzen wille,
Lucifer ist eyn boze geselle etc.

Chronica novella hsg. von Schwalm (1895) S. 56. Auch die Angabe eines Anniversarienbuches aus Villingen *Carmina canebant, christiana martiria flebant* (Zeitschr. f. d. Gesch. d. Oberrheins N. F. 18 [1903], 45) hat offenbar den ersten Teil des Geißelleises vor Augen. Ebenso muß die Angabe des Matthias von Neuenburg gedeutet werden: *se flagellaverunt flagellis . . . transeuntes cum cantu vulgari invocacionis dominice habente multas invocaciones* Mon. Germ. SS. nova ser. 4, 1, 271; die Kennzeichnung ist zwar reichlich blaß und kann nur auf die immer wiederholten 'invocaciones Christi' in den Kehrreimen gehen; den inhaltlichen Kern des Leises trifft sie nicht. Ähnliches gilt für die Notiz des Heinrich von Diessenhofen *qui cantabant et veniam peccatorum suorum petentes et insuper se flagellantes et in terram cadentes* usw. Boehmer 4, 73, wo mit der 'venia peccatorum' auch nur Rahmenelemente des Leises gemeint sind.

Betont sei, daß öfter die Tatsache ausdrücklich hervorgehoben wird, daß die Gesänge der Geißler in der Landessprache erschollen (s. o. *vulgariter; cantu vulgari*). Das Villinger Anniversarienbuch sagt an der obgedachten Stelle: *multa cantantes Theutunis verbis;* ähnlich Benessius de Weitmil: *cantantes cantilenas in theuthunico* Mon. hist. Boemiae hsg. von Dobner 4 (1779), 34. Und gelegentlich nehmen solche Angaben einen abschätzigen Klang an: *carmen quoddam inconditum in linguagio suo et lamentatione decantantes* heißt es bei Johannes Dlugossus Hist. Pol. (1711), Sp. 1094, wo mit dem Worte 'inconditum' offenbar das charakteristisch Volksliedhafte der Lieder getroffen werden soll.

Bunter sind die Angaben über den Liedbesitz der niederländischen Geißler. Die Hauptquelle für diesen Bezirk, die Chronik des Abtes von St. Martin in Doornik Aegidius li Muisis (s. o. S. 15), sagt ausdrücklich, daß die Geißelungszeremonie verschieden gehandhabt wurde: *Nec est praetereundum quod aliquae societates, una plus quam alia, afflictiones diversas faciebant* S. 358. Das versteht sich fast von selbst; namentlich der Einfluß und die Teilnahme von Geistlichen mußte der Liturgie besondere Formen geben. Was dies Moment bedeutet, wird einem fühlbar, wenn man die niederländischen Beschreibungen mit den deutschen vergleicht. Aber auch auf deutschem Boden lassen sich, wo wir ausgiebigere Darstellungen haben, im einzelnen Unterschiede des Rituells nachweisen; man vergleiche vor allem die Schilderung Heinrichs von Herford mit der Closeners und der gleichlaufenden Berichte. Indes sind die Abweichungen nicht derart, daß sie nicht doch die Anwendung eines und desselben Geißelleises zuließen. Auch Heinrich von Herford hat deutlich ihn im Sinn, wo er erzählt: *Omnibus stantibus et binis binisque processionaliter ordinatis et sociatis duo ex eis in medio processionis incipiunt alta voce cantionem unam devotam cum melodia dulci, unum versum eius ex integro prosequentes. Et processione tota illum versum cantando resumente, cantores secundum versum prosequuntur* a. a. O. S. 281. Das dreifache

Niederfallen, das jedesmal erfolgte, *cum ... psallendo venerint ad partem cantionis, ubi de passione Cristi mentio fit,* entspricht durchaus dem Gebrauch des oberdeutschen Zeremoniells, und die Erwähnung der 'passio' muß die Stelle meinen: *Jesus wart gelabt mit gallen* usw. (Lied I, 37 ff.). Auch li Muisis, dessen Darstellung der Zeremonie sich im einzelnen mit Heinrich von Herford gegen Closener berührt, wird demnach auf den allgemein gebräuchlichen Leis zielen, wo er sagt: *habebant cantilenam ordinatam secundum suum idioma, quam cantilenam incipiebant cantores ordinati, caeteris una voce respondentibus* S. 358. Aber der Ausgang des Aktes wird durchaus anders dargestellt und hatte andere Lieder als bei Closener: *quibus peractis surgebant et cantando de beata Virgine iuxta suum idioma ibant ad se revestiendum. Et pluries, antequam revestirentur ante imaginem beatae Virginis, in aliquo loco cantum suum finiebant.* Wenn man weiß, daß Doornik ein berühmtes Marienbild besaß, das Tausende von Geißlern gerade in dieser Stadt zusammenströmen ließ, so wird diese Bevorzugung Marias im Gesang unschwer verständlich. Closener dagegen weiß in diesem Zusammenhange nichts von einem besonderen Gesange. Sein Bericht spricht nach der Geißelliturgie erst wieder von einem Liede, als sich die Geißler auf dem Rückweg von der Stätte der Geißelung in die Stadt begeben, und da singen sie den Einzugsleis 'Nu ist die bettevart so her', unser Lied II (Clos. S. 118).

So kann es denn nicht überraschen, wenn wir in niederländischen Quellen Angaben über die Lieder finden, die von dem abweichen, was uns aus den großen deutschen Berichten geläufig ist [1]). Zwar gibt es genug gleichlaufende Darstellungen. Verschiedene, freilich erst jüngere Quellen (s. u. S. 156 f.) zitieren jene Schlageformel, die als ältester Besitz der deutschen Geißlerlieder feststeht: *Slaet u seer door Christus eer, Door God soo laet die sonden meer.* Ob sie in demselben Zusammenhang auftraten wie in den deutschen Liedern, ist damit freilich noch nicht erwiesen. Immerhin darf als ziemlich gesichert gelten, daß die Geißelliturgie, wie ins Niederdeutsche, in Bausch und Bogen auch ins Niederländische umgesetzt worden ist. Der Kronbeweis freilich, den man dafür anzuführen pflegt, verfängt

---

[1]) Beiseite lassen dürfen wir farblosere späte Berichte wie den des Cornelius Zantfliet: *se mutuo cum virgis et flagris acutis percutiebant, cantantes etiam more suo cantilenas quasdam devotas* Martène et Durand 5, 293.

nicht; denn die ziemlich zersungene Fassung der Liturgie, die man verschiedentlich als altes niederländisches Volkslied in Anspruch genommen und abgedruckt findet, ist nicht niederländisch, sondern niedersächsisch (s. u. S. 99). Aber ein geschichtliches Zeugnis läßt sich doch dafür beibringen, daß die deutsche Liturgie auf niederländischen Boden getragen worden ist. Das Boec van der Wraken, eine zeitgenössische Quelle, gibt eine kurze Beschreibung des Geißelleises, die schon durch die Dreiteilung, vor allem aber durch ein wörtliches Zitat auf das deutsche Stück weist:

1995 *In Dietsche hadden se enen sanc,*
wel ghemaect, redelijc lanc,
die op Gode riep met ernste groot,
dat Hise hoede vander gadoot.
Dien songhen si .ij. voren,
dat ment verre mochte horen;
ende sij songhen alle nare,
oft ene litanie [1]) *ware.*
Drie werf so vielen si
op haer knien (gheloeves mi) usw.

Fredericq Corp. 2, 128; vgl. Lied I, 46. Was freilich diese Quelle nach der Geißelübung vor sich gehen läßt, die hier in einer *ghemeen biechte* gipfelt, von der Closener und die Zugehörigen gar nichts melden, das ist wieder ohne Parallele in den deutschen Berichten, vergleicht sich aber mit li Muisis:

2021 *Also al dit was ghedaen,*
ghingen si te hare pape saen
ende namen .ij. ende .ij. haer vaert
al singhende ter kerken waert,
soe dat ment verre mochte horen,
cruce ende vane altoes voren.
Daer ghinghen si als heelde
voor der moeder Gods beelde,
ende loofden met grooter trouwen
Gode ende Onser Liever Vrouwen

[1]) Auch sonst wird die Liturgie ihrer Vortragsweise nach gelegentlich mit der Litanei verglichen: *ipsorum iiij cantantibus in idiomate proprio, ceteris omnibus dictis iiij respondentibus ad modum letaniae a Christicolis decantandae* Robert von Avesbury bei Fredericq Corp. 2, 121.

met dietschen sanghe (als ic versta)
sij .ij. vore, alle dander na,
ende riepen op Gode met oetmoede,
dat Hise vander gadoot hoede.

Die letzten beiden Verse scheinen indes darauf hinzudeuten, daß bei dieser Gelegenheit auch wieder Elemente des Geißelleises Verwendung fanden. Die Zeile taucht freilich auch in einem Marienlied bei Hugo von Reutlingen auf (Lied III, 12); aber es wäre gewiß zu kühn, wenn man aus dieser Übereinstimmung den Schluß ziehen wollte, daß eben dies Marienlied hier erklungen ist, davon ganz abgesehen, daß in ihm die Bitte um Behütung sich an Maria richtet, daß auch das deutsche Lied kaum als ein Lob Marias und Gottes bezeichnet werden könnte [1]).

Gerade mit dieser Bezeichnung aber kommen wir zu der größten Schwierigkeit, vor die die niederländischen Berichte den Forschenden stellen. Ein anderer, ebenfalls zeitgenössischer Autor, Jan de Klerk, erzählt:

Waer si quamen metter spoet,
songen si alle enen sanc,
di hem gheduerde even lanc
dat si hem met gheeselen sloeghen,
ende daer na even wel voeghen
dochte, als si er scieden of:
ende dien hieten si Onser Vrouwen lof.

Fredericq Corp. 1, 194. Danach hätte also derselbe Gesang, der die Geißelung begleitete, auch Anwendung gefunden, wenn die Geißler abzogen; und dieser Gesang soll ein 'Marienlob' gewesen sein. Nun hat freilich *lof* im Mnl. wie im Mnd. die allgemeinere Bedeutung von 'hymnus'; gleichwohl läßt sich die Bezeichnung 'Onser Vrouwen lof' auf die deutsche Geißlerliturgie nicht anwenden, sehr viel eher auf die wallonische Liturgie (s. u. S. 158). Denn dies Stück, an sich dreigeteilt wie die zugrunde liegende deutsche Liturgie, verteilt die Schwergewichte völlig anders, beginnt mit Maria und läßt sie im ganzen viel stärker hervortreten, enthält sogar breite ausgesprochen hymnische Partien: hier würde die Bezeichnung 'Onser Vrouwen lof' nicht über-

---

[1]) So ist wohl zu interpretieren, trotz dem Dativ bei *loven*; vgl. Verwijs-Verdam Mnl. Woordenb. 4, 846.

raschen. Gewiß bleibt die Annahme gewagt, daß die deutsche Geißlerliturgie auf holländischem Boden grundstürzend verändert worden sei; es macht eben doch einen Unterschied aus, ob der Leis aus dem Deutschen ins Niederländische verpflanzt wird, oder ins Romanische. Aber gerade auf Grund solcher Titelangaben läßt sich die Vermutung nicht abweisen, daß es, vielleicht neben einer einfach aus dem Deutschen umgesetzten Form der Liturgie, auch freiere Bearbeitungen gegeben haben mag. Man muß an dieser Stelle wieder daran erinnern, daß Geistliche als Führer und Lenker der Bewegung in den Niederlanden offenbar eine größere Rolle gespielt haben als wo anders; das mochte auch den Liedbesitz der niederländischen Geißler beeinflussen. Und vielleicht stützt auch das Vorhandensein jener wallonischen Bearbeitung unsere Vermutung; denn von niederländischen Geißlern im wesentlichen ist die Bewegung auf romanischen Boden getragen worden, — soweit sie hier überhaupt Fuß zu fassen vermochte. An niederländische Vorbilder müßte man also auch den Text der wallonischen Liturgie anknüpfen.

Man brauchte am Ende an die Bezeichnung der Liturgie als 'Unser Frauen Lob' nicht so umständliche Erwägungen zu knüpfen, wenn sie vereinzelt wäre; es scheint sich aber um einen festen Ausdruck zu handeln. Schon die oben zitierten Verse 2029 f. aus dem Boec van der Wraken bergen sie auch. Und die Chronik des Johann van der Beke sagt ebenfalls: *Dese ginghen mit crucen ende mit vanen, ende songen lofsanc Gode ende Onser Vrouwen* Fredericq Corp. 1, 196, wo freilich die Möglichkeit bliebe, daß der Autor nur Fahrtlieder im Sinne hat. Das Gleiche gilt für die ähnliche Fügung in den Vrayes Chroniques des Jehan le Bel: *et aloient par les rues deux et deux, chantant haultement chanchons de Dieu et de Notre Dame, rimées et dictées* Fredericq 2, 122. Ähnlich unbestimmt ist die Angabe der Annales Fossenses (Mon. Germ. SS. 4, 34):

De dieu Mariie aloient chantant,
De leur peichiens mierchit criant.

Aber die zweite Zeile scheint doch auf den Geißelleis deuten zu wollen. Dagegen bieten die sehr bestimmten Nachrichten des Jehan Froissart wieder merkwürdige Züge. Seine Chronik sagt: *et chantoient, en faisant lors penitances, cançons moult pi-*

teuses de la nativité Nostre-Signeur et de sa sainte souffrance Fredericq Corp. 2, 130. Das könnte nur richtig sein, wenn man wieder an eine andere als die allgemein übliche Liturgie dächte; aber eher liegt eine Verwirrung vor. Denn von Christi Geburt fällt in dem Geißelleis, übrigens auch in dem romanischen, kein Wort; wohl aber hat es Fahrtleise dieses Inhalts gegeben, wie durch ein Lied bei Hugo von Reutlingen bezeugt ist (s. u. Lied IV). Eine andere Redaktion derselben Chronik bietet den Satz: *Si fut ceste cose commencié par grant humilité et pour pryer à Nostre Signeur qu'il volsist refraindre son ire et cesser ses verges* Fredericq a. a. O.; das klingt wie ein Zitat und weist wieder auf den allgemeinen Geißelleis, dessen Kern ja die Besänftigung von Christi Zorn ist.

Schließlich sei hingewiesen auf gewisse eigentümliche Angaben über die Geißlerlieder, die sich in verschiedenen niederländischen Quellen finden, in den großen oberdeutschen Berichten aber ohne jedes Gegenstück sind. Die Gesta abb. Trudon. (Sint Truiden im Lütticher Land) schildern die Bußübung zunächst in einer Form, die an die übliche Liturgie denken läßt: *Qui bini et bini processionaliter incedentes cantilenas lamentabiles proferebant. Quibus partim finitis genua flectentes, in terram proiectis impetuose corporibus, bracia in modum crucis extendentes supini iacebant* etc. Dann folgt, wie auch sonst für die niederländischen Geißler bezeugt, die *confessio generalis*, die von Priestern abgenommen wird, und danach *continuo surgentes cantando leticie ficta ceremonia, sindone penitenciali ut ita dicam exuta, consueta indumenta resumebant* Mon. Germ. SS. 10, 432. Daß die Geißler nach der Geißelhandlung und der anschließenden Generalbeichte gewisse von der Liturgie unterschiedene Lieder sangen, lassen auch andere niederländische Quellen erkennen (s. o.); aber das Boec van der Wraken spricht in diesem Zusammenhang von einer Anrufung Gottes um Behütung vor dem jähen Tode. Das will zu der oben zitierten Stelle schlecht passen, und die Frage erhebt sich, ob die Worte *cantando leticie ficta ceremonia* bloß eine veränderte Gebärde im Gesange bedeuten, oder ob man daraus nicht auch auf Texte froherer Haltung schließen darf. Ein anderer zeitgenössischer niederländischer Autor, ein Fortsetzer des Guillaume de Nangis, charakterisiert sogar den Geißelgesang als freudig: *incedebant nudi cum flagellis conglobinati processionaliter et circu-*

lariter se ipsos aculeis affligentes jubilando vocibus altisoni et cantando cantilenas suo ritui aptas et noviter adinventas Fredericq Corp. 2, 125. Aber da wird es sich um eine Art Verschiebung handeln: nach allem was uns über die Stimmung und Wirkung der eigentlichen Geißelhandlung berichtet wird, kann nur für die Gesänge nach der Beichte die durch *jubilando* angedeutete Haltung in Frage kommen. Auf deutschem Boden begegnet nur bei einem niederdeutschen Autor ein vergleichbarer Hinweis. Gerhard von Coesfeld, der das Auftreten der Geißler mit allerlei krausen astrologischen Spekulationen umgibt, sagt: *Hanc sectam deducunt Mars et Mercurius propter fidem Jovis, quoniam est pax, lux et unitas. Et hoc patet per cantum eorum, qui est satis jocundus propter Jovem, cuius desiderio fit* nach dem Auszug bei Heinrich von Herford S. 283.

Endlich sei der Tatsache gedacht, daß auch während der Bewegung des Jahres 1349, wie in den früheren Perioden, die Lieder der Geißler als neu empfunden werden. Wenn der Fortsetzer des Guillaume de Nangis an der oben zitierten Stelle von *cantilenas noviter adinventas* spricht, so meint er nach dem Zusammenhang damit zwar nur den Geißelleis; aber die Limburger Chronik sagt: *Du salt wißen, daz dise vurgeschreben leisen alle worden gemachet unde gedicht in der geiselnfart, unde enwas der leisen keine vur gehort* Wyss 33, 20 f. Wieviel Anlaß besteht, die Angaben der Limb. Chronik über die Geißlerlieder mit Vorsicht aufzunehmen, ist später genauer zu zeigen (s. u. S. 152). Immerhin wird man diese nachdrückliche Aussage, zumal sie sich mit anderen Zeugnissen trifft, nicht einfach in den Wind schlagen dürfen. Aber sie besagt mehr für den Eindruck des Beobachters als für die tatsächlichen Verhältnisse. Ihm durfte ein Lied als 'neu' erscheinen, das aus älteren Bestandteilen neu zusammengesetzt war, oder ein Lied, das aus einer anderen Gegend zugewandert war. Zumindest bei einem Liede der Limb. Chronik ist die Angabe über die Neuheit handgreiflich falsch (s. u. S. 210 f.).

5. Zusammenhänge zwischen dem italienischen und dem deutschen Geißlerlied.

Die Frage, ob zwischen den deutschen und italienischen Geißlerliedern ein Zusammenhang besteht, findet heute noch recht verschiedene Antworten, die durchweg eine klare Vorstellung der Verhältnisse vermissen lassen. Hermann Haupt äußert, daß die Benutzung der Sequenz Stabat Mater auf den italienischen Ursprung einzelner Lieder hinzuweisen scheine (Realenzykl. f. protest. Theol. 6, 439). Auch Creizenach (Gesch. d. neuer. Dram.² 1, 312 f.) nimmt einen engeren Zusammenhang an; denn er verwertet die Liturgie des Jahres 1349 sogar, um aus ihr Hinweise auf den formalen Charakter der italienischen Gesänge von 1260 zu gewinnen (vgl. u. S. 92). Dabei stützte er sich lediglich auf die von Hoffmann von Fallersleben (Gesch. d. deutsch. Kirchenl.³ S. 135 ff.) veröffentlichten Lieder und kannte die Hauptquelle, die mehrfach und zuletzt von Runge herausgegebenen Lieder der Petersburger Handschrift, noch gar nicht; er hatte deshalb auch übersehen, daß Schneegans, der als erster die Lieder der italienischen Disciplinaten unter dem Gesichtspunkt ihres Zusammenhangs mit den deutschen Geißlerliedern untersucht hatte [1]), zu einem seiner Vermutung durchaus entgegengesetzten Resultat gelangt war. Denn Schneegans leugnet entschieden, daß irgendein Zusammenhang erwiesen werden könne.

Wer die deutschen und italienischen Lieder vergleichen will, muß sich zunächst der eigentümlichen Problemlage bewußt werden. Von der italienischen Geißlerbewegung kennen wir genau das letzte Entwicklungsstadium, die schnell durchmessenen Anfangsstufen bleiben ziemlich unklar. Und dies letzte Stadium zeigt uns, wie oben genauer ausgeführt, die städtischen Laienbruderschaften der Disciplinaten mit festem Statut und geregelten Zeremonien. Auf deutschem Boden ist es beinahe umgekehrt. Hier kennen wir genau die frühe Entwicklungsstufe der nur auf Zeit begründeten, über Land fahrenden Genossenschaften, die späteren Formen dagegen werden uns undeutlich. An sich ist die Entwicklung einen ähnlichen Weg gelaufen wie in Italien. Man hat auch auf deutschem Boden versucht, der Geißelbuße dauernde Formen in Gestalt religiöser Laienverbindungen zu geben (s. o. S. 17); aber diese Versuche, die in die Geheimvereine der Kryptoflagellanten ausliefen, führten schließlich zu einem geistig und sozial sehr anders zu bewertenden Ergebnis als in Italien.

Alle Formen der Geißlerbewegung besaßen ihre Lieder;

[1]) In einer Abhandlung 'Die italienischen Geißlerlieder', die dem Werke von Runge (s. S. 7) beigegeben ist.

aber wir kennen sie für Italien nur aus dem Stadium der späteren fest geformten Disciplinatenbruderschaften, für Deutschland aus der Hauptepoche der genetisch älteren Entwicklungsstufe der herumziehenden Bruderschaften. Diese Sachlage birgt die Möglichkeit, durch Vergleichungen Qualitäts- und Schichtenunterschiede festzustellen; sie birgt aber auch die Gefahr, daß Dinge nebeneinandergerückt werden, die nicht den gleichen Maßstab vertragen.

Italienische Forscher nehmen das Geißlerlied ihres Landes, über die verschiedenen Formen und Entwicklungsstufen der Bewegung hinweg, gewöhnlich als eine große Einheit, und sie haben dafür die Bezeichnung 'poesia popolare'. Aber diese Bezeichnung ist nicht ganz ungefährlich, wenigstens wenn man sie nach den Regeln der modernen Volksliedforschung interpretieren wollte. Denn die Lieder der elementaren, flüssigen Form der anhebenden Geißlerbewegung mag man sich gern als religiöse Volkslieder im eigentlichsten Sinn denken, — die Lieder der späteren inkorporierten Disciplinaten mußten etwas anderes werden. Vielleicht schon sozial gesehen; denn diese Disciplinatenbruderschaften setzten sich offenbar aus den soliden Kreisen des städtischen Bürgertums zusammen, nicht anders als die älteren Laiengesellschaften der Laudantes, die sie in vielem einfach fortsetzten. Solche geschlossenen Kreise aber sind nicht mehr der Nährboden für Volkspoesie im besonderen Sinne des Wortes, d. h. für eine Dichtung, deren eigentliches Wesen in ihrem unliterarischen Leben im Munde des Volkes beruht. Was solche Kreise schaffen, ist Dichtung anderer Schicht und anderen Wachstums, wenn sie auch von Laien kommt und sich in der 'lingua volgare' hält. Ihren ganzen Lebensbedingungen nach ist es bestenfalls eine geistliche Gesellschaftsdichtung, auf die wir in diesen Kreisen zu rechnen haben.

Gewiß hängt die Laudendichtung mit echter Volkspoesie zusammen; die Übernahme der strophischen Maße der ballata deutet es an. Und auch das darf man zugeben, daß die sogenannten 'ältesten' Lauden aus dem 13. Jahrhundert z. T. ganz greifbare Anhaltspunkte dafür hergeben, daß sie in den Lebens- und Umgestaltungsprozeß wirklicher Volkslieder eingegangen sind [1]).

[1]) Vgl. die Lauden bei Monaci Crestom. S. 450 ff.; aufschlußreich nach dieser Richtung hin sind auch die 'Antiche laudi cadorine' hsg. von Giosè Carducci, Pieve di Cadore 1892.

Hält man sie aber neben die deutschen Geißlerleise, zumal die Liturgie und den Einzugsleis, wie viel stärker ist selbst bei solchen italienischen Stücken schon der Eindruck der geschlossenen Schöpfung, die einem einzelnen ihre Grundform verdankt. Und wenn man sich die Lauden des 14. Jahrhunderts ansieht, so wird ganz greifbar, wie sehr man innerhalb dieser 'poesia popolare' stufen muß, wie die Entwicklung der Gattung zu literarischen Werken mit einem zu guten Teilen literarischen Leben führte. Man braucht sich nur die äußeren Umstände der späteren Disciplinatenbruderschaften zu vergegenwärtigen, um die literarische Situation der Laudendichtung des 14. Jahrhunderts zu verstehen. Die Lauden waren vielfach an bestimmte Tage des Kirchenjahres geknüpft; sie waren schriftlich niedergelegt in Laudarien, wie sie, nach erhaltenen Inventaren zu schließen, ziemlich jede Bruderschaft besessen hat, oft in mehreren Exemplaren. Die Zeugnisse lassen mit aller Deutlichkeit erkennen, daß der Vortrag von Lauden, namentlich auch dramatisierten Lauden, ein ganz wesentliches Element im Aufgabenkreis der Bruderschaften gebildet hat. Der Begriff des geistlichen Gesellschaftsliedes verengt und erhöht sich noch um einen Grad: man steht vor einer genossenschaftlichen Kunstpflege, die fast den Gedanken an die literarischen Leistungen wachruft, die in Deutschland die späteren Meistersinger hervorbrachten. Auch in der Massenhaftigkeit ihrer Produktion erinnern die Disciplinaten an die Kreise der Meistersinger; denn mehr als 200 Laudenhandschriften sind heute bekannt und schwerlich ist schon alles ans Licht gezogen.

Schneegans verwundert sich darüber, daß die deutschen Lieder auf die Bußübung des Geißelns viel mehr Bezug nehmen als die italienischen, unter denen es trotz ihrer großen Zahl nur wenige gibt, die vom Geißeln selbst sprechen (a. a. O. S. 56). Das liegt einfach daran, daß die späteren Disciplinatenbruderschaften nicht nur zeitlich von den leidenschaftlichen Anfängen der Bewegung entfernt sind, sondern auch in ihrem Wesen weit von ihnen abstehen, das Geißeln oft nur noch gelegentlich als symbolische Zeremonie übten und im übrigen der Weise anderer Confraternitäten nachfolgten. Schneegans betont ganz richtig, daß die italienischen Lauden in ihrer ganzen Haltung sich nicht so sehr mit den deutschen Liedern der Geißler vom Jahre 1349 vergleichen, als vielmehr mit dem lateinischen von

Hugo von Reutlingen mitgeteilten Lied (das schwerlich ein Geißlerlied, aber ganz gewiß ein Kunstlied ist, s. u. S. 212) und mit Stücken des wallonischen Liedes, das eben auch kein Volkslied ist.

Das ist der Punkt, auf den es ankommt: die deutschen Geißlerlieder und die breite Masse der italienischen Disciplinatengesänge gehören verschiedenen Schichten poetischer Produktion an. Denn die deutschen Lieder sind wirklich Volkslieder im strengsten Sinne des Wortes. Die Möglichkeit der Beeinflussung blieb natürlich trotzdem bestehen; denn wie heute ging auch im Mittelalter das Volkslied bei der höheren Dichtung zu Lehen. Nur darf man nicht erwarten, daß ein deutsches Geißlerlied als ganzes die Wesenszüge einer italienischen Lauda aufwiese. Es ist deshalb gar nicht so seltsam, wenn Schneegans feststellt, daß sich unter den italienischen Geißlerliedern keine finden, die im Wortlaut mit denen Hugos von Reutlingen irgendwie übereinstimmten (S. 64), obgleich dies 'irgendwie' schon ein wenig zu viel sagt. Aber das trifft zu, daß sich bisher keine Lauda hat feststellen lassen, aus der ein deutsches Geißlerlied oder ein längeres Stück aus ihm übersetzt wäre; auch ich habe keine gefunden. Trotzdem sind ganz greifbare Zusammenhänge da.

Die Untersuchung, die wir damit anheben, hat einen festen Ausgangspunkt in den Anfangsversen des Mittelstückes der Liturgie:

Maria stůnt in grossen nötten,
Do si ir liebes kint sach tötten.
An swert ir durch die sele snait.

Schon Zacher (Ersch-Gruber Realenzykl. I 56, S. 252 Anm.) hat die Vermutung geäußert, daß diese Verse unmittelbar der berühmten Sequenz 'Stabat mater' entstammen. Mir scheint diese Ansicht die denkbar größte Wahrscheinlichkeit für sich zu haben. Es steht fest, daß das Stabat mater das bevorzugte Bußlied der italienischen Bianchi gewesen ist (s. o. S. 65), die im ausgehenden 14. Jahrhundert eine ähnliche Bewegung entfachten wie seinerzeit die Geißler und in jedem Belang als ihre Nachfahren anzusprechen sind (vgl. Förstemann S. 110 ff.). Nahm aber das Stabat mater unter den Gesängen der Bianchi eine so bevorzugte Stelle ein, so ist der Schluß naheliegend, daß das Lied auch schon 50 Jahre oder noch länger zuvor in in den Kreisen der Disciplinati, an die die Bianchi irgendwie anzuknüpfen sind, eine besondere Rolle gespielt hat. Umsomehr als das ganze Lied den Disciplinaten wie auf den Leib geschnitten ist. Unter den Martern, die die mater dolorosa mit anzusehen hat, wird die Geißelung ganz einseitig hervorgehoben: *Vidit Jesum in tormentis Et flagellis subditum* Str. 4 (nach der Fassung des Missale Romanum, Daniel Thes. hymnol. 2, S. 133). Der Wunsch, die Leiden des Gekreuzigten mitzuleiden, wählt Formulierungen, die an das sinnliche Mit- und Nachleiden der Disciplinaten denken lassen: *Crucifixi fige plagas Cordi meo valide* Str. 6; *Passionis fac consortem Et plagas recolere* Str. 8; *Fac me plagis vulnerari* Str. 9. Kein Wunder deshalb, wenn sich die Sequenz nach Stoff und Haltung mitten in die italienische Laudendichtung hineinstellt. In ihr haben ja auch die 'laudi della santissima croce' die Vorherrschaft, und diese Lauden gestalten nicht nur immer wieder den für die Geißler naheliegenden Gedanken, daß der Mensch Christi Leiden zu wiederholen habe, sondern sie stellen auch, wie das Stabat mater, das Mit-Leiden des Menschen in Beziehung zu dem der Mutter Gottes. Natürlich bleibt noch die Frage zu beantworten, wie weit die große Sequenz vorbildhaft innerhalb der Laudendichtung gewirkt hat. Im ganzen aber sind die Bezüge so stark, daß die Vermutung sich meldet: die Sequenz hat das Disciplinatentum vor Augen und ist möglicherweise für Zwecke der Disciplinaten geschaffen worden [1]).

Jedenfalls, um zu der deutschen Dichtung zurückzukehren, kann es kein Zufall sein, daß das Hauptlied der Bianchi und das Kernstück der deutschen Geißlerliturgie mit derselben Strophe beginnt; auch geographisch stimmen, nebenbei bemerkt, die Dinge, insofern als die Bianchi vom Norden Italiens, genauer: der Dauphiné, ihren Ausgang genommen haben. Man wende nicht ein, daß der Unterschied zwischen der volltönenden lateinischen Strophe und den armseligen drei deutschen Versen zu groß sei, um die eine als unmittelbares Vorbild der andern

---

[1]) Nach herkömmlicher Auffassung soll in Stellen wie den oben aus dem Stabat mater ausgehobenen ein Hinweis auf die Stigmatisation des hl. Franziskus liegen (Diction. of Hymnology 1081 f.): man möchte einen Franziskaner als Dichter haben, auch um eine neue Stütze für die Verfasserschaft des Jacopone da Todi zu gewinnen. Das mehrfach wiederholte *plagae*, in Verbindung mit den *flagella*, scheint mir freilich eher auf die Disciplinaten zu weisen. Im übrigen schließt eine Auffassung die andere nicht notwendig aus.

gelten zu lassen. Gerade dieser Unterschied ist ungemein bezeichnend. Gewiß, eine reine Übersetzung müßte anders aussehen. Wir besitzen ihrer ja schon aus dem späteren 14. Jahrhundert mehrere (Wackernagel Kirchenl. 2, S. 459 ff.). Es ist ganz lehrreich, eine von ihnen mit den Geißlerversen zu vergleichen:

Maria stuend in swindem smerczen	*Maria stůnt in grossen nôtten,*
pey dem kreucz und waint von herczen,	*Do si ir liebes kint sach tôtten.*
da ir werder sun an hieng.	*An swert ir durch die sele snait.*
Ir geadelte czarte sele	*Sůnder, daz lâs dir wesen lait!*
ser betruebt in jamers quele	*Dez hilf uns, Maria kunigin,*
scharf ein sneyduncz swert durchgieng.	*Daz wir dins kindes huld gewin!*

Was sich hier offenbart, ist eben ein Wesensunterschied von Kunstlied und Volkslied. Diese Schrumpfung, der das Kunstlied unterliegt, wenn es zum Volkslied wird, diese verkürzende Ummodelung, die die Kunstliedstrophe inhaltlich und stilistisch auf die einfachsten Linien bringt, ist eine Tatsache, die sich am modernen Volkslied hundertfach beobachten läßt.

Überhaupt ist es die Geißlerliturgie, die am meisten Beziehungen zu den italienischen Liedern aufweist, wenn auch so konkrete stoffliche Zusammenhänge wie in diesem Fall sonst nicht nachzuweisen sind. Man muß sich natürlich bewußt halten, daß bei der verwandten inneren und äußeren Lage, in der sich die italienischen Disciplinaten und die deutschen Geißler befanden, sich auch innerhalb ihrer Lieder Ähnlichkeiten von selbst einstellen konnten, ohne daß sie auf unmittelbaren Abhängigkeiten beruhen müßten. Trotzdem lohnt der Vergleich, und zwar auch deshalb, weil das Unterscheidende im Ähnlichen auf den Wesensunterschied der deutschen und italienischen Geißlerlieder gelegentlich recht helle Lichter wirft.

Gleich die Eingangsstrophe der Liturgie, der Bußruf, hat in den Lauden ihre Gegenstücke, nur daß die deutsche Strophe (hier in der Fassung C geboten) sich inhaltlich viel volksmäßiger und handfester gibt. Man vergleiche mit ihr folgende Eingangsstrophe einer Laude der Disciplinaten aus Gubbio [1]):

Torniamo a-ppenetenza,	*Nu tretent her zu, die bußen wellen!*
Ché el tempo è 'mcomenzato,	*Fliehen wir die heißen hellen!*
Con degiunio e astinenza,	*Lucifer ist ein bose geselle.*

---

[1]) Veröffentlicht von Mazzatinti im Propugnatore a. a. O. S. 159.

E guardiamce dal peccato	*Sin mut ist wie er uns vervelle.*
Chome fe' Christo nel diserto:	*Wande er hette daz bech ze lon.*
Chi 'l farà n'averà merto.	*Des sůllen wir von den sunden gon.*

Die italienische Eingangszeile ist formelhaft und begegnet öfter. Das versteht sich, wenn man weiß, daß der Schlachtruf der italienischen Geißlerbewegung war: *Apprehendite disciplinam, nequando irascatur Dominus* usw. (s. o. S. 59); der Liedeingang ist die Antwort auf diesen drohenden Imperativ[1]).

Ähnliche Unterschiede zeigen sich, wenn man die zweite Strophe der Liturgie und ihre paragraphenhaften Aufzählungen statutarischer Bestimmungen mit italienischen Parallelen vergleicht:

Quilly che(sse) volglion(o) l'-anyma salvare,	*Der unserr bůzze welle pflegen,*
Rechese nello core contrictione,	*Der sol gelten und wider geben.*
Confessese pur(o) colla disfatione	*Er biht und lass die sůnde varn,*
Con intendimento de più non peccare[2]).	*So wil sich got ůbr in erbarn.*

Für die folgenden Strophen des ersten Stückes der deutschen Liturgie könnte an sich sehr gut eine italienische Laude das Vorbild abgegeben haben. Denn die 'laude della santissima croce' gehören zum eisernen Bestande der Disciplinatenbruderschaften, Monaci nennt sie geradezu 'unico soggetto dei primi drammi' der Disciplinaten[3]); und die lebhafte Vergegenwärtigung des am Kreuze hängenden Christus gehört zu ihren typischen Zügen[4]). Wir besitzen auch eine sehr interessante, ganz ausführliche Darstellung der Bußzeremonie einer Disciplinatenbruderschaft aus Modena[5]), die uns zeigt, daß auch in Italien

---

[1]) Es gibt übrigens Lauden, die mit einer Paraphrase des Bußrufes einsetzen:

Prendete discipline
E digiunando orate con sospiri,
Ch'el Signor non s'adiri
Contra voi dimostrando 'l suo furore.

Laudi spirituali del Bianco da Siena hsg. von Telesforo Bini (Lucca 1851) S. 29. Dann kommt der Laudeneinsatz, freilich nur rein äußerlich, dem Beginn der deutschen Liturgie noch näher.

[2]) Laudi e devozioni della città di Aquila hsg. von E. Pèrcopo im Giornale storico della lett. ital. 9 (1887), S. 397.

[3]) Nach d'Ancona Origini 1, 156.

[4]) Musterbeispiel eine Laude 'De paxio Domini nostri Yhesu Christi' aus den Laudi von Aquila a. a. O. S. 194.

[5]) Monumenti antichi di dialetto volgari hsg. von B. Veratti in Opuscoli

eine Vergegenwärtigung von Christi Leiden ihren festen Platz am Eingang des Bußrituells hatte. Die Schilderung der Passion Christi, die besonders seine Mißhandlungen ausmalt, mündet hier, wie es der Situation entspricht, in eine Aufforderung zu Dank und Vergeltung von seiten der Sünder, — nur daß das Dramatisch-Gegenständliche des deutschen Liedes mit seinem leidenschaftlichen Blut um Blut stark verblaßt erscheint. Es sind also im Italienischen durchaus die Haltepunkte da, an die sich die Tatsache anknüpfen ließe, daß eine Passionsszene das erste Stück der Liturgie füllt; aber es fehlt, soviel ich sehe, eine bestimmte Lauda, die als Vorbild für dieses Stück in Anspruch genommen werden könnte. Wohl haben wir Zwiegespräche zwischen dem leidenden Christus am Kreuz und den Sündern; man vergleiche vor allem jene alte Lauda aus Gubbio (s. o. S. 62 f.), die nur eben innerlich und äußerlich eine andere Höhenlage hat. Und eine Laude aus Pesaro enthält eine Strophe, die nach Inhalt und Form der entsprechenden aus der Liturgie recht nahe kommt; man vergleiche:

Che aspetti, peccator, che non te muovi,
Perche se sempre al tuo signor ingrato?
Guarda la croce, li spini, li chiovi,
Guarda al mio corpo tutto lacerato!
Che aspetti, che al ben far non ti rinnovi,
Poi che col sangue tho mondo et lavato,
Con le ferrite mie tho fatto sano?
Fal che mio sangue non sia sparso in vano [1])!

und: *Sůnder, wa mit wilt du mir lonen?*
Dri nagel und an důrnin cronen,
Daz crůtze fron, an sper, ainn stich,
Sunder, daz laid ich als durch dich.
Waz wilt du nu liden durh mich?

Aber diese italienische Laude geht inhaltlich andere Wege: Jesus sucht voll Erbarmen den zaghaften Sünder an sich zu ziehen. Immerhin wird die dialogische Form, auf die nicht nur

---

religiosi, letterari e morali ser. IV Bd. 12, 217 ff. 13, 430 ff. 14, 257 ff. 16, 89 ff.; 405 ff. Die Passion steht Bd. 13, 430 ff.

[1]) Tre laudi sacre pesaresi hsg. von G. S. Scipioni im Giorn. stor. della lett. ital. 6 (1885), 218.

dies erste, sondern auch das zweite Stück der Liturgie gestellt ist, unmittelbar an die Laudendichtung anzuknüpfen sein; so weit hat Creizenach (a. a. O. S. 312) die rechte Witterung gehabt. Denn die Technik der Wechselrede beherrscht die Laudendichtung weithin; aus den halb und ganz dramatischen Formen der Lauda ist ja schließlich das italienische Drama herausgewachsen. Weiter sei betont, daß in den Lauden die Sprechenden gewöhnlich strophenweise wechseln; auch dies technische Mittel kehrt in der Liturgie wieder.

Was das zweite Stück anlangt, Christi Beschluß die Welt zu vernichten, und Mariens Fürbitte, so wäre das an sich ein Thema wie geschaffen für die Lauda mit ihrem Hang zu dialogischer oder dramatisierender Gestaltung. Trotzdem scheint es Lauden dieses Inhalts nicht zu geben, zum mindesten haben sie nicht zu den gebräuchlichen Typen gehört. Man stößt natürlich öfter auf Anrufungen Marias um Fürbitte bei ihrem Sohn. Aber die Aktualisierung dieser Bitte im Hinblick auf das angedrohte Weltende fehlt, soweit ich sehe, den Lauden [1]). So zahllos die Marienlauden sind, die die Mutter im Gespräch mit ihrem Sohn vorführen, es ist immer der Christus am Kreuz, der uns in ihnen gezeigt wird, nie der himmlisch erhöhte Weltenrichter. Wenn man sich des eschatologischen Moments erinnert, das beim Aufflammen der Geißlerbewegung ohne Zweifel im Spiele war, dann bleibt diese Tatsache bemerkenswert; denn

---

[1]) Es mag, um den Unterschied zu veranschaulichen, auf die 'Lauda di una compagnia bergamasca' hingewiesen werden, die Monaci Crestom. S. 456 f. abdruckt. Das Stück ist auch dadurch lehrreich, daß es, formal roher als sonst die Lauden, den Eindruck des Volksliedhaften macht. Dem Inhalt nach bietet es die üblichen Elemente auch der deutschen Geißlerlieder: Maria, bitte deinen Sohn für uns und für alle Sünder, er möge uns vor der Hölle bewahren;

Dé a no gracia de far penetencia,
Quand veniarà ol dì de la sentenzia,
Che vo sie denanz al nostro seniore!

Als du ihn gebarst, warst du die freudenreiche Mutter; als du unter dem Kreuz standest, hattest du großen Schmerz im Herzen:

Ave Maria! vo en si lodata,
Denanz a Cristo sie nostra advocata!
Vo pregarì Cristo, vergene Maria,
Che al ne mantenia in la sancta disciplina!

Man sieht, der Gerichtstag ist in die Ferne gerückt; der Gedanke an das Ende ist ohne die Spannung drohender Nähe und deshalb reines Begleitmotiv.

das Motiv als solches war durch die Himmelsbriefe auch damals schon gegeben. War vielleicht das Entsetzen über gegenwärtige Strafgerichte Gottes und die daran geknüpften Erwartungen nötig, um diesen Stoff Gestalt gewinnen zu lassen? Aus dem Pestjahre 1349 besitzen wir jedenfalls eine Laude aus Borgo S. Sepolcro, die uns Christus als den Verderben drohenden vorführt, ganz wie die deutsche Dichtung, aber Maria nicht im Gespräch mit ihm, sondern mit den hilfeheischenden Sündern (abgedruckt von Schneegans S. 69 ff.).

So ist es also bei diesem Stück um italienische Parallelen, die Anregung hätten geben können, dürftig bestellt; und ganz fehlen sie für den dritten Teil, den Sündenkatalog. Dagegen helfen die italienischen Lieder zum Verständnis des dunkelsten Stückes der Liturgie, das sind die in ihrem Zusammenhang einfach undeutbaren Verse 113 f.

Dů erd erbidemt, zercliebent die staine.
Ir hertů herz, ir sulent wainen!

und das was auf sie folgt. Der erste Vers ist eine stehende Zeile, mehrfach aus deutscher Dichtung nachweisbar (s. u. S. 121), die immer auftritt, wo von den elementarischen Wundern die Rede ist, die den Tod Christi begleiteten. Was soll sie in diesem Zusammenhange? Die Lauden geben Aufklärung. Mit den verbreitetsten Typus unter ihnen bilden nämlich Marienklagen, die uns die Mutter Gottes unter dem Kreuze zeigen, oft im Zwiegespräch mit ihrem leidenden Sohn. Die Beziehung auf die Geißler gewinnen diese Klagelieder, indem Maria die Geißler anredet; sie fordert sie zur Mitklage auf, wenn etwa eine Lauda aus Gubbio beginnt:

Venete a pianger com Maria,
Voie filglioli disciplinati [1])!

Oder sie schilt die Sünder, daß Christi Leiden sie nicht erweicht, das doch Himmel und Erde zum Mitleiden bringt. Eine alte Lauda aus Cadore läßt sie ausrufen:

Che non plançé voy, çente dura?
Plançea lo sol, plançea la luna,
E lo celo se n'ascura
E la tera sta en tremore [2]).

---

[1]) Veröffentlicht im Archivio storico per le Marche e per l'Umbria hsg. von Pulignani, Mazzatinti, Santo Bd. 1 (Foligno 1884), S. 12.

[2]) Antiche laudi cadorine S. 12.

Das ist ein ganz stehender Zug in den Marienklagen; und er erscheint gelegentlich in einer Ausgestaltung, die auch auf die anschließenden Verse der deutschen Liturgie noch Licht fallen läßt, in denen es heißt:

Wainent tougen mit den ougen,
Habt in herzen Cristes smerzen!

Man vergleiche damit die Eingangsstrophe folgender Marienklage:

Pianzi con iochi et comel core
La passion de Cristo salvatore!
Che non pianziti, zente dura,
Che pianzeria el sole e pianzeria la luna?
E tuto el mondo se nascura,
La terra stava in gran tremore [1]).

Das kommt den deutschen Versen so nahe, daß damit ein zuverlässiges Hilfsmittel für die Deutung der fraglichen Zeilen gewonnen scheint.

Hinzugefügt sei, daß Tränen in den italienischen Lamentationen überhaupt eine große Rolle spielen; eine Lauda der Disciplinaten aus Urbino versteigt sich gar einmal zu dem Bilde:

Prego el Signore, si ppo advenire,
Ke ffaça in lagreme convertire
L'ossa, la carne, el sangue scire [2]).

Gerade an dieser Stelle lassen die italienischen Lauden das leidenschaftlichere Naturell des Südvolkes mit seinen gesteigerten Affekten sehr fühlbar werden. Und ich halte es für wahrscheinlich, daß die melodramatische Haltung, in die die Liturgie ausklingt und die überhaupt der ganzen Bußzeremonie eigen gewesen ist, ein Widerspiel des südlichen Temperamentes ist und von ihm aus begriffen werden will. Nicht umsonst heißt es in den Statuten einer Bruderschaft aus Gubbio: die Brüder sollten die Nacht über vereint bleiben *in aliqua ecclesia audituri passionem Christi induti vestibus discipline. In qua ecclesia lacrimosas laudes et cantus dolorosos et amara lamenta Virginis matris vidue proprio orbate filio cum reverentia populo represen-*

---

[1]) Raccolta di sacre poesie popolari fatta da Giovanni Pellegrini nel 1446 hsg. von G. Ferraro (Bologna 1877) S. 34.

[2]) Monaci Crestom. S. 470.

tent magis ad lacrimas attendentes quam ad verba (Giorn. di filol. rom. 3, 96). Daß die Bußzeremonie der deutschen Geißler dieselbe Wirkung auslöste, ist uns mehrfach bezeugt. Und wie die Tränen ein ganz fester Bestandteil gerade der hier herangezogenen Laudenszene sind, so ist auch die Schelte der Herzenshärtigkeit, mit der die deutschen Verse sie verbinden, ein typischer Zug; sowohl im Munde Christi wie Mariens begegnet der Vorwurf des *cuor duro* immer wieder (vgl. o. S. 63).

Danach gehören also die Verse 102—105 der Liturgie von Haus aus in den Mund Mariens, und der ganz unvermittelte Hinweis auf das Erdbeben will zunächst nur besagen: wenn sogar die Erde bei Christi Leiden in Bewegung gerät, um wieviel mehr müßtet ihr harten Sünder euch erweichen lassen. Man beachte übrigens auch das Präsens, das seinen Sinn nur hat, wenn die unter dem Kreuze stehende Maria die Worte spricht. Es ist hier also ein Stück aus einer Marienklage in die Liturgie hineingearbeitet, nicht anders als am Eingang des zweiten Teiles, wo die Stabat-mater-Strophe *Maria stûnt* usw. sich ja auch auf den ersten Blick als ein unorganisches Stück im Zusammenhang dieses Teiles enthüllt. Jene Strophe verdankt so gut wie sicher italienischen Einwirkungen ihre Stelle in der Geißlerliturgie; alles spricht dafür, daß es bei dem in Rede stehenden Stück nicht anders ist. Die Verse bilden sonach ein paßrechtes Schlußstück der Liturgie: Wenn der Eingangsteil auf dem Gedanken stand, daß Christi Passion von dem Sünder das gleiche blutige Opfer verlangt, so lenkt der Schluß zu diesem Gedanken zurück, indem er auf andere Art, nämlich im Schema der Marienklage, genau dasselbe sagt. Aber selbstverständlich sollen diese Verse nun nicht mehr als Worte Mariens gelten; sondern die Liturgie macht zu ihren Sprechern, die eigentlich ihre Adressaten sind.

So schimmert denn hinter dem, was den eigentlichen Inhalt der Liturgie hergegeben hat, der Geißlerpredigt, ein anderes Vorbild erkennbar durch; und dies Vorbild sind Lieder, die das Kreuz Christi und Marias Klagen um den Gekreuzigten zum Gegenstande haben. Das aber sind die Themata, die in der Laudendichtung der italienischen Disciplinati ganz beherrschend im Mittelpunkte stehen [1]). Strittig kann höchstens

---

[1]) An dieser Stelle drängt sich die Frage nach dem Zusammenhang zwischen den deutschen Marienklagen und den italienischen Lauden auf. Schönbach

sein, in welcher Form der italienische Einfluß gewirkt hat: ob man nach italienischem Vorbild ad hoc gedichtete Strophen der Liturgie einfügte, oder ob man aus vorhandenen deutschen Liedern die entsprechenden Stücke herauspflückte und volksliedhaft zurechtbog. Nach den Gesetzen des Volksliedlebens spricht die größere Wahrscheinlichkeit für das letztere Vorgehen.

Die paar Lieder, die uns sonst, namentlich bei Hugo von Reutlingen als Geißlerlieder überliefert sind, zeigen weniger innere Beziehungen zu den italienischen Lauden, und das ist kaum anders zu erwarten. Denn in festem Zusammenhang mit der Bußzeremonie stand nur die Liturgie; die anderen Gesänge waren Fahrtlieder, die bei den einzelnen Scharen wechselten, wie durch das Zeugnis Closeners ausdrücklich bestätigt wird (s. S. 68). Allgemeinere Verbreitung hat freilich der Einzugsleis *Nu ist diu betfart so here* gehabt, der sich aber mit Sphären überschneidet, die mit den Geißlern von Haus aus nichts zu tun haben (s. S. 179). Im übrigen wird es eine halb zufällige Zusammenstellung sein, die uns Hugo als Geißlerlieder bietet. Auch die italienischen Disciplinaten verfügten ja über eine Fülle von Liedern; und wenn nicht im einzelnen, so könnten sie immerhin im ganzen auf die deutschen Geißler gewirkt haben, insofern als sie die Stoffe und die Auswahl ihrer Lieder beeinflußten. Und das scheint wenigstens in einem Punkt der Fall gewesen zu sein. Unter den Fahrtliedern, die Hugo mitteilt, fällt ein Stück auf, weil es auf den ersten Blick gar keine Beziehung zu den Geißlern zu haben scheint; es ist das lange Lied, das Mariä Verkündigung und Christi Kindheitsgeschichte enthält. Es wird später zu zeigen sein, daß es sich hier um ein Lied handelt, das die Geißler dem Schatze heimischer Bittfahrtlieder entnommen haben (s. S. 199 ff.). Aber man darf daran erinnern, daß in den italienischen Lauden, mögen sie aus dem Kreise von Disciplinaten oder anderen Bruderschaften stammen, Mariä Verkündigung eins der allerbeliebtesten Themata ist, das namentlich auch in dramatisierter

---

sagt in seiner bekannten Abhandlung über die Marienklagen (Graz 1874) kein Wort davon. Und doch ist mir unzweifelhaft, daß hier engere Zusammenhänge bestehen. Sie sind umso bedeutsamer, als das literarische Motiv der Marienklage ja sein Widerspiel in anderen Künsten findet. Aber die Aussichten, die sich hier eröffnen, bedürfen einer besonderen Untersuchung.

Form immer und immer wieder behandelt worden ist (s. Schneegans S. 84), ein Thema natürlich, das mit den Disciplinaten an sich gar nichts zu tun hat, sondern von ihnen dem Liederschatz der älteren Laudesi entlehnt worden ist. Nun enthalten diese Lauden freilich im allgemeinen nur das Gespräch Marias mit dem Engel, ziehen auch wohl noch den Besuch bei Elisabeth hinein, decken also nur etwa das erste Drittel vom Stoff des deutschen Liedes. Aber andere Lauden übernehmen die Fortsetzung; wir besitzen welche, die die Hirtengeschichte oder die Magiergeschichte mit breiter Ausführlichkeit behandeln. Zumindest also eine Parallele zu dem Leben-Jesulied der deutschen Geißler. Übrigens wird auch von den niederländischen Geißlern berichtet, daß sie *cançons .. de la nativité* sangen (s. o. S. 74 f.). Das weist in dieselbe Richtung.

Es bliebe das Lied Hugos von Reutlingen *Maria muoter reiniu meit*, sofern man diese lose Aneinanderreihung von Bittrufen noch ein Lied nennen kann. Natürlich gibt es dazu Gegenstücke im Italienischen, man vergleiche etwa

Madre, o vergene Maria,	*Erwirb uns huld umm dines kint,*
Priegha per noi, o virgo pia,	*Dez rich niemmer dhain end gewint,*
Che Gesune tolga via	*Daz er uns lôs von aller not*
L'aspra morte e pistilentia [1]).	*Und bhôtte vor dem gâhen tot!*

Aber es ist nicht nötig, für solche Gemeinplätze des religiösen Liedes fremde Anregungen und Vorbilder zu bemühen.

Endlich wäre die Frage zu erörtern, wann die italienischen Einflüsse wirksam gewesen sind, die sich in den Geißlerliedern von 1349 feststellen lassen, ob sie bis in die Anfänge der Geißlerbewegung zurückreichen oder jüngeren Datums sind. Die Antwort ist deshalb so schwer, weil mit zwei Unbekannten gerechnet werden muß: Die italienischen Lieder der ältesten Geißler nicht minder als die deutschen bleiben schattenhaft. Immerhin reichen die Beweismittel wohl aus für die Feststellung, daß die beiden Hauptinhalte der Liturgie von 1349, die Passion im ersten und die Fürbitte Marias vor dem zornigen Christus im zweiten Teil, von Italien her auf deutschen Boden getragen worden sind. Welche deutsche Form sie damals gewonnen haben, steht dahin; doch wird man damit rechnen dürfen,

[1]) Aus einer Lauda aus Borgo S. Sepolcro bei Schneegans S. 69.

daß Elemente des Geißlerliedes von 1260/61 in diesen beiden Teilen der späteren Liturgie erhalten sind; wie ja auch der Einzugsleis der Geißler von 1349 wesentlich älteres Gut bewahrt hat. Aber ganz offen bleibt die Frage, in welchen Kombinationen diese vielleicht übernommenen Bestandteile in den Liedern von 1260/61 sich fanden. Sicherlich irrig wäre es, wenn man annehmen wollte, daß die Liturgie von 1349 ebenso schon 1260/61 gegolten hatte. Zumindest müßte man die Strophe *Maria stûnt* usw. absondern, die frühestens im späteren 13. Jahrhundert entstanden sein kann (s. o. S. 80 f.). Aber auch allgemeine Gesetze des Volksliedlebens sprechen dagegen, daß religiöse Volkslieder aus der Mitte des 13. Jahrhunderts drei Generationen später ganz unverändert wieder aufgestanden sein sollten. Das würde auch voraussetzen, daß das Zeremoniell der Geißler von 1349 genau dasselbe war wie im Jahre 1260/61. Nach den historischen Nachrichten braucht das nicht der Fall gewesen zu sein: die Bindung an den Ort der Kirche war 1260/61 dem Anschein nach enger als 1349 [1]); und die freilich sehr skizzenhafte Schilderung bei Ottokar von Steiermark gibt der Bußübung eine Form, die sich mit den großen Berichten von 1349 nicht ohne weiteres vereinigen läßt (Steir. Reimchron. 9427 ff.). Man beachte auch die Angabe Hermanns von Altaich: *quasdam cantilenas quas de passione ac morte Domini dictaverant* (s. o. S. 66). Nach dieser Kennzeichnung würde man anderes von dem Gesang erwarten, als der erste Teil der Liturgie bietet.

So rechne ich denn damit, daß zu jener ersten Beeinflussung im Jahre 1260 sich erneuernde spätere hinzugekommen sind. Die Wege, die solche Einwirkungen tragen konnten, sind leicht vorstellbar. Schon Förstemann hat vermutet, daß auch die Geißelbewegung von 1349 in Italien ihren Ausgang genommen habe (a. a. O. S. 86), eine Vermutung, die manches für sich hat, wenn auch auffällig bliebe, daß die historischen Zeugnisse dafür fehlen. Aber auch wenn in der Pestzeit nicht eine neue Welle unmittelbaren Einflusses über die Alpen nach Deutschland geschlagen ist, — die Disciplinatenbruderschaften waren im 14. Jh. ein so starker und öffentlich sichtbarer Faktor im Leben italienischer Gemeinden, daß ihre Art und Weise, auch

[1]) Vgl. besonders Hermann von Altaich Mon. Germ. SS. 17, 402; Contin. Praed. Vind. SS. 9, 728.

ohne den Anlaß besonderer Ereignisse, im nachbarlichen Verkehr mit den angrenzenden Ländern aufgenommen und zu gegebener Zeit praktisch fruchtbar gemacht werden konnte. Was bei der Entlehnung des Stabat mater sicher und greifbar ist, gilt zweifellos auch für andere Elemente wie im Brauch so im Liedbesitz der Geißler.

Creizenach hat, wenigstens für die Liturgie, die in Rede stehende Frage kurz und bündig gelöst. Die Tatsache, daß schon 1261 die Formel *Ir slacht euch sere in Christes ere* usw. bezeugt ist, scheint ihm als Beweis für die Annahme zu genügen, daß das ganze Lied, in dem 1349 diese Formel auftaucht, bis in jene Zeit zurückgerückt werden dürfe. Und aus der dialogischen Form des deutschen Geißlerliedes erschließt er dann, eine Abhängigkeit des deutschen Liedes von dem italienischen als eine Selbstverständlichkeit annehmend, ein Gleiches für die italienischen Vorlagen. Nach unseren Ausführungen wird deutlich sein, wo die schwache Stelle dieser kühnen Konstruktion liegt. Sie rechnet nicht mit der Flüssigkeit nach Form und Bestand, die ein Wesenselement des Volksliedes ist.

II. Die deutschen Geißlerlieder.

1. Die Liturgie (Lied 1).

Hauptquelle für die Geißlerlieder im ganzen wie für die Liturgie im besonderen ist das hexametrische Chronicon Hugonis sacerdotis de Rutelinga ad annum MCCCXLIX, überliefert in einer lateinischen Pergamenthandschrift in Oktav, die der früheren Kaiserlichen, jetzigen Öffentlichen Russischen Bibliothek in Leningrad gehört und die Signatur O. v. XIV No. 6 trägt [1]). Die Hs. ist von Karl Gillert entdeckt worden; vgl. seine ausführliche Beschreibung in dem Aufsatz 'Lateinische Handschriften in St. Petersburg', Neues Archiv der Gesellschaft für ältere deutsche Geschichtskunde 5 (1880), 263—65. Die Hs. macht den Eindruck eines Autographs des Verfassers, wie bereits Gillert bemerkte; zumindest dürfte sie unter seinen Augen geschrieben sein. Gillert erkannte auch, daß die Chronik stückweise entstanden ist [2]). Dem Hauptteil, der bis zum Jahre 1347 reicht, ließ Hugo im Sommer 1349 eine Fortsetzung folgen (fol. 25—36), die die Geschichte der beiden letzten Jahre, in der Hauptsache das Auftreten der Geißler darstellt; an dies Stück schließen noch zwei kleinere

[1]) Über den Autor Hugo Spechtshart s. Allg. deutsche Biogr. 35, 77; er wurde 1285 zu Reutlingen geboren und ist ebenda 1359 oder 1360 gestorben. Er ist der Musikgeschichte gut bekannt durch seine 1332 verfaßten einflußreichen 'Flores musicae omnis cantus Gregoriani', hsg. von Karl Beck, Tübingen 1868. Vgl. auch H. J. Moser, Geschichte der deutschen Musik[4] 1, 120.

[2]) Doch ist die Angabe S. 263 irrig: 'Äußerlich zerfällt der Codex in zwei Teile (fol. 1—24 und fol. 25—42), die erst durch den jetzigen Einband zu einem Volumen vereinigt zu sein scheinen'; vielmehr besteht die Hs. aus drei Lagen: I Bl. 1—11; II Bl. 12—25; III Bl. 26—42; die Lagen sind nicht aus lauter Doppelblättern zusammengefalzt: bei einzelnen Blättern fehlt die vordere, bei anderen die hintere Hälfte, aber von Anfang an; es ist nichts nachträglich herausgeschnitten. Das zweite Doppelblatt der zweiten Lage ist nachträglich eingelegt, um auf Bl. 14^{r} gestrichene Verse zu ersetzen und einen auf Bl. 23^{v} unterzubringenden Einschub aufzunehmen.

Fortsetzungen an. Der Chronist schreibt also unter dem unmittelbaren Eindruck der Ereignisse; die etwa 150 Hexameter, in denen die Chronik von den Geißlern handelt, verraten in der Fülle ihres Inhalts und in der Lebendigkeit der Schilderung und des Urteils sofort den Augenzeugen. Und dieser Augenzeuge bietet uns nicht nur die reichste, sondern auch die beste Überlieferung der Geißlerlieder. Freilich galt das Interesse des musikverständigen Priesters wohl mehr den Melodien als den Texten. Gillert hat erstmalig die ganze Chronik, also auch die deutschen Lieder veröffentlicht in den 'Forschungen zur deutschen Geschichte' Bd. 21 (1881), S. 23—65. Dieser im ganzen zuverlässigen Publikation hatte Karl Bartsch den Rang abgelaufen mit einem wesentlich anfechtbareren Abdruck nur der Lieder in der Germania 25 (1880), S. 40—47, der auf einer Abschrift von Gustav Friderici fußte. Die letzte Gesamtausgabe der Lieder und der auf die Geißler bezüglichen Stücke der Chronik gab Paul Runge 1900 in dem oben S. 7 zitierten Buch. Runges Ausgabe hat das Verdienst, zum ersten Male die Melodien zugänglich gemacht und untersucht zu haben. Aber auch nur dies. Die Art wie Runge mit den Texten umgeht, ist geradezu strafwürdig und nur dadurch zu entschuldigen, daß ein Musiker am Werke ist, dem es in erster Reihe auf die Melodien ankam. Aber dann hätte er Gillert gegenüber nicht den Anspruch auf größere Treue erheben dürfen.

Das sprachliche Bild der Hs. entspricht vollkommen dem, was ein Reutlinger Text aus der Mitte des 14. Jahrhunderts erwarten läßt:

ā gewöhnlich mit *a* gegeben, daneben *aun* IV 49; *lås* I 50; *håst* II 7; *getån* III 17; *ån* III 18. Beachte *komen* IV 51. 79. 103; *koͦmin* IV 93. — *æ* wird durchweg *e* geschrieben, außer *gåhen* III 12. — Altes *ei* erscheint als *ai*, nur I 75 *ein;* der unbestimmte Artikel zeigt häufiger als *ain* die Form *an*, III 7 auch in flektierter Gestalt als *ann;* vgl. *haligun* I 121n gegen gewöhnliches *hailig*. Für *uo* vereinzelt *o: wocherere* I 73 (*w* kaum = *wu;* das erscheint nur vor *n* und *r*, s. u.), *rowe* III 26; *wiroch* IV 99 steht für sich. — Für *üe* gewöhnlich *oͦ: boͦssen* I 1, *roͦfen* I 23, *moͦsd ir* I 32, *behoͦt* I 35 u. ö., *soͦssen* I 59, *geboͦssen* I 60, *moͦssen* I 61; *soͦssu* I 121 f, *bhoͦtt* III 8. 12; in *mosd ir* I 84 ist der Index vergessen; abweichend nur *fůr*(*s*) III 20. 22. 24; *mois* I 91 scheint nach der Art wie der Text die auslautenden *s*-Laute schreibt, = *muoz*, nicht *müeze*. — *gen* für *geben* I 110.

Farbige Vokale in Endsilben sind häufig, fast ausschließlich in Fällen, wo alte Länge vorliegt; die meisten Belege gibt IV: *můmun* a. sg. 43, *liebun* d.

sg. 98, *mirrun* a. sg. 99, *oran* d. pl. 39, *zhandan* 92, *sagant* 3. plur. 90, *vorschat* praet. 17, *erkandan* 72, *bgundan* 92, *brahtan* 97, *wurdi* 84, *kômin* 93, *zwischont* 65; in I: *haissun* a. sg. 2, vgl. *envastât* 89; I 121n.q *sela* a. pl.; in II: *liebun* g. d. sg. 12. 13; in III: *rehtun* d. sg. 25; vgl. *selân* a. pl. 21. 23; regelmäßig *ellind* I 121f; II 10; III 4.

ck nur als *gg: reggen* I 41, *schiggen* I 61. — Im Anlaut geringe Unsicherheit: *dot* III 7 gegen häufiges *tot*, *dag* IV 101 gegen *tag* IV 79; *pûss* I 109, II 15 gegen *(ge)bôssen* I 1. 60, *bůzze* I 6. — Im Auslaut weithin die inlautende Media: *laid ich* I 21, *magd* IV 18. 28. 68, *trůg* IV 49 und sonst, auch im sw. praet. *grûsd si* IV 6. 43; seltener, aber lautlich begründet, in Fällen wo die Stütze der inlautenden Media fehlt: *gûsd der tiefel* I 68, *mosd ir* I 32. 84, *ir bihtend dhaine* I 31, *sind ir* I 33 gegen gewöhnliches *t* in dieser Form, s. u. Beachte *volg* (populus) IV 57, *wrgt* = *würket* IV 20. — *s* statt *sch* in *sacher* III 26 gegen häufiges *sch*, dazu stets vor *r: ersrak* IV 15, *srin* IV 48.

In der 2. pl. praes. und imper. gewöhnlich *nt: ir bihtend* I 31, *daz ir lant* 102, *ir sint(d)* 30. 33. 85, *ir went* 83, *ir sulent* 114; dagegen *môsd ir* 32. 84; imper. *hebent* 39, *lant* 103, *wainent* 115, *bittent* 121 o, *wissent* 107, *reggen* 41; dagegen imper. *habt* 116, *slaht* 117; fraglich *tret* 1.

Die Frage stellt sich, ob trotz der gleichmäßig schwäbischen Sprache sich nicht doch Unterschiede zwischen den einzelnen Liedern feststellen lassen, die auf Charakter und Ursprung der Aufzeichnung Licht würfen und ein Urteil über die etwaigen Quellen Hugos gestatteten. Folgen wir der Reihenfolge des Hugoschen Textes, so sind die Lieder II und III zu kurz für bündige Schlüsse, die Lieder IV und I dagegen, beide ziemlich gleich lang und beide über 100 Verse, sollten eher etwas hergeben. Tatsächlich ist der erste Eindruck der, daß beide Texte ziemlich stark auseinandergehen, IV eine urwüchsigere, stärker mundartlich bestimmte, I eine mehr aufs Schriftliche angelegte Aufzeichnung darstellt. Doch verliert manches Kriterium an Beweiskraft, weil I (und die andern Texte) die betreffenden Wörter oder unmittelbar vergleichbare Formen nicht aufweisen. Das gilt für folgende ausgesprochen mundartliche Züge von IV: *as* (= *ez*) 57. 76. 83; vgl. *âs* 13 (nur im Versanfang!); *won* 18; vgl. 31; praet. *komen* 51. 79. 102, vgl. *kômin* 93; *sr* für *schr* in *ersrak* 15 und *srin* 48; *gschenhen* 17; demin. auf *-li* 24. 47. 53. 94; *as* für *als* 28. 46. 68. IV eigen ist *tret* 'trägt' 24 (: *Elizabet*) gegen *gseit* 83 und *trait* (: *brait*) II 12; *nůmmer* 12 gegen *niemmer* III 10. Einige ungewöhnliche Diphthongschreibungen kommen hinzu: *bouch* (= *buoch*) 90 und *tůft* (= *touft*) 107, *tůf* 109 sind Eigenheiten von IV, für *frůde* (= *freude*) 114 fehlt den andern Texten ein Gegenstück. Das ist kaum ausreichend, um daraus den Schluß auf eine besondere

Quelle von IV zu ziehen, zumal auch I einzelne Sonderzüge aufweist: die 2. plur. auf *nt* nur hier, weil den andern Texten die Form mangelt.

Gewichtiger scheint der Unterschied, daß IV 13mal farbige Endsilbenvokale bringt, I nur einmal, allenfalls zweimal (*haissun* 2, *envaståt* [: *enrastet*] 89). In IV erscheint namentlich *a*: *vorschat* 17, *bgundan zhandan* 92 u. a., aber auch *mûmun* 43, *liebun* 98, *mirrun* 99, *zwischont* 65, *wurdi* 84, *kômin* 93; eine größere Zahl gleicher Fälle in I dagegen zeigt das farblose *e*. Auch die fühlbar stärkere Anwendung von *ain* gegenüber *an* in I (4 : 6 gegen 3 : 13 in IV) deutet auf eine orthographisch strengere Hand in der Liturgie, die doch eben am leichtesten zu verstehen wäre, wenn man mit verschiedenen Konzepten für I und IV rechnen dürfte.

Dagegen gehört der augenfälligste Unterschied von I und IV, der den orthographischen Abstand am klarsten zu beleuchten scheint, nur bedingt hierher. IV wimmelt von proklitischen Verkürzungen von Vorsilben wie *gsant* 3, *gfelst* 8, *ztûnd* 32, *dwelt* 86 (über 20mal). III zeigt das entsprechende Bild. I dagegen hat, wenn man *dhaine* 31 ausnimmt, nichts Vergleichbares. Aber was sich hier enthüllt, sind nicht Unterschiede der Schreibweise, sondern der sprachlichen Form der beiden Texte. An sich bemüht sich Hugo im einen Falle wie im andern, den Versen auch äußerlich das Silbenmaß des Wechseltons zu geben (s. S. 128, 206); das ist in der Liturgie ohne Schwierigkeit möglich, eben weil ihre Zeilen in Fragen der Füllung und Wortbehandlung einen älteren Versstil aufweisen. In IV dagegen führt es zu gepreßten Wort- und Formbildern; denn hier sprengt der episch reichere Inhalt den Rahmen des streng gebauten Viertakters älterer Art. Über Lied II, das vollkommen aus dem Rahmen fällt, weil Hugo hier auf den Wechselton keinen Wert legt und infolgedessen auch nicht zu Wortverkürzungen zu greifen braucht, s. u. S. 182.

Wir wenden uns von der sprachlichen Würdigung der gesamten Liedüberlieferung bei Hugo zu dem Hauptstück, der Liturgie (Lied I), und fragen, ob aus seinen Reimen Schlüsse auf die Herkunft des Textes zu ziehen sind. Wie zu erwarten, geben die Reime nicht genug her, um das Lied mit Sicherheit einer bestimmten Mundart zuzuweisen. Für ein Volkslied reimt der Text ungewöhnlich sauber; nur eine Assonanz: *pflegen:geben* 6;

im übrigen einige leichtere Störungen, von denen nur der häufigere *n*-Verlust im Infinitiv stärker hervorsticht (vgl. Weinhold Bair. Gramm. § 167): *himelriche: geliche: entwichen* 53 ff.; *sôsse: gebôssen* 59, wo die Hs. mit *sôssen* einen Notreim herstellt; *staine: wainen* 113; auch *gallen* (d. sg.): *vallen* 37 ist verdächtig neben *galle* (a. sg.): *alle* 67 (vgl. Weinhold Mhd. Gramm. § 461); am härtesten *gar: varn* 31. Mehrfach *varn: erbarn* (= *erbarmen*) 8. 83. 103 (Weinhold Bair. Gramm. § 169). Mehrfach *got: tot* 16. 35 (ebenda § 55). Alles Reime, die einer Beheimatung des Textes in Österreich wenigstens nicht entgegen stehen, — wenn man einmal weiß, daß die deutsche Geißlerbewegung in Österreich ihren Ausgang genommen hat und deshalb dort die Liturgie ihre erste Gestalt gewonnen haben muß. Der Binnenreim *lan: zergan* 56 widerspricht kaum; die apokopierten Formen *hend: wend* 39, *arm* (plur.): *erbarm* (conj.) 41 passen gut; die Melodie sichert hier die gekürzten Formen; ebenso *kunigin: gewin* (= *gewinnen*) 51. (*si*) *zerbrechent: rechen* infin. 65 ist schwäbische Umschrift eines österreichischen Reimes. Die (noch ziemlich maßvollen) Syn- und Apokopierungserscheinungen im Versinnern würden einem österreichischen Text des 14. Jahrhunderts nicht widersprechen.

Vor der Auffindung der Chronik Hugos von Reutlingen stand die Kenntnis des geißlerischen Zeremoniells, in Sonderheit ihrer Liturgie in der Hauptsache auf Fritsche Closeners Straßburger Chronik. Die Chronik ist 1362 beendet worden, die Aufzeichnung steht also um mehr als ein Jahrzehnt von den Ereignissen des Jahres 1349 ab. Aber auch hier stellt uns ein Augenzeuge in aller Ausführlichkeit das Geißlerwesen dar. Wie weit Closener ältere Aufzeichnungen benutzte, steht dahin; die Geißlerpredigt muß ihm handschriftlich vorgelegen haben, aller Wahrscheinlichkeit nach auch die Lieder: sein Text scheint vereinzelt Lesefehler zu enthalten (s. u. S. 143). Freilich ist die handschriftliche Vorlage fühlbar überarbeitet worden, s. S. 139 ff. Gelegentlich hat ein elsässischer Sprachzug auf diese Weise Eingang in den Text gewonnen. Die Frage, ob durch Closeners Aufzeichnung die andersartige Schreibform seiner Vorlage hindurchscheine, ist zu verneinen: die schreibgewohnte Hand des Autors hat den Liedern vollkommen die gleiche sprachliche Gestalt gegeben, die die umgebende Prosa aufweist.

Die Chronik ist nur in einer Handschrift überliefert, die als Nr. 91 der deutschen Manuskripte der Nationalbibliothek zu Paris gehört; nach C. Hegels Vermutung (Ausg. Einl. S. 13) handelt es sich um die Reinschrift der Closenerschen Arbeit. Die erste Ausgabe der Chronik, also auch der Geißlerlieder, lieferten A. W. Strobel und A. Schott (Bibl. des Liter. Vereins in Stuttgart Bd. 1, 1842), philologisch noch nicht genau. Auf diesen Text beruft sich der Uhlandsche Abdruck (Alte hoch- und niederd. Volksl. Nr. 311), der auch die niederdeutsche Fassung der Liturgie benutzt. Den ersten orthographisch genauen Abdruck lieferte die Ausgabe von C. Hegel im 8. Bande der 'Chroniken der deutschen Städte'. Doch erwies sich eine erneute Vergleichung der Handschrift als recht ergiebig. Auszugsweise wurde Closeners Chronik abgedruckt im Code historique et diplomatique de la ville de Strasbourg Bd. 1 (Straßb. 1843); vgl. Hegel Einl. S. 12. Auf ihm fußt Wackernagels lesbar gemachte Ausgabe (Altd. Lesebuch[4] S. 1066—68), die einige Textänderungen bringt.

Zufrühest ist eine niederdeutsche Fassung der Liturgie bekannt geworden. Dorow fand im Osnabrückischen eine lateinische Pergamenthandschrift in Quart aus dem 14. Jh., medizinischen Inhalts. Auf den Innenseiten des Vorder- und Hinterdeckels sind zwei deutsche Stücke eingetragen, dort die Liturgie, hier eine Minnemäre in Reimpaaren, deren Inhalt der Streit von sieben Frauen um einen Mann ist. Diese Minnemäre ist von einer andern Hand geschrieben als die Liturgie, steht auch in Sprache und Orthographie für sich.

Die Hs. ging in Meusebachs Besitz über; ich kann sie nicht mehr feststellen. Die deutschen Stücke bewahrt die Preußische Staatsbibliothek als mscr. germ. qu. 671. Erstmalig hat sie, mehr als primitiv, Maßmann abgedruckt (Erläuterungen zum Wessobrunner Gebet des achten Jahrhunderts. Nebst zweien noch ungedruckten Gedichten des vierzehnten Jahrhunderts, Berlin 1824, S. 39ff.). Einen erneuten Abdruck der Liturgie gab J. Fr. C. Hecker, Der schwarze Tod im vierzehnten Jahrhundert, Berlin 1832, S. 88; Lachmann hatte für ihn den Maßmannschen Text mit der Hs. verglichen. Doch war dieser Abdruck ebensowenig ganz sauber wie der auch wieder auf die Hs. zurückgehende bei Ph. Wackernagel, Das dtsch. Kirchenl. 2, S. 336f.

Hoffmann von Fallerslebens verhochdeutschter Text (Gesch. des dtsch. Kirchenl. S. 145 ff.) zählt nicht.

Die Sprache des Denkmals erklärte Maßmann als 'sassisch' (S. 41). Hoffmann von Fallersleben verwarf das in einer Besprechung des Maßmannschen Buches (Neue krit. Bibl. für das Schul- und Unterrichtswesen hsg. von Gottfr. Seebode Bd. 7 [1825], Teil 1, S. 549 ff.) und behauptete, die Liturgie sei (wie das andere Stück) mittelniederländischen Ursprungs, und zwar aus der Gegend von Overyssel und Geldern, aber von einem westfälischen Schreiber entstellt. In seiner Gesch. d. Kirchenl. S. 145 Anm. bezeichnet er das Lied schlechthin als mittelniederländisch, 'und zwar in der Mundart der östlichen Gegenden Hollands nach Westfalen zu'. Ein Beweis für diese völlig aus der Luft gegriffene Behauptung wird nicht ernstlich versucht. Trotzdem hat sie sich zu behaupten vermocht, und zwar dank der Autorität, die Hoffmann von Fallersleben in Holland genießt, gerade auch auf niederländischem Boden (vgl. Paul Fredericq, Geschiedenis der inquisitie in de Nederlanden 2 [1897], 74); das Stück wird unbefangen als ein Dokument der niederländischen Geißlerbewegung abgedruckt (Fredericq Corpus 2, 136 ff.; ders. Onze historische Volksliederen [1894] S. 24 ff.). Bei uns ist diese Ortsbestimmung, freilich ohne den Hinweis auf das Westfälische, in dem etwas Richtiges steckt, von Hand zu Hand gegeben worden, von Förstemann (S. 268) bis zu Pfannenschmid (S. 170). Zachers bessere Lokalisierung ('niederteutsch' Ersch-Gruber Realenzykl. I 56, S. 250) wurde übersehen.

In Wirklichkeit ist der Sprachstand des Denkmals alles andere als niederländisch, und es liegt kein Grund vor, es einem anderen mundartlichen Gebiet zuzuweisen als dem Westfälischen, auf das der Fundort der Hs. deutet. Auch das andere deutsche Stück, die Minnemäre, gibt nichts her, um eine Herkunft der Hs. aus den Niederlanden wahrscheinlich zu machen, wie es doch wohl Maßmanns Meinung war: denn dies Stück will hochdeutsche Sprache geben, wenn es auch die niederdeutsche Hand des Einzeichners nicht verleugnet. Freilich ist es bei der Geißlerliturgie auf Grund ihres Sprachstandes nicht möglich, den Ort oder doch die Landschaft der Aufzeichnung mit einiger Sicherheit zu bestimmen: das hd.-nd. Sprachgemisch des Textes, der deutlich auf schriftsprachliche Formen aus ist, entfernt sich zu bewußt von der gesprochenen Sprache des Aufzeichners. Kein Zweifel kann daran sein, daß er ein Niederdeutscher war. Nicht minder deutlich ist, daß der Text ursprünglich hochdeutsch war. Wenn man es nicht aus der sonstigen Überlieferung der Liturgie wüßte, müßte es der Text selbst lehren, der in seiner ganzen sprachlichen Haltung hochdeutsch ist: Es ist nur gerade die eine oder andere Ersatzvokabel eingetreten, wo ein Wort des Grundtextes dem Nd. fehlte (*beuen* 31 für *bidemen; trene* 33 an Stelle von *tougen*; auch *sceppen* 76 mochte in der geforderten Bedeutung dem Niederdeutschen paßrechter sein als *schicken*); sonst begegnet kein rein nd. Wort, man müßte denn *reyne* 79 als 'vollständig' nehmen. Dagegen schmeckt manches nach hd. Wortgebrauch: *sich (en)barmen ouer* 40. 86; *sich wenden an* 94; und am deutlichsten sprechen die Reime.

Die Frage stellt sich, wie die sprachliche Mischung sich erkläre. Um die Antwort vorweg zu nehmen: ein Niederdeutscher, vermutlich ein Westfale, hat einen verniederdeutschten Text der Liturgie zur Aufzeichnung gebracht, indem er ihm eine sprachliche Form gab, die wieder dem Hd. zustrebte. Der Schreibende mag an sich, wie es uns die Urkundensprache seiner Zeit und Landschaft zeigt, in nd. Niederschriften hd. Formen Raum gegeben haben; aber der Hauptgrund wird gewesen sein, daß er dem hd. Grundcharakter des Liedes gerecht werden wollte. Damit ist die Frage freilich noch offen, in welchem Grade von Verniederdeutschung ihm der Text vorlag, wieviel von hd. Überbleibseln auch an grammatischen Formen noch darin war. Daß die niederdeutschen Geißler die Liturgie in einer Art Mischsprache sangen, ist mir sicher: der kanonische Charakter des Textes verbot tiefere Eingriffe und machte auch mundartfremde Formen erträglich. Aber Genaueres ist nicht mehr zu ermitteln; ganz deutlich ist nur, daß man sich mindestens im Reim Formen wie *stich* (statt nd. *steke*), *lan* (statt nd. *laten*), *koninghin* (statt des gewöhnlichen *koninginne* 27), gewiß auch *herzen: smerzen* gefallen ließ.

Wie unser Text geschrieben vorliegt, fällt vor allem der hd. Überwurf in die Augen, der die im Grunde doch nd. Schreibweise bedeckt:

hertze 32; *hertzen: smertzen* 35 f.; *korcelike* 55 (gegen *korter* 45); *was* 20; *das* 11. 18, mit Kompromißschreibung *datz* 9. 19 (gegen häufiges *dat*); *botsen* 5 (gegen *boten* 75, *bote* 88); *hetsen* 6; *grotzen* 41; *letset* 94 (gegen mehrfaches *latet*). Dem stehen nd. *t*-Schreibungen in etwas größerer Zahl gegenüber, einmal auch *th*: *tho* 26.

ich 19. 64. 76. 77. 92, ausnahmslos; *dich* 24. 94 zweimal. 95; *sich* 40. 69. 80 (gegen *sic* 49); *sich: dich* 77; *stich: dich: mich* 18—20; *och* 31. 58; *ontwichen: hemelrike: gelike* 72. Sonst *k*: *peke* 8; *make* 51; *korcelike* 55 und sonst oft.

p stets unverschoben.

d regelrecht im An- und Inlaut unverschoben bis auf *mûter* 27, *moter* 30. Auch im Auslaut ist gewöhnlich *d* geschrieben bis auf *blot: gût* 25 f.; *snet* 43; *mit* 8. 33. 35; *spot* 60; *bat* 74; *punt: grunt* 82 f.; auch hier wird teilweise das hd. Schriftbild im Spiel sein.

gh häufig, doch nur vor *e* und *i*. Im Inlaut ist *gh* die Regel (dagegen *negele* 17; *koninginne* 27 [doch handschriftlich *koninginghe*]; *engelen* 71; *logenere* 78; *bringest* 82), im Anlaut noch sehr viel ausgesprochener *g* (dagegen nur *gheklaghet* 29, *gheuen* 63).

Inlautendes *b* bis auf eine Ausnahme (*lebe* 32) stets als *u*.

e statt *i*: *weder* 2; *beuet* 31; *hemelrike* 70; vgl. *peke* 8 neben *pik* 58; *wert* 3. praes. 3; *help* imper. 4. 10. 30; *nem* imper. 22; *em*, *en* acc. 8. 94; *en* dat. pl. 57. Dagegen *war mide* 16; *ir(e)* 43. 56. 74 (*ire* freilich im Mnd. häufig, Lasch § 39 III Anm. 2).

o statt *u*: *dor* oft; *korter* 45; *korcelike* 55; *ouer*, *koninginne* wiederholt; *logenere* 78; nur vor Nasal *u*: *sunde*, *sunder* oft; *wunde* u. a.; doch *ontwichen* 72.

ā gewöhnlich einfach *a*; daneben *raed* 3; *slaed* 37; *gaen* 73; *goed* Gott (: *raed*) 4 scheint Augenreim. *æ* stets *e*.

ie ausnahmslos als *e*: *leue* oft, *denst* 22, *nemende* 86 usw.; regelmäßig auch die Pronominalformen *de* und *se* im sg. fem. und im plur.; auch das Zahlwort *dre* 17 (gegen *dry: vry* 50).

ei und *e* wechseln, doch so daß *ei* bevorzugt ist, namentlich in Fällen, in denen mnd. Schriftsprache *ei* zu schreiben pflegt (vgl. Lübben Mnd. Gramm. § 28; Lasch § 123): *leyd* praet. 19. 36; *leyde* adj. 90; *steyne: weyne* 31; *reyne* 30. 62. 79; *geist: leist* 54; *-heit* 89; *meynen ed* 'Meineid' 78; *snet: led* 43; *hetsen* 'heißen' 6; *wenen* 33; regelmäßig, gegen den schriftsprachlich herrschenden Gebrauch, *en*.

uo (*üe*) gewöhnlich als *o*, abgesehen von *gût* 26, *mûter* 27, *guden* 34. Anders *stund* 'stand' 41.

ou stets *o*: *oghen: louen* 33; *rouere* 84; *och* 31. 58. 73; aber *vrowe(n)* 56. 64 meint offenbar hd. Lautform.

iu stets *u*; auch *ruwen: nuwen* 79.

Umlaute sind außer bei den *a*-Lauten nirgends bezeichnet.

1. 2. 3. plur. praes. auf *-en*; *-et* fehlt (bis auf *ir wilt* 86); part. praet. stets mit *ge-* (außer *gheuen* 63); nur gegen Ende *lost* 91.

willen nur mit *i*: *ich*, *er wil* öfter, *wilt tu* 16; *ir wilt* 86; *er wille* conj. 1. 5; nur 20 *wltu*, wohl *wultu*. — *solen* stets ohne *k*: *sal*, *salt* 2. 32; *wi*, *gy solen* 47. 65. — *sîn*: *is* und *ist* wechselnd; *ir*, *se sint* 60. 85; *gy sin* 87. — *haben*: 3. sg. praes. *had* 63. 91 (90 anscheinend praet.), *hauet* 'tenet' 8; *wir hauen* 9, *hebben* 34.

Höchst bunt ist das Bild der Pronomina: *ich* regelmäßig (s. o.), ebenso *mich*, *dich*, *sich* acc., bis auf ein *sic* 49; aber *mi* dat. 16. 72; *dir* 29, aber *di* 44. 75. 92; *her* 8, aber *he* 8. 13. 54. 94. 95; *em* acc. 8; *wir* 9. 11. 15. 21. 33, aber *wi*

6. 9. 24. 25. 47 [1]); stets *uns; ir* 84 zweimal. 85. 86, aber *gy* 65. 78 zweimal. 79. 87; *uch* dat. und acc. 48. 64. 66. 79. 80. 86, aber *iu* acc. 37. Stets *se* im nom. und acc. plur. (wie im fem. sg.); dat. *en* 57; auch die entsprechenden Formen des Artikels und Demonstrativums stets *de*, dat. sg. *den* 53, *dem* 85; (*s*)*we* 'wer' 1. 5.

Man sieht, der hd. Einfluß im Reim, im Sprachgebrauch, in der Schreibweise ist nicht gering. Einige Einzelheiten kommen noch hinzu: die Suffixform *dornet* 17, die Kontraktionsformen *lan* (: *vorgaen*) 73, aber auch außerhalb des Reimes: *la* 75, *lan* 79; *den gehen dod* 53 (statt mnd. *gaen*); *he had* (praes.) mehrfach, *saghe* 92; dies im Hinblick auf die Konsonanz schon Mischformen. Derlei häufiger: *moter* 30, *guden* 34, *lebe* 32, *ontwichen* 72; wohl auch *war mide* 16 und das zweimalige *dorch* 50. 67 gegenüber häufigem *dor*. Eigentümlich ist auch *kleuen* (= mhd. *kliebent*) 31, da das Mnd. das Verbum nur als *klouen* zu kennen scheint.

Dies sprachliche Bild zeigt einwandfrei ein westlich gefärbtes Schriftniederdeutsch. Die Pronomina zumal, soweit sie nicht ausgesprochen hochdeutsch sind, weisen fast ausnahmslos die herrschenden mnd. Schreibformen auf. Die große schriftgerechte Gleichmäßigkeit der mnd. Textgestalt ist es aber gerade, die eine genauere Ortsbestimmung innerhalb des westlichen Mnd. erschwert. Nur ganz weniges hebt sich als landschaftlich bezeichnender heraus: am gewichtigsten ist *solen*, regelmäßig ohne *k*; das könnte westfälisch sein (Lasch § 443 Anm.); *hauet* (: *lauet*) 8 bedingt der Reim; aber mit *wir hauen* 9 zusammen kann es als westfälisches Kennzeichen gelten (Lasch § 439 Anm. 1), — wenn nicht an hd. bestimmte Mischform zu denken ist; die *e*-Form von *trene* 33 stellt Lasch § 365 Anm. 3 im Münsterischen fest; *wultu* 20 (vgl. Lasch § 447) und *dusse* 88 (vgl. Lasch § 407 Anm. 1) fügen sich wenigstens einigermaßen dieser Lokalisierung; auch das mehrfache *vrowe*(*n*) paßte dazu (Lasch § 197), wird aber eher hd. sein. Am wenigsten will es zu diesen landschaftlichen Kennzeichen stimmen, wenn der Plur. des Praes. fast ausnahmslos -*en* zeigt; das müßte auf die Rechnung westlicherer Schriftsprache kommen.

Was die Erklärung des hd. Einschlages anlangt, so ist an sich statt der oben gegebenen vielleicht die Ansicht möglich,

[1]) Übrigens mit der eigentümlichen Verteilung, daß vor dem Verbum stets *wir* steht, nach dem Verbum stets *wi;* nur *rope wir* 21 weicht ab. Das satzunbetonte Enklitikon wahrt also seine nd. Lautgestalt am besten.

daß der niederdeutsche Aufzeichner der Liturgie eine hd. Fassung des Liedes ins Nd. umsetzte, sei es daß er die Geißler auf hochdeutschem Boden beobachtete, sei es daß er einen ihm schriftlich vorliegenden hd. Text sprachlich umschrieb, wobei denn allerlei hd. Reste übergeblieben wären. Aber das wird, an sich eine künstliche Annahme, recht unwahrscheinlich, wenn man bei genauerem Zusehen findet, daß der Trieb zum hd. Schriftbild innerhalb des Textes fühlbar nachläßt. Am deutlichsten spricht die Schreibung des verschobenen oder unverschobenen *t*: hier ballen sich die *s*-, *z*-, *tz*-Schreibungen in den ersten 36 Versen, um danach den *t*-Formen den Vorrang zu lassen. Bei der *k*-Verschiebung ist freilich nicht das gleiche zu beobachten: die *ch*-Formen verstreuen sich vielmehr über den ganzen Text. Aber dabei will bedacht sein, daß die spirantisch geschriebenen Pronominalformen, um die es sich da in erster Linie handelt, offenbar nicht rundweg als hd. Verschiebungsformen aufzufassen sind. Andere mnd. Texte bestätigen bekanntlich die Wiedergabe des auslautenden *k* durch *ch*, namentlich nach *i*. Aber was *och* und *sich* recht ist (Lasch § 337), muß *ich* billig sein (Lübben § 43), zumal das heutige Nd. die Form manchenorts mit dem Spiranten spricht (vgl. Deutscher Sprachatlas Karte 4). Da das Nd. auf ostfälischem Boden auch die Formen *mik, dik* (oder *mek, dek*) besitzt, verlangen möglicherweise selbst die *mich*-, *dich*-Schreibungen des Textes noch ihre eigene Betrachtung. Jedenfalls begegneten sich bei dem auslautenden *ch* mnd. und hd. Schreibübung.

Auch wenn man die Verteilung der doppelten Pronominalformen *her, he; wir, wi; ir, gy;* (*mir* fehlt) *mi; dir, di* beobachtet, stellt sich heraus, daß die hd. Formen sich in den ersten 35 Versen zusammendrängen, abgesehen von dem geballten Auftreten von *ir* 84—86. Die nebeneinander erscheinenden Formen *iu* acc. 'euch' 37 und *uch* (häufig) haben dabei außer dem Spiele zu bleiben. *iu* zwar ist wohl als nd. *ju* zu deuten, um so mehr als nach Ausweis des Sprachatlas noch heute das nördliche Westfalen diese Form spricht; *uch* dagegen ist nicht ohne weiteres als hd. anzusprechen: westfälische Urkunden des 14. Jh.s haben es (Lasch § 403 Anm. 11), das südliche Westfalen spricht es nach dem Sprachatlas heute noch.

So ist das Denkmal also kein Zeugnis für die holländischen Geißler, sondern für die westfälischen; es gibt die höchst erwünschte Illustration zu dem Berichte des Chronisten Heinrich von Herford (s. o. S. 14) und ist gewiß ebenso wie dieser Bericht einem Augenzeugen zu danken. Auch andere Nachrichten lassen erkennen, daß gerade in Westfalen die Geißelbewegung sich stark entfaltet hat: eine Notiz der Limburger Chronik spricht von Maßregeln, die man in Westfalen gegen ehemalige Geißler ergriff (s. u. S. 151); und Gerhard von Coesfeld, Rektor der Schule in Münster, hat noch während der Geißelfahrten einen 'Tractatus de flagellariis' geschrieben (Heinrich von Herford a. a. O. S. 282), den ich leider nicht habe ermitteln können. Ein schreibgewohnter, also gebildeter Mann hat das Lied aufgezeichnet, das seine Heimat durchscholl, — man mag erwägen, ob es nicht der ärztliche Besitzer der Handschrift war, der ex officio wie an der Pest auch an den Geißlern Interesse nehmen mußte.

Der folgende Abdruck fußt für Hugo von Reutlingen (R) und den niederdeutschen Text (O) auf den Handschriften selbst, für Closener (C) auf guten Photographien. Er folgt im ganzen den Grundsätzen der 'Deutschen Texte des Mittelalters'. Es sind also nur offenbare Schreibversehen verbessert; doch sind die Änderungen im Text nicht durch besondere Lettern gekennzeichnet, also nur aus dem Apparat zu ersehen. Zutaten stehen in Klammern. Gegenüber dem Schwanken von R und C ist die Majuskel am Verseingang und bei Eigennamen durchgeführt worden. Die Interpunktion, die sich in den fortlaufend geschriebenen Texten RC im wesentlichen auf die Reimpunkte beschränkt, in dem Zeilen absetzenden O noch dürftiger ist, konnte vernachlässigt werden.

In R sind eine besondere graphische Eigentümlichkeit die Zirkumflexe, als nach rechts geneigte spitze Winkel gegeben. In diesem Punkte zeigt der Abdruck von Runge eine heillose Verwirrung, indem er die Zeichen bald übergeht, bald zu Unrecht ansetzt, bald mit dem übergeschriebenen *i* vermengt; sie haben indes Bedeutung genug, um säuberlich beachtet zu werden. Sie bezeichnen gewöhnlich den Diphthongen (*dîe, maît, loûfen, vrôw* usw.; vgl. auch *añn* für *ainen; strâss, wâg* für *strauss, waug* nach schwäbischer Art), auch in andern Fällen offenbar Abstufungen des Vokals (*dîu, îu, snê, enteȓt, tôd*); sonst nur über *w*: *antŵrt, ŵrgt* (= *würket*), *dŵelt;* diakritisch: *zeír, zeûnser.* Die vokalischen Indices bewahrt der Abdruck getreu. Sie sind nicht durchweg als Lautzeichen gemeint. Zu einem kleinen Teil sollen es anscheinend Korrekturzeichen sein; vgl. *Wån* IV 31 (s. Apparat) neben *Won* IV 109; *ållů* IV 32 neben *elliu* IV 86. So wohl auch *Ås* IV 13 (doch *As* IV 57. 76. 83), *låit* IV 69, *selån* III 21. 23. Ob und wieweit es sich hierbei um nachträgliche Verbesserungen handelt, ist schwer zu entscheiden. Doch sei auf den Nachtrag auf Bl. 36v (s. u. S. 114 letzte Anm.) hingewiesen, der zu erweisen scheint, daß mit mehr als einer Hand gerechnet werden muß. Auch die zahlreichen Korrekturen deuten wenigstens teilweise auf eine nachträglich bessernde Hand. Von Belang sind unter ihnen vor allem die Textänderungen, die der Neumierung zuliebe vorgenommen wurden (s. Apparat zu II 8. 12 und vgl. das Facsimile von Lied II). Das deutet zumindest auf einen doppelten Arbeitsgang bei der Aufzeichnung des Textes und der Noten.

In C sind die üppig und z. T. ins Sinnlose wuchernden Indizes ᵉ und ° schlechterdings nicht auseinanderzuhalten; der Abdruck übergeht sie, soweit es sich nicht deutlich um die Bezeichnung palatalisierter Vokale handelt. Wem an diesen orthographischen Quisquilien gelegen ist, der müßte ohnehin die Schreibweise der g a n z e n Hs. untersuchen. Zu bemerken wäre noch, daß die Hs. des öfteren die Kehrreimzeilen *Daz hilf uns, lieber herregot* usw. und *Dovor behůt uns, herregot* usw. durch ein davorgesetztes, mehr oder weniger stark abgekürztes rotes *Repetitio* hervorhebt, erstmalig vor V. 19, wo das Wort an den Rand geschrieben ist, dann vor V. 60 und 73, wo die Kehrreimangabe nachträglich im laufenden Text zwischen den Anfang des betr. Verses und den Schluß des vorhergehenden geklemmt ist, endlich vor V. 80. 87. 95. 101. 109, wo von Anfang an eine kleine Lücke für den Einschub des roten Zeichens gelassen wurde.

In O widerstrebte es mir, nach der Praxis der 'Deutschen Texte' *u v w, i j* lautgerecht zu verteilen. Bei dem hd.-nd. Mischcharakter der Schreibweise schien es geraten, auch in diesen Dingen nichts zu verwischen. Der Abdruck bleibt hier also, bis auf die Abkürzungen, dem Bilde der Hs. treu.

R

Anno domini MCCCXLIX in Augusto scripta est hec cancio.

I 1 Nu tret her zů der bŏssen welle!
Fliehen wir dîe haissun helle!
Lucifer ist bŏs geselle.
Wen er behapt, mit bech er lapt.
Dez fliehen wir in, hab wir den sin!

Quando flagellatores volebant se flagellare et erant exuti usque ad camisias ab umblico deorsum pendentes, incipiebant cantare predictos ritmos sub melodia prefata, et duo precentores semper cantabant dimidium ritmum, quem tunc ceteri ómnes repetebant. Sub priori melodia cantantur ritmi sequentes.

2 Der unserr bůzze welle pflegen,
Der sol gelten und wider geben.
Er biht und lass die sůnde varn,
So wil sich got ůbr in erbarn.

3 Jesus Crist der wart gevangen,
An ain crůtz wart er gehangen.
Daz crůtz daz wart dez blůtes rot.
Wir clagen gots marter und sinen tot.
Durch got vergiess wir unser blůt,
Daz ist uns fůr dîe sůnde gůt.
Dez hilf uns, lieber herre got!
Des bitt [wir] dich durh dinen tot.

4 Sůnder, wa mit wilt du mir lonen?
Dri nagel und an důrnin cronen,
Daz crůtze fron, an sper, aînn stich,
Sunder, daz laid ich als durch dich.
Waz wilt du nu liden durh mich?

5 So rŏfen wir in lutem done:
'Unsern dienst geb wir ze lone.
Durh dich vergiêss wir unser blůt,
Das [ist uns fůr die sůnde gůt.

Überschrift rot. 4 mit] mich. erlapt *zusammengeschr.* 12 wart] r *korr.* 20 crůtz^{e}. aîn^{n}. 26 ff. *statt der Klammer:* ut supra usque ad illum locum Sůnder; das 26 *übergeschr. über* ut supra.

C

So [sů] alsus worent uf gestanden zu ringe, so stundent ir etwie maniger, die die besten senger worent, und vingent einen leys an zu singe[n]de. Den sungent die bruder noch, alse man zu tantze noch singet. Die wile gingent die brudere umbe den ring ie zwen und zwene und geischeltent sich mit geischeln von riemen ... Nu ist der leiß oder leich den sů sungent:

Nu tretent her zu, die bußen wellen!
Fliehen wir die heißen hellen!
Lucifer ist ein bose geselle.
Sin mut ist wie er uns vervelle.
Wande er hette daz bech ze lon.
Des sůllen wir von den sunden gon.

Der unserre buße welle pflegen,
Der sol bihten und widerwegen.
Der bihte rehte, lo sunde varn,
So wil sich got uber in erbarn.
Der bihte rehte, lo sůnde ruwen,
So wil sich got selber im ernůwen.

Jesus Crist der wart gevangen,
An ein krůtze wart er erhangen.
Daz crůtze wart von blute rot.
Wir klagent gotz martel und sinen tot.
Durch got vergießen wir unser blut,
Daz si uns fůr die sůnde gut.
Daz hilf uns, lieber herregot,
Des biten wir dich durch dinen tot.

Sůnder, wo mit wilt du mir lonen?
Drie nagel und ein důrnin kronen,
Daz crůtze fron, eins speres stich,
Sunder, daz leit ich alles durch dich.
Waz wilt du liden nu durch mich?

So rufen wir us lutem done:
'Unsern dienest gen wir dir zu lone.
Durch dich vergißen wir unser blut,

---

1 zer lon. 17 blůte *mit unterpunkt.* e.

Dez hilf uns, lieber herre got!
Des bitt wir dich durch dinen tot.']

6 Ir lugener, ir mainswôrere,
Ir sint dem lieben got ummere.
Ir bihtend dhaîne sunde gar,
Dez môsd ir in die helle varn.
Da sind ir eweclich verlorn,
Dar zů so bringt ůch gottes zorn.
Da vor behôt uns, herre got!
Dez bit wir dich durch dinen tot.

Jesus wart gelapt mit gallen;
Des sůln wir an ain crutze vallen!

Nu hebent uf dîe ůwern hend,
Daz got daz grozze sterben wend!
Nu reggen uf die uwern arm,
Um daz sich got ůbr uns erbarm!

Jesus, durch diner namen dri
Du mach uns, herre, vor sůnden fri!
Jesus, durch dine wunde rot
Behôtt uns vor dem gehen tot!

Ad secundam genuflexionem.

II 1 Maria stûnt in grossen nôtten,
Do si ir liebes kint sach tôtten;
An swert ir durch die sele snaît.
Sůnder, daz lås dir wesen laît!
Dez hilf uns, Maria kunigin,
Daz wir dins kindes huld gewin!

2 Jesus rûft in himelriche
Sinen engeln all geliche:
'Dů cristenhait wil mir entwichen.
Dez wil ich lan die welt zergan'.

---

39 hend *übergeschr.* 41 vẘn *auf Rasur?* 45 ŵnde.

Daz si uns fůr die sůnde gut.
Daz hielf uns, lieber herregot,
Des bitten wir dich durch dinen tot.'

Ir lůgener, ir meinswerere,
Dem hoheste got sint ir unmere.
Ir bihtent keine sunde gar,
Des mußent ir in die helle dar.
Do vor behůt uns, herregot!
Des biͤten wir dich durch dinen tot.

Nu knuͤwetent suͤ alle nider und spiendent ir arme krutze wise unde sungent:

Jesus der wart gelabet mit gallen;
Des sullen wir an ein krutze vallen.

Nu vielent suͤ alle krutzewis nider uf die erde und logent ein wil do, untz daz die sengere aber an hubent zu singende; so knuͤwetent suͤ uf die knuͤ und hubent ir hende uf und sungent den sengern noch alse knuͤwende:

Nu hebent uf die uwern hende,
Daz got dis große sterben wende!
Nu hebent uf die uwern arme,
Daz sich got uber uns erbarme!
Jesus, durch diener namen drie
Du mach uns, herre, vor sůnden friͤ!
Jesus, durch dine wunden rot
Behůt uns vor dem gehen tot!

Nu stundent su alle uf und gingent umbe den ring sich geischelnde alse su vormols hettent geton, und sungent alsus:

Maria stunt in großen noten,
Do sů ir liebes kint sach tôten;
Ein swert ir durch die sele sneit.
Daz lo dir, sunder, wesen leit!
Des hilf uns, lieber herregot!
Des biten wir dich durch dinen dot.

---

45 friͤ *Zeilenende.* 50 swͤte.

Da vor behŏtt uns, herre got!
Dez bitt wir dich durch dinen tot.

3 Maria bat ir kint so sŏssen:
'Vil liebes kint, la si gebŏssen,
So wil ich schiggen daz si mŏssen
Bekeren sich. dez bitt ich dich.'
Dez hilf uns, Maria [kunigin,
Daz wir dins kindes huld gewin!]

4 Wel man und vrôw ir e zerbrechent,
Daz wil got selber an si rechen.
Swebel, bech und ouch dîe galle
Daz gůsd der tiefel in si alle.
Fůr war si sint des tiefels spot.
Da vor behŏtt uns, herre got!
[Dez bitt wir dich durch dinen tot.]

Jesus wart gelapt mit galle.
(*Wiederholung des Zwischenstückes V. 37—46.*)

Ad tertiam genuflexionem.

III 1 **O** we dir, armer wocherere!
Dů wâg ist dir an tail ze swere.
Du lihst dîe mark all umm ein pfunt,
Daz zůht dich in der helle grunt.
Da bist du eweclich verlorn,
[Dar zů so bringt dich gottes zorn.
Da vor behŏt uns, herre got!
Dez bit wir dich durch dinen tot.]

2 Ir morder und ir strazrŏbere,
Diu rede ist îu an tail ze swere.

---

61 ich *übergeschrieben.* 63 f. *statt der Klammer:* ut supra. 65 zer brechent. 69 des] ſ *nachgetr.* 71 *statt der Klammer:* ut supra. 72 *danach:* ut supra usque ad illum locum Maria stůnt et cetera. 78—80 *statt der Klammer:* et cetera ut supra in primo Ir lugener. 78 dich *statt* ůch 34. 82 zeswere.

Jesus riefe in hiemelriche
Sinen engeln allen geliche.
Er sprach zu in vil senedeclichen:
'Die cristenheit wil mir entwichen.
Des wil ich lan die welt zergon.
Daz wißent sicher one wan!'
Do vor behůt [uns], herregot!
Des bitten wir dich durch dinen tot.

Maria bat irn sun den sußen:
'Liebes kint, lo sů dir bůßen,
So wil ich schicken daz sů můßen
Bekeren sich. des bit ich dich.
Viel liebes kint, des gewer du mich!'
Des bitten wir sunder ŏch alle gelich.

Welich frowe oder man ir e nu brechen,
Daz wil got selber an sie rechen.
Swebel, bech und ŏch die galle
Gußet der tůfel in sie alle.
Fur war sie sint des důvels bot.
Do vor behut uns, herregot!
Des biten wir dich durch dinen tot.

Ir mordere, ir strosrŏbere,
Uch ist die rede enteil zu swere.
Ir wellent uch uber nieman erbarn:
Des mußent ir in die helle varn.
Do vor behůt [uns, herregot!
Des biten wir dich durch dinen tot.]

Nu knůwetent sů und vielent denne und sungent und stundent denne wider uf und hettent alle geberde alse sie vormols hettent gehabet von deme sange 'Jesus der wart gelabet mit gallen' untz an den sang 'Maria stunt in großen nŏten'. So stundent su danne aber uf und sungent diesen leich sich geischelnde:

---

59 Daz *Schott*, Des *Hs.* 69 reche. 70 gallen *mit unterpunkt*. n. 74 bit. w. d. d. d. tot. 79 f. *statt der Klammer:* etc.

Ir went iuch ůber nîemen erbarn:
Dez mosd ir in dîe helle varn.
Da sint ir eweclich verlorn,
[Dar zů so bringt ůch gottes zorn.
Da vor beho̊t uns, herre got!
Dez bit wir dich durch dinen tot.]

3 Wer den fritag nit envaståt
Und den suntag nit enrastet,
Zwar der moîs in der helle pin
Unt eweclich verflůchet sin!
Da vor beho̊tt uns, herre got!
Dez bitt wir dich durh dinen tot.

4 Dů e dů ist ain raines leben,
Dîe hat got selber uns gegeben.
Der die enteŕt, der wirt verlorn.
Dar zů [so bringt in gottes zorn.
Da vor beho̊t uns, herre got!
Dez bit wir dich durch dinen tot.]

5 Ich ratt îu vrôw und mannen allen
Daz ir lant dîe hohfart vallen.
Durch got so lant dîe hohfart varn!
So wil sich got ůber ůch erbarn.
Dez hilf uns, Maria kunigin,
[Daz wir dins kindes huld gewin!]

6 Wissent ouch daz ganzů růwe,
Wer die hat mit rehter trůwe,
Mitt biht, mit půss, mit wider geben,
Dem wil got gen an ewig leben.
Dez hilf uns, Maria kunigin,
Daz wir dins kindes huld gewin!

86—88 *statt der Klammer:* et cetera ut supra in fine primi. 96 gegēben. 98—100 *statt der Klammer:* et cetera ut supra in primo in fine. 98 Dar zv̊ *rot übergeschr.* in *statt* ůch 34. 106 *statt der Klammer:* ut supra in secundo. 110 gen an ewig le *auf Rasur.* 111 kunigen. 112 kind[e]s, *doch ist das* e *unsicher.*

O we, ir armen wucherere!
Dem lieben got sint ir unmere.
Du lihest ein marg al umbe ein pfunt,
Daz zůhet dich in der helle grunt.
Des bistu iemer me verlorn
Der zu so bringet dich gottes zorn.
Do vor behůt uns, herregot!
Des biten [wir dich durch dinen tot.]

Die [erde] erbidemet, erklubent die steinen.
Ir herten hertzen, ir sullent weinen!
Weinent tŏgen mit den ŏgen!
Schlahent ůch sere durch Cristus ere!
Durch [got] vergießen wir unser blut,
Daz si uns fůr die sůnde gut.
Daz hielf [uns], lieber herregot!
Des biten [wir dich durch dinen tot.]

Der den fritag nůt envastet
Und den sundag nůt enrastet,
Zwar der můße in der helle pin
Eweklich verloren sin!
Do vor behůt [uns], herregot!
Des biten wir dich durch [dinen tot].

Die e die ist ein reines leben,
Die hat got selber uns gegeben.
Ich rat [uch] frowen und uch mannen,
Daz ir die hochfart laßet dannen.
Durch got so lant die hochfart varn!
So wil sich got uber uns erbarn.
Des hilf uns, lieber herregot!
Des bitten wir dich durch dinen tot.

Nu knůwetent sů aber und vielent und sungent und stundent denne wider uf und hettent alle geberde alse sů vormols hettent gehebet von deme sange 'Jesus der wart gelabet mit gallen' untz an den sang 'Maria stunt in großen noten'. Sus was daz geischeln us.

87 f. h'reg'. Dz bi. 89 erklubent] erklūget. steinē. 96 *nur* Dz̊ bitē. 101 f. h'r̄. Dz̊ bit̄. wir d. d. 105 uch mannen] ir m. *Hs.*, iu m. *Wackernagel;* uch *nach* 76.

Dů erd erbidemt, zercliebent dîe staine.
Ir hertů herz, ir sulent wainen!
Waînent tŏgen mit den oûgen!
Habt in hertzen Cristes smerzen!
Slaht ůch ser durch Cristes ere!
Daz ist uns fůr die sůnde gůt.
Dez hilf uns, lieber herre got!
[Dez bit wir dich durch dinen tot.]

Jesus wart gelapt mit galle
(*Wiederholung des Zwischenstückes V. 37—46.*)

Postea non flagellabunt se ulterius, sed cantant cancionem: Nu ist diu betfart so her et cetera ut supra in sexto folio, et circueunt ut prius. Deinde vadunt ad crucem, et flexis [genibus] cantant illam cancionem que ibidem sequitur: Maria můter unde mait et cetera usque ad finem.

Postea flectunt iterum genua, et magister eorum dicit: Ave Maria, sŏssu můter Maria, erbarm dich uber die armun ellinde cristenhait! Et ipsi dicunt hoc idem. Iterum dicit: Ave Maria. Et tunc omnes cadunt in formam crucis. Et magister eorum adhortatur eos ad passionem Cristi recolendam. Et incipit: Ave Maria, ipsi etiam erigunt se et dicunt cum eo: Trŏsterin aller sůnder, erbarm dich ůber alle totsůnder unt ůber alle totsůnderin! Iterum incipit: Ave Maria, etipsi cadunt in formam crucis. Tercio dicunt: Ave Maria, rose in himelrich, erbarm dich ůber uns und ůber alle glŏbig sela und ůber alles daz wandelber ist in der haligun cristenhait! amen.

Ultimo magister subiunxit: Lieben brůder, bittent got das wir unser liden und unser wallefart also gelaisten das uns got vor dem ewigen valle behůte unt das die armen globigen sela gelŏst werden von ir arbaitten und das wir und alle sůnder gottes huld erwerben und das [er] alle gůte lůten in gnade sterken welle! amen.

---

113 er bidemt. zer cliebent. 118 uns] *ursprüngl.* iv, *und zwar übergeschr.; daraus durch Rasur und Korrektur* vnſ. 121 *danach*: et cetera ut supra in primo usque ad illum locum Maria stůnt.

a *l.* flagellabant? b h'r. d usque *übergeschr.* f flectunt] l *und* c *korr.; vor dem Wort gestrichen* erigūt. l dicunt (dic̄t) *anscheinend korr. aus* dicit (dic̄). o bitten[t]. q globigen *übergeschr.* s *vor* sterken *übergeschr.* er, *aber rot durchstr.* *Die Zeilen* o *bis* s *stehen auf dem unteren Rande der Seite und sind anscheinend von einer anderen Hand geschrieben als der Text.*

O

Sve siner sele wille pleghen,
de sal gelden vnde weder geuen.
so wert siner sele raed.
des help vns, leue herre goed!

Nu tredet here, we botsen wille!
vle wi io de hetsen helle!
lucifer is en bose geselle.
sven her hauet, mit peke he em lauet.
datz vle wi, ef wir hauen sin.
deṡ help vns, maria koninghin,
das wir dines kindes hulde win!

Jesus crist de wart ge vanghen,
an en cruce wart he ge hanghen.
dat cruce wart des blodes rod.
wir klaghen sin marter vnd sin dod.

'sunder, war mide wilt tu mi lonen?
dre negele vnd en dornet crone,
das cruce vrone, en sper, en stich,
Sunder, datz leyd ich dor dich.
was wultu nu liden dor mich?'

so rope wir 'herre' mit luden done,
'vnsen denst den nem to lone!
be hode vns vor der helle nod,
des bidde wi dich dor dinen dod!'
dor god vor gete wi vnse blot,
dat is vns tho den sunden gůt.

Maria můter koninginne,
dor dines leuen kindes minne
al vnse nod si dir ghe klaghet!
des help vns, moter reyne maghet!

---

8 em] e *aus einem andern Buchstaben korr.* 10 de^{s}. 12 vanghen] v *korr., anscheinend aus* w. 14 blodes] b *korr., aus* v? 15 ẇ. 20 wltu. 21 ludē. 22 nem] n *korr.* 26 ſudē. 27 konig inghe.

de erde beuet, och kleuen de steyne.
lebe hertze, du salt weyne!

wir wenen trene mit den oghen
vnde hebben des so guden louen
mit vnsen sinnen vnde mit hertzen.
Dor vns leyd crist vil manighen smertzen.

Nu slaed iv sere dor cristus ere!
dor god nu latet de sunde mere!
dor god nu latet de sunde varen!
so wil sich god ouer vns en barmen.

Maria stund in grotzen noden,
do se ire leue kint sa doden,
En svert dor ire sele snet.
Sunder, dat la di wesen led!
In korter vrist god tornich ist.

Jesus wart gelauet mid gallen,
des sole wi an en cruce vallen.
Er heuet vch mit vwen armen,
dat sic god ouer vns en barme!

Jesus dorch dine namen dry
nu make vns hir van sunden vry!
Jesus dor dine wunden rod
be hod vns vor den gehen dod!
dat he sende sinen geist
vnd vns dat korcelike leist.

de vrowe vnde man ir e tobreken,
dat wil god seluen an en wreken.
sveuel pik vnd och de galle
dat gutet de duuel in se alle.
vor war sint se des duuels spot.
dor vor behode vns, herre god!

---

35 mt. 37 Nu] N *verbessert.* 40 so] se. 41 noden] d *korr.* 44 led] d *aus* t *korr.* 51 van] v *korr.* 52 Ihc̄, *Anfang korr.* 56 tobrekē, b *korr.* 57 en] e *korr.*

de e de ist en reyne leuen,
de had vns god seluen gheuen.
Ich rade vch, vrowen vnde mannen,
dor god gy solen houard annen!
des biddet vch de arme sele.
dorch god nu latet houard mere!
dor god nu latet houard varen!
so wil sich god ouer vns en barmen.

Cristus rep in hemelrike
sinen engelen al gelike:
'de cristenheit wil mi ont wichen,
des wil [ich] lan och se vor gaen.'

Maria bat ire kint so sere:
'leue kint, la se di boten!
dat wil ich sceppen dat se moten
bekeren sich. des bidde ich dich.'

gi logenere, gy meynen ed sverer,
gi bichten reyne vnd lan de sunde vch ruwen,
so wil sich god in vch vor nuwen.

o we du arme wokerere,
du bringest en lod op en punt.
dat senket dich in der helle grunt.

Ir morder vnd ir straten rouere,
Ir sint dem leuen gode vn mere.
Ir ne wilt vch ouer nemende barmen.
des sin gy eweliken vor loren.

were dusse bote nicht ge worden,
de cristenheit wer gar vor svunden.
de leyde duuel had se gebunden.
Maria had lost vnsen bant.

---

67 god] d *aus* t? 71 gelike] k *korr.* 73 lan] n *korr.* (*aus* t?). 74 *Vor* so *ist* al *durchstrichen und unterpunktiert.* 75 boten] e *aus* o. 78 ſverer, ſ *korr.* 79 bichton. 83 dich] din. 89 svunden] ſunden.

Sunder, ich saghe di leue mere:
sunte peter is portenere.
wende dich an en, he letset dich in.
he bringhet dich vor de koninghin.

leue herre sunte Michahel,
du bist en plegher aller sel.
be hode vns vor der helle nod!
dat do dor dines sceppers dod!

Anmerkungen zu R.

3 Volksliedhafte Modelung der bereitstehenden Formel *du bist Lucifers geselle* (wie *tiuvels kint, genoz* u. ä.); vgl. *Du valscher man, du bist wol syn* (Lucifers) *geselle* der Hynnenberger, Jenaer Liederhs. 1, S. 66; *Lucifers geselle mustu ewig sein* Hoffmann von Fallersleben Kirchenl. S. 230 aus dem Judaslied; *so werdent si dar umbe Lucifers genoz* Bruder Werner, v. d. Hagen Minnes. 3, 11^{b}; anders: *Lucifer sin* (des Antichristen) *trut geselle* Hugo von Trimberg Renner 6098.

7 Über die Vorlage der Zeile s. S. 43. Die Formel *gelten und widergeben* wird tautologisch zu nehmen sein, trotz der Doppelung *debita et male acquisita restituere* der Vorlage. Denn die Formel war zu abgegriffen, um mit dem prägnanten Sinn der lateinischen Paarung gefüllt zu werden. Nachweise schon bei J. Grimm Rechtsalt. S. 611, der indes den allem Anschein nach ursprünglichen Geltungsbezirk der Formel nicht erkennt. Es ist derselbe, in dem die Geißlerstrophe sie zeigt: *gelten und widergeben* (restituere) ist ein Akt der *buoze* (poenitentia). In der Predigt (der die Formel vermutlich ihre Ausbreitung verdankt) von Berthold von Regensburg (s. S. 45) bis Geiler von Keisersberg: *gilt und gib wider, welst du selig werden* Granatapfel (1510) C 1^{b} nach DWb. Freidank dringt auf Reinigung des Bußbegriffes: *Alle ablaze ligent nider, Man gelte dann und gebe wider Nach genaden und nach minnen* 150, 12 f.; die neunte der 14 aus der 'gitekeit' entspringenden Sünden ist *niht gelten noch wider gen* Beichtbuch aus dem 14. Jh. hsg. von Oberlin (Straßburg 1784) S. 34; *Gilt und gib wider daz ist swer* Laßberg Lieders. 3, 451, wo die Mahnung am Beispiel eines Räubers erläutert wird. Schließlich wird die Wendung säkularisiert: *he wolde weder gheven unde gelden, wat eren borgheren nomen were* Lübecker Chron. 1, 176 nach Schiller-Lübben.

10 f. im geistlichen Schauspiel: *Ir liebez kint sey gevangen Und an ein kreuz gehangen* Wack. 2, S. 369; vgl. den nd. Ruf Wack. 2, Nr. 1014, 16.

12 eine Art Gerippzeile: *Deine wimpron sint von plůte rot* (: *tot*) Marienklage bei Schönbach S. 58, 113. vgl. (du schwörst bei) *Mynen wonden und mym bloet so roet, Myner martel und mynem byttern doet* geistl. Schauspiel bei Wack. 2, S. 352, 72.

14 f. Typischer Strophenrahmen in jüngeren Rufen, z. B. *In seinr Bschneidung vergosz er sein Blut, Das sey uns für die Todtsünd der Unkeuschheit*

gut Wack. 5, S. 1193, 2 aus Nic. Beuttners Gesangbuch von 1660; ähnlich Wack. 5, S. 1157, 21. 1191, 12.

16 f. vgl. die Wanderverse: *Unde bittet got durch sinen tot, Daz er uns helf uz aller not* Wack. 2, S. 354, 11. 355, 11.

18 vgl. *Was wiltu mir ze lone geben* aus einer Klage Christi (15. Jh.) Wack. 2, Nr. 513, 1.

19 f. *So man die krone siht mit manigem dorne, Sper unde kriuze und nagele dri* Meister Boppe, v. d. Hagen 3, 407a; vor allem ist Peters von Arberg Große Tageweise zu vergleichen, s. S. 167.

21 ff. Hier werden feste geißlerische Formulierungen sichtbar: *dicunt se ideo flagellasse, quia Cristus in iudicio extremo demonstrabit peccatoribus quinque vulnera, dicendo: 'ecce homo, pro te passus sum hoc, quid tu pro me passus es?' Et tunc qui sunt de eorum* (d. h. der Geißler) *populo, ostendunt Cristo vulnera recepta per flagellum, dicentes: 'domine, pro te talia passi sumus'* heißt es noch in den Artikeln der Sonderhäusener Geißler von 1454, Reifferscheid S. 38. Ähnliche Wendungen natürlich im geistl. Schauspiel, vgl. die Marienklage bei Wack. 2, Nr. 510, 72.

29 f. *Brenge mer ouch dye wucherere, Dye sint gote gar unmere* Mone altt. Schausp. S. 119, V. 311 f.

33 f. ähnlich in typischen Rufzeilen: *Dy sündt pracht uns in gotes zorn, Auch wern wir alle zemal verlorn* Wack. 2, S. 970, 2; vgl. 945, 13.

35 feste Rufzeile; vgl. Kehrein Kath. Kirchenl. 1, S. 145 (aus Corners Gesangbuch).

39 ff. in einem rufähnlichen Liede von den fünf Gerstenbroten: *Auffhuben sie ihr Armen: Gott thu sich über uns erbarmen. Auffhuben sie ihr Hände: Gott sey bey unserm Ende* Wack. 2, Nr. 1206, 23 f. (aus Corners Gesangbuch 1631). Das wird ein Nachhall der Geißlerstrophe sein. Otto Beckers (Das Spiel von den zehn Jungfrauen, Breslau 1905, S. 46) vergleicht die Verse seines Textes A 391 f. *Nu windit uwere hende Und clagit daz enelende;* ähnlich 458: *Eia, nu windit uwere hende;* aber das sind gewiß nicht, wie Beckers will, Anlehnungen an unsere Strophe, die schwerlich schon 1260 bestanden hat. Auch sonst sind seine vagen Vermutungen über Zusammenhänge des Zehnjungfrauenspiels mit dem Geißlergesang haltlos.

43—46 Rufzeilen, von denen wenigstens die beiden ersten offenbar recht alt in dieser Verwendung sind. Schon in der Mariensequenz aus Muri anklingend: *Und daz er dur die namen dri ... genædic in den sünden si* V. 62. 64; *Hilf mir durch diner namen dri* Wack. 2, Nr. 495 (14. Jh.); *Nu mache mich von sünden vri* Bartsch Erlös. S. 284, V. 143 (14. Jh.); auch im geistl. Schauspiel Mone S. 31, V. 361 (übrigens eine Gerippzeile: *Und mach mich vor der helle vri* Wack. 2, S. 387, 2). Beide Verse vereint in einem Bittfahrtlied des 16. Jh.s Wack. 2, Nr. 1114. Aus solcher Quelle stammen im Leich Hermann Damens die Verse: ... *Der scrie an syne namen dry Unde mache sich von sunden vry* Jenaer Liederhs. 1, S. 198. Die Verse stehen durch bis auf den heutigen Tag, vgl. etwa Sursum corda, kath. Gesangb. für die Diözese Paderborn[11] (1876) Nr. 165, Str. 3 (*Jesu, durch die Wunden dein Mach uns von allen Sünden rein*). V. 45 und 46 verbunden in einem Bittfahrtlied bei Wack. 2, Nr. 681, 3; in einem jüngeren Ruf Wack. 5, Nr. 1424, 19; ähnlich in einem Liede aus Vehes Gesangb. Hoffmann von

Fall. Kirchenl. S. 190, 5; mit der Variante *Behût uns vor aller not* bei Uhland Volksl. S. 823.

Die Zeile vom gehen tot erscheint Lied III, 12 in anderer Verbindung: *Daz er uns lôs von aller not Und behôtte vor dem gâhen tot.* Gerade in dieser Koppelung tritt sie häufig in jüngeren Litaneien auf (etwa *Bewar unsz vor dem gähen todt Und hilff uns, herr, ausz aller noth* Wack. 5, S. 1188, 34; vgl. 2, Nr. 1165, 10. 1172, 19 u. ö. Die Geißlerliturgie wird die Zeile propagiert haben, wenn sie sie auch schwerlich geschaffen hat. Denn von Haus aus bedeutet *der gæhe tot* nur den plötzlichen Tod; sofern er dem Menschen keine Zeit ließ zu beichten und das Sakrament zu empfangen, war er eine schwere Strafe Gottes. Die Bitte, vor ihm bewahrt zu bleiben, ist gewiß schon ein Bestandteil älterer, vorgeißlerischer Litaneien gewesen; vgl. *Hilf uns daz uns iht erwische Gaher tot, von gotes tische Daz wir werden iht verbannen* Mariengrüße 619 ff. (Zs. f. d. Alt. 8, 292; 13. Jh.). In diesem Sinne ist gemeinhin der Bittruf der Litaneien zu verstehen, das wird gelegentlich aus jüngeren Rufen noch deutlicher; vgl. *Das er uns bhüet vorm gähen endt, Gotts leichnam aus des Priesters hendt Verleyhen wöll vor unsrem endt* Wack. 2, Nr. 1222,2; vgl. ferner Formulierungen wie *Und laze den tot nicht uber mich gen An ruwe snellen unvorsen* Bartsch Erlös. S. 287 (Marien Rosengarten V. 91 f.). Die jüngeren Varianten *vorm schnellen Todt* (Wack. 2, Nr. 681, 3; 5, Nr. 15, 4. 1443, 13) und *vorm ewigen Tod* (Wack. 2, Nr. 682, 2; 5, Nr. 1424, 35) weisen in dieselbe Richtung. Gelegentlich in gleicher Verwendung *des todes ge* Wack. 2, Nr. 485,11. Das Mhd. verwendet die Formel aber auch ohne diesen besonderen geistlichen Akzent einfach im Sinne von 'mors subitanea', vgl. Lexer und Mhd. Wb. Indes scheint die Wendung auch in dem medizinischen Sinne für eine bestimmte Todesart (Herz-, Gehirnschlag) gebraucht worden zu sein; vgl. *Ir aller wan lach daran, Ez were gewesen der gehe tot* (der den Ermordeten dahingerafft hätte) Pass. H. 316, 70; ähnlich Gesamtab. 2, 181, V. 237; so wohl auch *daz er* (der Leutsstain) *den menschen behüet vor dem gæhen end* Konrad von Megenberg Buch d. Natur 456, 28; *Der Vater fiel am gähen end . . . zu tod* Hund Bayr. Stammenb. 2 (1586), 280. *gæher tot* im Sinn eines Massensterbens, was erst die Übersetzung 'Seuche' rechtfertigen würde, scheint im älteren Mhd. noch unüblich. Höchstens Kaiserchron. 7558 ließe sich anführen: *Si wanden alle ze Rome, Ez chome von dem gahen tode;* Pass. K. 196, 84 schlägt nicht durch. — Erst dieser Rückblick läßt Sinn und Bedeutung der Formel in der Geißlerliturgie klar werden: der ursprüngliche Sinn des Rufes, die Bitte um Bewahrung vor einem unbußfertigen Ende, klang zweifellos noch mit (so erst kommt die Parallele zu Vers 44 zu ihrem Recht); zugleich aber war die Formel vorbereitet, um mit der aktuellen Bedeutung 'die Pest' gefüllt zu werden. Es wird wesentlich auf die Rechnung des großen Sterbens von 1349 kommen, wenn wir seit der Mitte des 14. Jhs. öfter *gæher tot* im Sinne von 'Seuche' finden: *Diz ist daz bilde daz sanctus Gregorius liz tragen zu Rome vur den gehen tot, also man beget an sancte Marcus tage, und di plage vorginc zu male* Hermann von Fritslar nach Myst. 1, 221, 19; *so er* (nämlich der *iarstac*) *den dinstac gevellet, so wirt groz winter . . . vnd der lenze wirt naz und der suemer trucken und vrowen sterbenie und der gehe tot* Wetterregel in einer Breslauer Handschrift (14.—15. Jh.) Anz. f. d. Kunde d. d. Vorzeit 7, 360; *Du hast auch macht von got gewert Den gâchen tot vertreiben* (von St. Christoph) Uhland Volksl. S. 810; *Von dem gstanck kam ein pestilentz, Auch starben viel des jehen ends* H. Sachs 1, 321 Keller; mit dem gleichen Bezug auf den Untergang Jerusalems: *Der gåhe Todt regiert bey ihn* Wack. 2, S. 966, 30. Auch die in jüngeren Rufen häufigere Verkoppelung von *jäher Tod* mit *Pestilenz* und ähnlichen Begriffen empfängt von hier aus Licht: *Vor seuchen und vor kranckhait bös, Vorm gähen todt uns auch erlösz* Wack. 5, S. 1175, 21 (Veit Lauch); ähnlich Wack. 2, Nr. 1169, 7. 1171, 17. Dergleichen noch in Litaneien jüngsten Datums.

47 *Maria stundt in großen Nöthen* (: *tödten*) Ruf in Beuttners Gesangb. Wack. 2, S. 98, 295.

51 *Des helf üns Maria, diu himelisch künigin* Uhland Volksl. S. 823.

60—62 *Vil lybes kint, gewer mich Durch dine gute, dez bit ich dich* Spiel von Marien Himmelf. bei Mone S. 47; *Meyn aller liebster sun, ich pitte dich Zu dem dritten mal, gewere noch mich* geistl. Spiel bei Schönbach Marienkl. S. 69, V. 239 f.; dem entspricht noch genauer die Interpolation in Closeners Text V. 66 f.

74 *Dû wâg*, assoziativ neben dem *wocherere* gut verständlich, wird das Ursprünglichere darstellen gegenüber der Variante *Diu rede* 82; das ist farbloser: 'die Kunde (der drohenden Strafe) ist zu schwer für euch'.

101 Litaneienstil; vgl. *Nun bitt ihr Frawen und ihr Mann* Kehrein Kath. Kirchenl. 2, S. 311; ähnlich 330. 333.

113 aus dem Bereich der Marienklagen (vgl. o. S. 86); als Grundform der vielabgewandelten Verse statuiert Schönbach Marienkl. S. 4 mit Recht: *Diu erde erbidemt, swie si lit, Uf kliebent sich die steine;* so bis ins 15. Jh., Wack. 2, S. 371, 8. *erbidemen* wiegt ebenso vor (vgl. noch Wack. 2, Nr. 931, 5. 1208, 112) wie *sich ûf klieben* (vgl. Erlauer Spiel hsg. von Kummer S. 153). *zerklieben* finde wie ich erst in einem (offenbar älteren) volksmäßigen Fastenlied des 16. Jhs. Hoffmann von Fall. Kirchenl. S. 502.

115 nach kunstmäßigem Vorbild? Das *tougen* ist ganz unvolksmäßig; vgl. *Wene herze, wenent ougen, Wenent blutes trehen rot, Wenent offenbar und tougen, Weinent vil, es tût uch not* Haupt und Hoffmann, Altd. Blätter 2, S. 129 f. aus einer mystisch gefärbten Baseler Hs. des 14. Jhs.

Anmerkungen zu O.

3 eine alte Zeile, schon Wigalois 209, 33. 210, 1; dann in einem Kreuzliede bei Rubin: *So wol als ez der werlte zimt Und ouch der sele wirdet rat* v. d. Hagen Minnes. 1, 313^{b}; vgl. *Dez sele mag nicht werden rad* Mone Altt. Schausp. S. 33.

23 vielgebrauchte Litaneizeile, gewöhnlich in der Form *Behüt uns vor der helle pein* Wack. 5, S. 1187, 45. Von der Kunstdichtung vielfach abgewandelt, vgl. besonders den Ave-Maria-Leich aus dem 13. Jh. bei Bartsch Erlös. S. 196ff.: *vor der pittern helle* 174, *vor der helle pin* 230, *vor der helle hol* 318, *vor der helle luoter* 321; *vor der helle viure* ebd. S. 208, V. 40.

27—30. Im Hintergrunde steht der alte Ruf *Sant Mari, muoter und meit, Al unser not si dir gecleit*, so zuerst in Ottokars Steir. Reimchron. 16149 f. für die Schlacht auf dem Marchfelde bezeugt, vermutlich nur die Anfangszeilen eines von Haus aus größeren Reimgebildes. Die Paraphrase *Maria muoter unde magt ... Min leit si dir also geclagt* bei Meister Stolle (Bartsch, Meisterl. d. Kolm. Hs. S. 511) eröffnet indes die Möglichkeit, daß die Rufzeilen älter sind. Paul Runge hat in einem Aufsatz 'Maria mûter reinû maît'

(Riemann-Festschr., Leipzig 1909, S. 256 ff.) allerlei Material zur literarischen Geschichte dieses alten Rufeinganges und -restes zusammengestellt, leider vollkommen unkritisch. Dabei geben gerade diese Rufzeilen einen sehr wertvollen Anschauungsstoff für die Frage der Literarisierung volksmäßiger Verse aus dem Bezirke der Litaneien (*appropinquantibus ... exercitibus ad conflictum Růdolfus de Reno miles Basiliensis sonora voce cantavit, quod per ambos exercitus audiebatur: 'Domina sancta Maria, domina sancta', quod tempore letaniae rustici cantant* Matthias von Neuenburg Mon. Germ. SS. nova ser. 4, 1, 31). Es ist, wie Hoffmann von Fall. Kirchenl. S. 69 Anm. mit Recht betont, dasselbe Lied gemeint wie in dem Bericht Ottokars, 'ein deutsches, das die Landleute zur Zeit der Bittfahrten in der Kreuzwoche sangen', wenn auch diese Anmerkung erst für die Zeit des Chronisten Gewähr hat. In Runges Aufsatz ist schon der Titel schief (der die erste Zeile des Geißlerliedes III geben soll, s. S. 187); denn der volksmäßige Ruf sagte ursprünglich *muoter unde maget;* in dieser Form stehen die Zeilen recht fest, auch in höherer Dichtung (der Vegeviur nach Runge S. 262; Wack. 2, S. 313,10 [Leich]; 2, 615,31 [Ave Maria]; 2, 348, 5 [geistl. Schauspiel]). Eine jüngere Zeit zerstört die strenge Form und führt die intacta virgo ein. Im 13. Jh. erst in künstlicher Dichtung: *Muoter und doch reiniu meit ... Alliu min not si dir gekleit* Ave-Maria-Leich V. 168 bei Bartsch Erlös. S. 200. Später auch im volksmäßigen Rufstil: *Maria Gottes Mutter, reine Magd* usw. Kehrein 1, S. 672; vgl. *Maria moder, milde maget* usw. Wack. 2, S. 759, 12.

88 f. Diese condicionale Fügung ist eine typische stilistische Figur des geistlichen Volksliedes; schon im älteren geistl. Spiel: *Wer er als ein poser wiht Nit heut erhangen aine, So weren bir verdorwen gar* Mone Schausp. d. Mittelalt. 1, 36, V. 137 ff.; gerade dialogische Marienklagen wie dies Stück legen die Verwendung der Figur nahe (und werden zu ihrer Ausbreitung beigetragen haben): in solchen Redeformen versucht Johannes Maria zu trösten; vgl. aus dem angeführten Stück V. 58 ff.; gehäuft nachweisbar wieder erst in jüngeren Quellen: *Und wär er nicht hingangen, So wär der Tröster nit kommen* Hoffmann von Fall. Kirchenl. S. 177; vgl. 188. 195; *Und wann Jesus nit wer entstanden, So wer die Welt zergangen* Ruf bei Wack. 2, S. 974,147; im Kunstliede anders geformt: *wan diu geburt, so wæren wir verlorn* Meister Stolle Kolm. Hs. S. 512. Burdach Reinmar S. 59 weist auf die Vorliebe hin, die volksmäßige Gnomendichtung für hypothetische Satzformen zeigt; aber das liegt auf einer andern Linie.

91 herkömmliche Formulierung: *Mit dir die werlt ist ganz erlost Von helle bant* Marien Rosenkranz V. 2 f. bei Bartsch Erlös. S. 279; vgl. Zehnjungfrauenspiel V. 513 ff. Beckers.

96 f. Michael als ψυχοπομπός ist stehend in jüngeren Rufen, Wack. 2, Nr. 1223, 7. 1225, 32; vgl. ebd. 1231, 6. 1266, 11.

Ehe an die Würdigung der Liturgie nach Form und Inhalt gegangen werden kann, ist es nötig, über ihre musikalische Gestalt zu sprechen, wenigstens so weit sie für die textliche Form und den inhaltlichen Aufbau des Werkes von Bedeutung ist. Nicht nur die Lit., auch sämtliche andern Geißlerlieder hat Hugo von Reutlingen zusammen mit ihren Melodien aufgezeichnet. Das hat Paul Runge entdeckt, ihm verdanken wir auch die Edition der Geißlerliedermelodien. In der ersten Bekanntgabe und im ganzen wohl zutreffenden Würdigung dieser Melodien liegt das eigentliche Verdienst seines Buches.

Die Neumierung erscheint in der Hs. in doppelter Form: z. T. sind die Notenzeichen auf ein meist vierliniges Schema geschrieben, z. T. stehen sie im laufenden Text ohne jede Linienhilfe über den einzelnen Silben der Liedworte. Hugo verfährt dabei ganz regelmäßig so, daß er für jedes Lied oder innerhalb der Lit. für jeden neuen musikalischen Satz die Melodie zunächst völlig deutlich mit Hilfe des Liniensystems notiert; erst wenn innerhalb des Liedes oder der Liedteile, gewöhnlich strophenweise, die Melodie sich wiederholt, begnügt er sich mit der zweiten andeutenden Bezeichnungsweise. Nur die Melodie des ersten Liedes seiner Aufzeichnung (für uns Lied II) ist durch alle Strophen auf Linien gegeben. Hugos Notierungsweise ist auch für die Untersuchung der Liedtexte von größter Wichtigkeit: denn auf die Art ist es möglich, die Lieder nicht nur nach Strophen, sondern auch nach Strophengruppen zu gliedern, auch innerhalb der Strophen die Unterabteilungen zu erkennen. Die Neumenzeichen der Hs. sind in der Hauptsache Virga und Punkt, dieser ganz deutlich Ausdruck der fallenden Tonbewegung; zumindest ist das seine wesentlichste Aufgabe. Neben einfachen Ligaturen begegnen außerdem einige Plikenzeichen, die Runges Wiedergabe z. T. ausgleicht. Sein Abdruck gibt die Neumen in Choralnotenschrift, läßt aber obgleich im groben ausreichend die nötige Sorgfalt vermissen, im kleinen wie im großen. Zu beanstanden ist vor allem, daß Runge wiederholt Takte in Liniennotierung gibt, die in der Hs. überhaupt nicht oder nur mit ihren Anfangsnoten stehen, — anscheinend bloß um die Druckzeilen zu füllen[1]). Mag es sich dabei auch um Wiederholungen schon vorher in der Hs. gegebener Melodiesätze handeln, — der Benutzer erhält ein falsches Bild, das um so irreführender ist, als Hugo auch gleichgeordnete melodische Zeilen keineswegs immer völlig übereinstimmend notiert. Ein weiterer Mißstand besteht darin, daß Runge bei der Wiedergabe der

[1]) Es fehlt die Liniennotierung auf S. 30, Reihe 7, zweiter Takt von *uns* an; S. 31, Reihe 8, zweiter Takt; S. 40, Reihe 4 von *dez hilf* an und Reihe 5 ganz.

linienlosen Neumen ungleichmäßig verfährt. In der Hs. ist es so, daß diese Neumen durch Höher- und Tieferstellung sehr deutlich die Auf- und Abwärtsbewegung der Melodie nachzuahmen versuchen: sie wollen das Bild der auf Linien stehenden Neumen nachzeichnen. Runges Abdruck sucht diesem Auf und Ab z. T. nachzukommen (S. 30—35), z. T. sieht er über die Höhenunterschiede hinweg (S. 36 f.). So muß bei dem Leser ein völlig falsches Bild entstehen. Aber freilich, hier handelt es sich um eine Zeichengebung, von der nur ein Faksimile die rechte Vorstellung geben kann.

Überhaupt kann die Rungesche Ausgabe nur als ein erster Abdruck gewertet werden, der einigermaßen den Stoff ausbreitet. Mancherlei feinere Fragen, die die Stücke stellen, werden nicht gebührend berücksichtigt oder überhaupt nicht berührt. Zunächst ist Runge nicht deutlich geworden, das Lied II (bei Hugo das erste, ganz durchnotierte) eine Sonderstellung gegenüber allen andern Liedern einnimmt. Dies Lied zeigt in seinem Text eine dem Volkslied anstehende Freiheit der Taktfüllung und eine Neumierung, die sich diesen ungleichmäßigen Takten silbengetreu anpaßt. Dem gegenüber ist nicht nur Lied III 'streng metrisch', wie Runge S. 7 angibt (er meint, mit regelmäßigem Wechsel von Hebung und Senkung gebaut), sondern auch die Verse von Lied I und IV erstreben ganz sichtlich diesen Bau, wenn auch nicht mit gleichem Gelingen. Um das zu erkennen, muß man freilich die Texte interpretieren können, und mit ihnen steht Runge auf Kriegsfuß.

Fragt man nach den Gründen dieser Normalisierung des Versschemas, so muß die Antwort wohl von der Seite des Musikalischen her gesucht werden. Die Melodien der einzelnen Lieder setzen sich, wie unten noch genauer gezeigt wird, aus ganz wenigen melodischen Phrasen zusammen, die nur stichisch auftreten und in regelmäßigem Wechsel sich wiederholen. Es begreift sich, daß der Wunsch, bestimmte melodische Phrasen unverändert durch ein ganzes Lied hin zu wiederholen, dazu führen mußte, den Rahmen der Verse und die Silbenzahl ihrer Takte zu normieren. Damit erhebt sich nun aber die Frage nach dem Zusammenstimmen von Melodie und Wort. Runge beantwortet sie mit dem Satz: 'daß die Sinnakzente immer die gleiche Lage in der Melodie behielten, muß wohl als feststehend gelten' (S. 14); er ist der Meinung, daß ein 'Sinnakzent' immer mit einem guten Taktteil zusammengefallen wäre. Das ist gewiß die natürliche Annahme, — nur daß ihr die Aufzeichnung Hugos nicht immer entspricht. In Lied II hat (nach Runge S. 30) die zweite Zeile der ersten wie der zweiten Strophe die

Neumierung: 

Wenn dieser Neumierung in der ersten Strophe der Text untergelegt ist: *Crist rait selber gen Jerusalem* und in der zweiten Strophe: *Hilf uns, herr, durh din hailiges blût,* so scheint eine Verletzung der Sinnakzente durch die Melodieangabe unvermeidlich: einer Betonung *Jerúsalem,* wie sie die Melodieführung (nach Runge S. 7) voraussetzt, müßte in Strophe 2 *hailiges blût* entsprechen. In Lied IV zeigt Zeile 13 [1]) eine Neumierung, die nach dem Muster der Parallelzeilen eine musikalische Akzentuierung *Es sol Jesús werdén genant* verlangt. Die Zeile schlechtweg als 'fehlerhaft' zu erklären (Runge S. 13), heißt wohl, die Dinge zu einfach nehmen: Hugos Aufzeichnung hat sich allem Anschein nach nicht streng an die Forderung gehalten, das Wortakzent und guter Taktteil zusammenfallen müßten. Bei einem Manne, der von der Kunstmusik herkam und mit lateinischen Texten zu arbeiten gewohnt war, würde das nicht weiter überraschen. Eine andere Frage ist aber, wie weit er damit noch den lebendigen Volksgesang getreu wiedergibt; und das ist die Hauptfrage, die aus diesen Erwägungen schließlich herausspringt: dürfen die Notierungen Hugos überhaupt als bis ins einzelne zuverlässige Aufzeichnungen der Geißlermelodien gelten? [2]) Ein solcher Grad von Treue, wie man ihn von einem modernen Volksliedsammler verlangt, ist bei einem Gelehrten des 14. Jh.s ohnehin nicht vorauszusetzen. Daß Hugo die textliche Form der Geißlerlieder leicht übermalt hat, ist

[1]) Sie ist entgegen Runges Angabe auf S. 32 Silbe für Silbe neumiert.

[2]) Eine Einzelheit zur Illustration: In Lied II Z. 19 ist bei der Notierung von *den hailigen Crist* eine Tonwiederholung nötig, um das Wort *hailigen* in einem Takt unterzubringen. Dasselbe gilt für *den hailigen geist* in Z. 21, die genau denselben melodischen Satz zeigt wie Z. 19. Im ersten Falle neumiert Hugo: 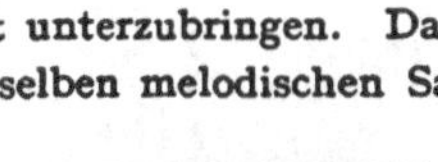 im zweiten Falle: 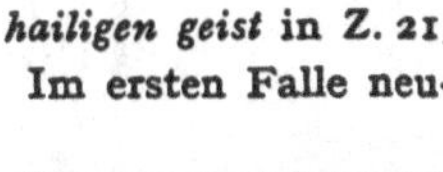

Kein Zweifel, daß das eine ganz willkürliche Variation ist.

erweisbar. Ob es bei den Melodien nicht ebenso ist? Ob die Variationen parallelgebauter melodischer Phrasen, namentlich in Lied II überraschend reich, wirklich nur Gehörtes wiedergeben? Aber das sind Fragen, die die Musikhistoriker erörtern müssen. Für unsere Zwecke genügt es, daß wir aus der Neumierung die musikalische Gliederung der Lieder sicher ablesen können; und sie ist allem Anschein nach von Hugo zuverlässig wiedergegeben.

Strophische Gliederung der Liturgie

Teil I

Str. 1	Str. 2	Str. 3	Str. 4	Str. 5	Str. 6
a	a	a	a	a	a
a	a	a	a	a	a
a	b	b)	b	b	b
b	b	(b)	b	[b]	b
b		(b)	b	[b]	b
		(b)		[b]	b
		(b)			b)
		(b)			(b)

Zwischenteil

a	**c**	**c**
a	**b**^{1}	b^1
	c	c
	b^1	b^1

Teil II

Str. 1	Str. 2	Str. 3	Str. 4
a	a	a	a
a	(a)	a	a
(b)	(a)	a	a
(b)	(b)	b	a
(b)	(b)	(b)	b
(b)	(b)	[b]	b
			[b]

Zwischenteil

a (alles übrige ist zu ergänzen).

Teil III

Str. 1	Str. 2	Str. 3	Str. 4	Str. 5	Str. 6
a	a	a	a	a	a
a	a	a	a	a	a
b	b	b	b	b	a
b	b	b	[b]	b	(a)
b	b	b	b	b	b
[b]	[b]	b	[b]	[b]	(b)
[b]	[b]				
[b]	[b]				

Schlußteil

a^{1}	**d**
a	**d**
	d
	b^{2}
	b^{2}
	[b^{2}]

Zwischenteil

a (alles übrige ist zu ergänzen).

Zur Zeichensetzung der Tabelle: a b c d bezeichnen die verschiedenen, nur stichisch verwendeten melodischen Phrasen. Fettdruck besagt, daß die Notierung auf Linien gegeben ist, einfacher Druck, daß die Zeilen ohne Linien neumiert sind; runde Klammern bezeichnen unneumierte, eine runde Klammer nur teilweise neumierte Verse; doch steht aus später zu erörternden Gründen der Ansatz der melodischen Phrase in jedem Falle außer Zweifel. Eckige Klammern bezeichnen Kehrreimverse, die in der Handschrift nicht geschrieben, aber sicher zu ergänzen sind. Der fette Haken umfaßt kehrreimartig sich wiederholende Versgruppen.

Der Aufbau der Geißlerliturgie erhellt aus dem beigegebenen Schema. Vier melodische Phrasen a b c d genügen also, um die Melodie des langen Gesanges zu bestreiten. Denn das vereinzelte a^{1} im Schlußteil ist nur eine leichte Variante von a, das etwas häufigere b^{1} und b^{2} stellen eine ganz leicht ändernde und eine völlig entsprechende Transposition von b in die Oberquarte dar (Runge S. 16). Die Frage ist freilich, ob die Variationenzahl nicht größer wäre, wenn Hugo (wie bei Lied II) die ganze Melodie auf dem Liniensystem gegeben hätte; und es muß auf die Tatsache hingewiesen werden, daß die linienlose Neumierung zumal in den b-Versen vielfach von der Zeichensetzung auf Linien abweicht. Aber wenn auch die Umschrift und Deutung der linienlosen Neumen eine über die Absicht des Aufzeichners hinausgehende Vereinheitlichung darstellen sollte, die Zugehörigkeit der einzelnen Zeilen zu einer der vier Grundformen würde dadurch nicht angetastet.

Sehr bemerkenswert ist die innere Form der Textzeilen. a-Zeile und b-Zeile sind deutlich dadurch geschieden, daß jene klingend, diese stumpf ausgehen, und zwar ausnahmslos. Die Melodie der b-Zeile zeigt in der Mitte eine scharfe Cäsur; zwei parallel gebaute Tonfolgen setzen die Zeile zusammen:

Der Text unterstützt diese Cäsur gelegentlich durch Binnenreim, fügt sich ihr auch sonst recht gut; Wortbrechungen werden nur verhältnismäßig selten nötig. Der Normvers ist also ein alternierender Achtsilbler mit Auftakt; und er ist überraschend leicht und sauber durchgeführt. Die Ausnahmen, die Tonverdoppelung nötig machen, sind leichtester Art: *ůber* 83. 104 (dem in 9 und 42 ein *ůbr* gegenübersteht, das an der ersten Stelle mit einer, an der anderen mit zwei Neumen bedacht ist), *herre* 44, *Maria* 111; noch einfacher ist *fliehen* 5, wo ohnehin die Melodie eine Tonverschleifung auf den guten Taktteil legt; nur V. 13 *Wir clagen gots marter und sinen tot* sticht stark ab und geht möglicherweise auf eine einfachere Grundform zurück (*sin* statt *gots*? so hat O). Ein ähnliches Bild bei den a-Versen. Fast ausnahmslos herrscht hier der alternierende Vers, nur daß neben dem vorwiegenden Auftaktvers auch Verse ohne Auftakt nicht selten sind. Aus der Rolle fällt allein V. 113 *Dů erd erbidemt, zercliebent die staine.* Aber gerade dieser Vers stammt ohne Zweifel aus einem andern textlichen Zusammenhang. Sonst weicht nur V. 7 aus, nach der Neumierung sinngemäß zu skandieren *Dér sol gélten und wíder gében;* außerdem V. 82 *Diu réde ist iu an tail ze swere,* wo die Neumierung wieder die zweisilbige Senkung anerkennt. Die Parallele von 74 *Diu wâg ist dir* usw. zeigt freilich, daß praktisch auch hier mit Wechselton gerechnet werden darf. Dabei fällt auf, wie dies Gleichmaß im Bau der Verse selbst gegeben, nicht äußerlich erzwungen ist. Am ehesten könnte man geneigt sein, in V. 3 an einen Eingriff des Aufzeichners zu glauben; aber nach der sonstigen Überlieferung muß man das artikellose *bôs geselle* wohl als echt gelten lassen [1]). Was sich sonst an verkürzten Formen zeigt, ist verschwindend zumal gegen das bei Hugo unmittelbar vorhergehende Stück, unser Lied IV (*geb wir* 24 u. ä., *gen* = *geben* 110 sind die Hauptfälle, am gedrängtesten ist V. 109). Es ist mit Händen zu greifen, daß die Lit. von Haus aus einem andern Versstil folgt als die übrigen Geißlerlieder, zumindest als Lied II und IV; bei Lied III ist die Beurteilung unsicher. Es wird ein Nachhall nicht nur des höheren Alters, sondern vor allem der höheren literarischen Schicht sein, in die die Lit. mit ihren Kernstücken hinaufreicht, wenn sich in ihr eine gepflegtere Versform erkennen läßt.

Auch vom Standpunkt der Strophenbildung aus zeigt die Lit. eine künstlichere Haltung als die übrigen Geißlerlieder. Das gilt besonders für die Strophen I 1 und II 2 und 3, die mit dem Gleichreim der ersten drei Zeilen und dem Binnenreim der vierten eine Reimweise zeigen, die man sonst im älteren geistlichen Volksliede vergeblich suchen wird. Was zunächst den Dreireim anlangt, so findet man ihn gelegentlich, wenn wir uns auf stofflich vergleichbare Gebiete beschränken, in den Marienklagen: *Sein tot mich tœtet, Sein plût mich rœtet, Sein not mich nœtet* Schönbach Marienkl. S. 59, V. 190—92 (vgl. S. 5). Schönbach hätte ihn gewiß aus dem in der Sequenz 'Planctus ante nescia' wiederholt begegnenden Dreireim hergeleitet:

parcito proli
mors! mihi noli:
tunc mihi soli
sola mederis.

Das ist eine Reimfigur, wie sie sich in der geistlichen lateinischen

---

[1]) Auch in guten Hss. der Limb. Chron. fehlt *ein* (s. u. S. 150), ebenso in den Chronica S. Petri Erfordensis, die die ersten Zeilen der Lit. aufbewahrt haben (s. o. S. 69). Dagegen stellt sich ein Textfetzen, der bei Hermann Korner erhalten ist (s. S. 69), zu CO.

Liederdichtung des 13. und 14. Jh.s bekanntlich sehr häufig findet (vgl. Daniel Thes. hymn. Bd. 2). Auch das lateinische Marienlied, das Runge S. 42 aus Hugos Hs. abdruckt und irrig als Geißlerlied auffaßt, zeigt sie: *flos pudoris, dos amoris, ros dulcoris.* Aber es handelt sich eben im Lateinischen, wie in diesen Beispielfällen, um dreireimige Kurzverse; und so übernimmt sie auch die deutsche Dichtung [1]). Metrisch gleichgebaute Dreireimer finden wir dagegen in den Lauden der italienischen Geißler; vgl. etwa

Madre, o vergene Maria
Priegha per noi, o virgo pia,
Che Gesune tolga via
L'aspra morte e pistilentia

aus einer Lauda aus der Città di Borgo s. Sepolcro, die auf die Pest des Jahres 1349 zielt [2]). Man kann diese (der italienischen Ballata entlehnte) Strophenform als die in der Laudendichtung vorherrschende bezeichnen; z. B. enthalten die Laudi Cortonesi del secolo XIII., die G. Mazzoni veröffentlicht hat (Propugnatore II 2, 205 ff., III 1, 5 ff.), zu drei Vierteln Lauden der angegebenen metrischen Form. Und auch in anderen Sammlungen drängen sie sich, zuweilen mit verkünstlichter Grundform, ganz stark hervor. Nach dem, was früher über die Verbindungsfäden zwischen den italienischen und den deutschen Geißlern, auch zwischen ihrem Liedbesitz gesagt worden ist, liegt es gewiß nahe, auch hier an eine Beeinflussung zu denken. Wie sollte sonst die deutsche Geißlerliturgie zu einer Strophe gekommen sein, die der italienischen Ballatenstrophe fast aufs Haar gleicht [3])?

---

[1]) z. B. Meister Alexander, Jenaer Liederhs. 1, S. 45. Auch meistersingerische Dichtung des 14. Jh.s kennt natürlich den Dreireim als Strophenteil, aber gewöhnlich mit anderem Reimgeschlecht (z. B. Kolmarer Hs. Nr. 171 bis 179; vgl. auch 181). Aber in dieser Sphäre würde man ohnehin nicht nach Vorbildern suchen.

[2]) abgedruckt von Schneegans S. 69.

[3]) Es wäre zu erwägen, ob sich die Frage der Abhängigkeit nicht auch von der musikalischen Seite her klären läßt; denn es gibt auch Laudenhandschriften aus dem Besitze von Disciplinatenbruderschaften, die die Melodien aufgezeichnet haben, vgl. Mazzoni über den Cortoneser Codex, Propugnatore II 2, 205. Aber das ist eine Frage, die musikhistorischer Forschung vorbehalten bleiben muß. H. J. Moser, der in seiner Geschichte der deutschen Musik [4] 1 (1926), 231 ff., ganz auf den unzuverlässigen Runge sich stützend, über die Melodien der Geißlerlieder handelt, geht der Frage nach der Herkunft der

Die letzte Zeile der Geißlerstrophe mit ihrem stumpfen Ausgang und dem Binnenreim entspricht freilich der üblichen Schlußzeile der Ballatenstrophe nicht, obgleich man gelegentlich auch da auf einen Binnenreim stößt. Aber an dieser Stelle schwankt die italienische Strophe am ehesten; ihr eigentliches Gerüst sind deutlich die drei monorimi. Es muß dahingestellt bleiben, wo diese deutsche Zeile ihr Vorbild hat. Wieder bieten die Marienklagen ähnliches, z. B.

Owe kint, diu wengel sint
Dir so gar erblichen u. ä.

Schönbach S. 3; und die lateinische Hymnik ist voll von Figuren wie *fac me vere tecum flere, crucifixo condolere* (aus dem Stabat mater), die ganz deutlich in dem Schlußteil der Lit. (V. 115 ff.) anklingen. Aber das scheint außer Frage, daß irgend eine gehobenere Form als Ausgangspunkt zu nehmen ist. Die Strophe hat etwas Künstlicheres, als wir es von dem geistlichen Volksliede niederster Schicht gewöhnt sind.

Daß Vierzeiligkeit der Strophe das Gesetz ist, unter dem die Liturgie von Haus aus steht, läßt sich kaum bezweifeln. Sowohl der Osnabrücker Text wie die Limburger Chronik zeigt die Dreireimstrophen als Vierzeiler, wenn diese Form anscheinend auch erst auf dem Wege einer Rückbildung gewonnen worden ist. Und was die Reimpaarstrophen anlangt, so scheint schon die musikalische Behandlung darauf zu deuten, daß von dem Vierzeiler auszugehen ist. Die Grundstrophe war offenbar melodisch ausgewogen: a a b b; die Neigung die Strophe zu längen, die in Lied II und III deutlich ist, erscheint hier in der Lit. also hypertrophisch gesteigert. Daß O auf die vierzeilige Strophe aus ist, bedarf keines Wortes weiter; aber damit ist noch nicht gesagt, daß es einen ursprünglicheren Zustand der Lit. darstellt. Vielmehr müssen wir uns, wie später genauer zu zeigen ist (S. 144), die Strophen von O

Weisen nicht genauer nach. Er weist darauf hin, daß die Dreizahl der Reimzeilen ein auffälliges Gegenstück habe in italienischen Sequenzen des 13. Jh.s vom Muster des 'Dies irae, dies illa' und folgert, 'daß eine derartige Herkunft der Melodie viel Wahrscheinlichkeit für sich hat'. Mir scheint der oben angedeutete Weg kürzer zu sein. — Wenn übrigens Moser S. 232 das in der Engelberger Hs. 314 überlieferte Lied *Wol uf dervon, die zit ist hie, Der herre der wil rechnung han* (abgedruckt von Bartsch, Germania 18, 52) für ein Geißlerlied erklärt, so beruht das auf einem Irrtum.

aus völligeren Fassungen zusammengeschrumpft denken. In R zeichnet sich meist der Vierzeiler als ursprünglicher Strophenkörper greifbar ab: V. 5 ist Wiederholung von 2. V. 14—17 hat deutlich seine ursprüngliche Stelle in der fünften Strophe. Der Vers 22 scheint allerdings fest mit dem vorhergehenden verklammert; und da für diese Strophe an das Vorbild des geistlichen Spiels zu denken ist (s. u. S. 135 f.), will beachtet werden, daß im geistlichen Spiel fünfzeilige Strophen solcher Reimstellung nicht ungewöhnlich sind (z. B. Wack. 2, Nr. 520, 27; Nr. 519, 29). Aber man übersehe nicht, daß die nächste Strophe mit V. 24 *Unsern dienst geb wir ze lone* auf die Frage von V. 18 antwortet, nicht auf die Frage von V. 22. Strophe 4 von II ist nicht ganz durchsichtig (s. u. S. 134). Strophe 4 von III scheint verstümmelt. Auch im Schlußteil ist nach 117 der Vers *Durch got nu lat die sünde mere* ausgefallen: O hat die altüberlieferte volle Form der Schlageformel gehalten (oder wiederhergestellt). Im übrigen sondern sich in allen Strophen leicht die angewachsenen Bestandteile ab; die 'Anmerkungen' erweisen, daß sie gängigstes Versgut im Litaneiencharakter enthalten. Es ist eine Art von flüssiger Kehrreimbildung, in der sich der Hang zur Strophenlängung hier auswirkt. Der Kehrreim weist sonach verschiedene Typen auf, ist bald zwei-, bald vierzeilig und zeigt nur in den Sünderstrophen eine gewisse Gleichläufigkeit. Dies lebendig Aufgelöste des echten Volksgesanges ist bei Closener schon einer größeren Starrheit gewichen, insofern als ein Kehrreimtypus (R 63 f.) bei ihm bereits ausgesondert ist, so daß ein größeres Gleichmaß des Strophenschlusses erzielt ist. Man wird gewiß keine Absicht dahinter suchen dürfen, wenn gerade der Bittruf an Maria bei Closener geschwunden ist.

Die Lockerheit, die mangelnde organische Einheit, die den strophischen Bau der Lit. bezeichnet, erscheint noch gesteigert, wenn man den Aufbau des ganzen Denkmals zu deuten versucht. Wie primitiv mutet uns heute der Satz an, den Pfannenschmid vor dreißig Jahren drucken ließ (S. 168): 'es sind acht verschiedene, von Litteraten der Geißler zusammengefügte Lieder'. Es ist zwar schwer, das große Gemengsel, das die Lit. darstellt, im wesentlichen aus dem Stück selbst heraus in seiner Zusammensetzung und seinem Wachstum zu verstehen, — wenn auch die Quellennachweise, nicht zuletzt die Zusammenhänge mit dem italienischen Geißlerwesen manchen Anhaltspunkt hergeben. Aber es ist in gewissen Grenzen doch möglich, den Versuch einer Tiefen- und Schichtengliederung zu machen; er setzt an den Platz jener hilflosen Vorstellung von parallel geordneten Literatenerzeugnissen das Bild eines auf volksliedhaften Wegen gewordenen Organismus von beispielhafter Bedeutung. Die Geißlerliturgie ist geradezu das klassische Stück für den Forscher, der sich um das mittelalterliche deutsche Volkslied bemüht.

Wie das Stück in R vor uns steht, zerfällt es äußerlich in sechs Abschnitte [1]), entsprechend der Geißelzeremonie, die aus drei Geißelumgängen mit jeweils anschließender genuflexio bestand. Die genuflexio wurde immer von demselben Gesang begleitet (in der schematischen Gliederung als 'Zwischenteil' bezeichnet); die Geißelumgänge dagegen hatten unterschiedliche Texte. Drei Hauptteile also weist die Lit. in R auf, aber ihre Bestandteile sind deutlich schon durcheinander gewürfelt. Das Grundschema indes ist völlig deutlich. Teil I: Christi Passion als Vorbild für die Geißler; Teil II: Jesu Zorn über die Welt und Marias Fürbitte; Teil III: Sünderkatalog. Die Schlußstrophen von Teil I und II gehören demnach ursprünglich zu Teil III. Aber auch jeder dieser drei Teile ist nicht einheitlicher Wuchs.

Verhältnismäßig am einfachsten liegen die Dinge bei Teil III, den Sünderstrophen. Hier werden die Strophen I 6, II 4, III 1—4 durch die Quelle, die Geißlerpredigt, zu einem Körper zusammengefaßt (s. o. S. 49 ff.). Ob aber dieser Körper e i n e s Wachstums ist, muß gleichwohl offenbleiben: man beachte die beiden verschiedenen Strophentypen innerhalb dieser Gruppe: Str. I 6, III 1, III 2 sind innerlich gleichartig: derselbe Eingang, derselbe stichische Bau, dieselbe Art des Abschlusses. Ihnen stellen sich die reicher gebildeten Strophen II 4 (die z. T. von Str. I 1 zehrt) und III 3 deutlich gegenüber, die unter sich aber wieder greifbar verwandt sind, trotz den Verschiedenheiten der Kadenz. Auch die drei Strophen der ersten Gruppe sind im einzelnen vielleicht durch nachträgliche

[1]) Wir nehmen dabei den 'Schlußteil' mit Teil III zusammen, weil sie ohne Zweifel auch in demselben Akte der Zeremonie, dem dritten Geißelumgang, zusammengefaßt waren.

Ausgleichungen verändert: V. 82 sieht neben 74 unursprünglich aus. Ob die zweite Ehestrophe III 4 einen alten Platz innerhalb der Sünderstrophen hat oder spätere verstärkende Zutat ist, bleibt unsicher. Dagegen ist III 5 ganz greifbar jüngerer Anwuchs: von inhaltlichen Gründen abgesehen (s. o. S. 51), auch ihre predigende Haltung bringt einen ganz neuen Ton in diesen Teil. V. 103 folgt dem alten Geißlerruf: *Durch got so lat die sünde mere* (der freilich in R fehlt), V. 104 scheint zurückzugreifen auf 42 (vgl. 83). Wieder eine Stufe für sich stellt vermutlich III 6 dar. Der imperativische Eingang der Strophe eröffnet die Möglichkeit, daß sie im Anschluß an die vorhergehende entstanden ist. Inhaltlich ist sie nichts als eine Wiederholung von Str. I 2; aber man begreift den Grund ihres Anwachsens: als Abschluß des Sünderkatalogs erschien ein solcher Hinweis auf Buße und Gnade erwünscht. Man beachte übrigens, wie sich auch die Kehrreimverteilung dieser aus andern Gründen gewonnenen Gruppierung der Strophen fast widerspruchslos fügt. Eines störenden Faktors ist freilich noch nicht gedacht worden: in Str. III 6 laufen klingende Versschlüsse durch[1]), die die vierfache Wiederholung der Melodiephrase a bedingen, anscheinend ein neuer Grund für ihre Absonderung. Diese besondere metrische Form läßt vielleicht den Schluß zu, daß die Strophe erst in einem Entwicklungszustande anwuchs, wo die kehrreimartige Verlängerung der Strophen innerhalb der Lit. schon feststand, die die notwendige Ergänzung durch die b-Zeilen ermöglichte. Aber wie steht es dann mit der Str. II 4? Sie weicht ja nicht nur durch den klingenden Reim in V. 67 f., sondern auch durch den überschüssigen Vers 69 (den man nicht gern für nachträglichen Einschub erklären möchte), von dem Normaltypus der Strophe ab.

Aufs ganze gesehen stellt sich der dritte Teil als der jüngste und in der Höhenlage niedrigste von den dreien dar: die Sünderstrophen zeigen formal die größten Ungleichmäßigkeiten, sie sind stofflich zum Teil sehr dünn, und sie machen unbekümmert ihre Anleihen, teils untereinander, teils bei älteren Stücken der Liturgie. Das ist Volksdichtung tiefster Schicht.

Etwas anspruchsvoller schreitet schon formal Teil II einher. Denn die Dreireimstrophen 2 und 3 sind die für diesen

[1]) Zur Reimbehandlung von *geben* : *leben* 109 f. vgl. 6 f. 95 f.

Teil bezeichnenden; daß die Str. 1 abzusondern ist, erhellt aus inhaltlichen und formalen Gründen ohne weiteres. Wenn auch I 1 die Form der Dreireimstrophe zeigt, so ist der Schluß gerechtfertigt, daß diese drei Stücke einmal zusammengehört haben. Hier schimmert ein anderer Grundriß der Lit. durch die uns erhaltene Form hindurch, ein Grundriß, der mit dem Werberuf von I 1 begann und dann unmittelbar die Begründung für den Werberuf und das ganze Geißlerwesen folgen ließ durch eine epische Darstellung der Haupttatsachen des Himmelsbriefes: denn darauf läuft es bei Teil II hinaus. Aber diese liedmäßige Paraphrase des Himmelsbriefes ist offenbar nur unvollständig, in irgendwie ausgehöhlter Gestalt erhalten; zumindest erwartet man noch eine Strophe, die aus der in Str. 2 und 3 aufgerissenen Situation die Folgerungen in geißlerischem Sinne zöge. Vielleicht daß es einmal eine Form der Liturgie gab, auch schon zusammengesetzt, aber derart daß die 'cantilena de passione ac morte Domini' (s. o. S. 66) erst auf einen Teil von dem oben angedeuteten Inhalt folgte. Volksliedeingänge pflegen am festesten zu stehen. Wenn überhaupt einer Strophe, würde man dem Stück I 1 ein Alter beilegen mögen, das über die Bewegung von 1349 zurückreicht; dann muß das höhere Alter aber auch den Strophen II 2 und 3 zukommen: in diesen drei Stücken haben wir vermutlich den ältesten zusammenhängenden Abschnitt der Liturgie. Der kann bis zur ältesten Geißlerbewegung zurückreichen, wenn er sich auch aus den höchst dürftigen Angaben, die wir über die Lieder der ersten deutschen Geißelbewegung haben, kaum belegen läßt.

Endlich Teil I, wieder ein offensichtliches Mischgebilde, wie R den Text bietet. Von Str. 1 war eben die Rede. Auch Str. 2 steht, nach ihren Quellenverhältnissen zu urteilen (s. o. S. 43), völlig für sich. Ob es einmal Eingangsstrophe eines Teiles gewesen ist? Auch ein Zusammenhang dieser Strophe mit den Sünderstrophen ist immerhin in Erwägung zu ziehen. Aber auch die Strophenreihe 3 bis 5 bildet offenbar noch keine ursprüngliche Einheit. Ihr Kernstück ist das Zwiegespräch zwischen Christus und den Geißlern, das in diesem strophenweis abgesetzten Dialog allem Anschein nach einem dramatischen Vorbild folgt. Aber ein unmittelbares Gegenstück habe ich weder in den deutschen geistlichen Spielen (einschließlich der dramatischen Marienklagen) noch in den italienischen Lauden feststellen können, wenn sich gerade in diesem Bezirke auch Vergleichbares bietet (s. o. S. 84 f.). Auch hier mag ein älteres Stück geißlerischen Liedbesitzes vorliegen. Die Str. 3 ist weit weniger ausgeprägt. Ihre Eingangszeilen gehören schon lange vor 1349 epischer geistlicher Dichtung an (Pfannenschmid S. 171) und halten sich bis in späte Rufe. Daß sie gelegentlich auch in Marienklagen auftreten (s. Anm.), braucht nichts für einen ursprünglichen Zusammenhang von Str. 3 und Str. 4. 5 zu besagen.

Handgreiflich ist die nachträgliche Verschmelzung alter Geißlerverse mit andersartigem Versgut in dem Schlußteil. Es ist oben (S. 86 ff.) gezeigt worden, daß hier eine Marienklage ausgepflückt ist und daß die Verse 113—116 in italienischen Marienklagen ganz nahe Entsprechungen haben. Das bedeutet freilich noch nicht, daß diese Versgruppe eine alte Einheit bildet. Zwar kennen die deutschen Marienklagen vergleichbare Formmischungen (s. Schönbach S. 4); doch scheint die Verspaare 113 f. und 115 f. ein Stilunterschied zu trennen (s. Anm.). Aber wie dem auch sei, deutlich ist, daß die Verkoppelung dieser Versreihe mit der schon 1260 überlieferten Schlageformel von V. 117 jungen Datums sein muß. Es ist unmöglich, daß diese Formel (die in R überdies ihre Reimzeile verloren hat) von Haus aus in der Mitte einer Strophe ihre Stelle hatte; das hat schon Zacher gesehen (s. u. S. 153). Sie muß anfänglich für sich bestanden oder ein Gesetz eingeleitet haben. Sonst könnte sie nicht verschiedentlich in der Überlieferung als das Kernstück des Geißlergesanges angeführt sein. Man möchte ja meinen, daß die Schlageformel auch melodisch seit alters festlag, und könnte sich von da aus zu dem Schluß gedrängt fühlen, daß die nach Melodie, Rythmus und Reimweise gleichen Verse 115 f. ad hoc hinzugedichtet seien, um die Brücke zwischen 113 f. und der Schlageformel zu bauen. Aber man beachte wohl, daß in R die Schlageformel ihren echten alten Auftakt *nu* eingebüßt hat, natürlich der Übereinstimmung mit den parallelen Zeilen zuliebe. Die Vermutung liegt sehr nahe, daß die Schlageformel ursprünglich auch melodisch die völlige Parallelität im Bau ihrer beiden Hälften anerkannte: *nu slaht uch sere / in Cristes ere.* So bleibt also der Möglichkeit Raum, daß wie die Formgebung auch die

Melodie von 115 f. aus bestimmt ist. Dann also läge nicht eine spontane Wucherung der Schlageformel vor, sondern eine Verknüpfung bereits geformter Zeilen, die durch die Ähnlichkeit ihres rythmischen Maßes begünstigt wurde.

Was endlich den Zwischenteil anlangt, so heben sich 39—42 und 43—46 fühlbar voneinander ab. Jenes Stück hat etwas Eigenständiges und hängt innerlich eng mit dem Auftreten der Geißler zusammen; dies ist allgemeingültiger, trotz dem Hinweis auf den 'gehen tot', der von Haus aus nichts mit dem großen Sterben zu tun hat (s. Anm.). Deshalb läßt sich jenes Stück nicht in eine breite gleichgeartete geistliche Phraseologie einreihen, wenn es auch an Vergleichbarem nicht fehlt; dies dagegen besteht aus lauter geläufigen Rufzeilen, die massenhaft belegbar sind (s. Anm.). Aus dem Hinweis auf die Pest darf man den Schluß ziehen, daß erst der Geißlergesang des Jahres 1349 dies Stück geformt hat. Ob aber in einem Guß, ist durchaus fraglich: 43—46 kann verflachende Längung der ausdrucksstarken Strophe 39—42 sein.

Die Geißlerbewegung dehnte sich in Süddeutschland im wesentlichen von Osten nach Westen aus (vgl. besonders die o. S. 17f. angeführte Stelle aus der Geißlerpredigt bei Closener). Danach sollte man erwarten, daß sie am Rhein um einiges später auftrat als im Schwäbischen, daß also eine in Straßburg aufgezeichnete Fassung der Lit. gegenüber einer Reutlingischen das geistliche Volkslied um einiges weiterentwickelt zeigen müßte. Das ist tatsächlich der Fall. Aber die Daten scheinen zu widersprechen: Hugo hat die Lit. im August 1349 aufgezeichnet (s. S. 106); Closeners Bericht hält sich an Geißlerscharen, die *vierzehen naht noch sungihten oder uf die mosze* (S. 105), also jedenfalls noch im Juli in Straßburg auftraten. Aber das waren offenbar die ersten Geißler, die in der Stadt eintrafen; Straßburg ist indessen sehr viel länger von fahrenden Bruderschaften heimgesucht worden. Und der zeitliche Widerspruch könnte sich so lösen, daß Closeners Dokumente über die Geißler, die Predigt wie die Lieder, entgegen seiner Angabe nicht von den ersten in Straßburg auftretenden Geißlern stammten. Es wird noch deutlich werden, daß sie keineswegs, wie sie sich geben, auf unmittelbare Beobachtung zurückgehen. Jedenfalls vertritt C in manchen Zügen greifbar eine jüngere Fassung der Lit. als R. *dûvels bot* C 72 ist neben *tiefels spot* R eine auf einem Hörfehler beruhende falsche Worttrennung, wie sie aus dem modernen Volkslied massenhaft nachzuweisen sind. Der Zusatz 11 f., äußerlich ohne weiteres als Anwuchs kenntlich, entspringt offenbar dem Bedürfnis, die Buße im technisch sakramentalen Sinn der Kirche zu vervollständigen: zur confessio oris (*bihten* 9) und satisfactio operis (*widerwegen* 8) gehörte auch die contritio cordis (*ruwen* 11). Übrigens sind wohl auch bei der Einführung von *bihten* 8 in der alten Formel *gelten und widerwegen* schon solche Gründe im Spiel. Ein primitives und wohl auch religiös besorgtes Vollständigkeitsbedürfnis traf sich hier mit dem Hang des Volksliedes zur Strophenlängung (vgl. Lied II 9 f.). O 79 f. beweist, daß es sich bei dieser Längung nicht um eine vereinzelte Variante handelt. Ebenso stellt C 66 einen längenden Zusatz dar, der am Wege lag (s. Anm.); ähnlich zeigt sich schon in R selbst die erste Strophe gelängt. Umgekehrt erscheinen vereinzelte Abbröckelungen: R 116 ist ausgefallen; auch in der Verschmelzung zweier Strophen von R (Teil III Str. 4 und 5) zu einer einzigen (C 103 ff.) wird man einen Zug natürlichen Volksliedwachstums sehen dürfen. Fraglicher ist, warum R Teil III Str. 6 fehlt; es wäre gut denkbar, daß bei dieser zweifellos ganz jungen Strophe nicht von Verlust in C, sondern von Anwuchs in R zu reden ist.

In dem natürlichen Liedleben können auch die Veränderungen der Strophenfolge bedingt sein. C zeigt die Mörder- und die Wuchererstrophe in umgekehrter Folge, doch so, daß die Mörderstrophe noch zu Teil II geschlagen ist. Wichtiger ist, daß die Versfolge C 89 ff., die in R den Schlußteil bildet, in C als Einschub in Teil III erscheint. Diese Einrückung ist deshalb so auffällig, weil der Schlußteil in R seine besondere melodische Form hat; in C würde also die Kette der Sünderstrophen mit ihrer gleichen Melodie durch ein Stück von anderem Tongang unterbrochen werden. Ob am Ende der Schlußteil von den Straßburger Geißlern auf dieselbe Melodie gebracht wurde wie die Sünderstrophen? Auch ein Irrtum der Überlieferung ist bei dem Abstand der Closenerschen Aufzeichnung von dem lebendigen Ereignis der Geißelübung (s. u. S. 142 f.) nicht ganz ausgeschlossen, aber doch wohl besser nicht in Anschlag zu bringen. Denn auf der andern Seite entspricht es doch wieder der zerstörenden Wirkung, die eine Begleiterscheinung echten Volksliedlebens ist, wenn der natürliche starke Ausklang des Gesanges von seiner Stelle gerückt wird und das Lied kraftlos verrinnt.

Weiter zeigt der Vergleich mit R mancherlei verflachende Ausgleichungen und Abschleifungen in C. So erklärt sich die abweichende Fassung des Stropheneingangs 81 f. (an 32 f. angeglichen), so wohl auch die Fassung von C 105: *Ich rat uch frowen und uch mannen*, die den ursprünglichen Vers einer stehenden Rufzeile anähnelt (s. Anm. zu R 101) und dann auch den Reim etwas verquer ändern muß; denn dies *Daz ir die hochfart laßet dannen* 'daß ihr die Hoffart beiseite laßt' sieht ganz nach einer Nothilfe aus. Über die Einebnung der Kehrreimstücke ist schon gehandelt worden (S. 132). Die Fassung von V. 9 *Der bihte rehte, lo sunde varn* könnte gegenüber dem schlichteren *Er biht und lass die sůnde varn* R als eine bewußte, literarisierende Änderung erscheinen; aber O 79 erweist wohl ihren volksliedmäßigen Ursprung. Das gleiche gilt für *ein bose geselle* C 3 (nach O 7; vgl. S. 129); das gleiche vielleicht auch für das konjunktivische *si* C 18. 29. 94: hier erweisen jüngere Rufe die Echtheit (vgl. Anm.). Noch unbedenklicher ist es in andern Fällen, die Abweichungen von C als Varianten natürlicher Volksliedentwicklung zu verstehen: leichte Ausdrucksänderungen wie *us* 26, *dis* 41, *sů dir* 63 (= O), *ein marg* 83; Umstellungen innerhalb des Verses wie in V. 68 (= O).

Aber man würde fehl gehen, wenn man alle kleinen und anscheinend unbeabsichtigten Varianten auf diesem Wege erklären wollte. Darin nämlich liegt das Eigenartige des Closenerschen Textes, daß er neben den Reutlingischen gehalten auf der einen Seite volksliedhafte Weiterbildung zeigt, auf der andern Seite aber sich als eine bewußt literarisierende Umgestaltung darstellt. Das Volkslied hat sich eine leichte Umdichtung gefallen lassen müssen; ihre Absicht war in der Hauptsache, das aus dem Rahmen fallende strophische Maß der Dreireimstrophen (R I 1, II 2 und 3) zu beseitigen und so weit wie möglich die Reimpaarstrophe durchzuführen. So wird also in Str. 1 der Dreireim zu zwei Reimpaaren gestreckt. Zu diesem Zweck muß in V. 1 der Plural eintreten: *die bußen wellen* (sonst nur noch in der Magd. Schöppenchron., s. u. S. 154), zu demselben wird V. 4 hinzugedichtet. V. 5 f. sind deutlich eine Umsetzung von R 4 f., die nur eben ein Reimpaar zuwege bringen soll; und zwar wird es ein gut elsässischer Reim. Natürlich bleibt zu erwägen, ob es sich da nicht um eine volksliedhafte Strophenmodelung handelt, zumal aus dem künstlicheren das einfachere strophische Maß wird. Aber dem steht entgegen, daß die an sich künstlich wirkenden Zeilen 4 f. sonst im geistlichen Volkslied nicht nachzuweisen sind. Immerhin, hier mag man zweifeln. Deutlicher sprechen die Änderungen in Teil II Str. 2. Hier vermochte der Bearbeiter die Reimpaarstrophe nur zu gewinnen durch Einfügung zweier leerer Flickverse: 56 *Er sprach zu in vil senedeclichen* und 59 *Daz wißent sicher one wan.* Beide Zeilen schmecken nach Literatur, nicht nach volksliedhaften Ergänzungen. Die Str. II 3 freilich hat ihren Dreireim behalten: hier war, schon aus syntaktischen Gründen, eine Änderung recht schwer. Gleichwohl ist die Strophe gegenüber R symmetrisch geworden, insofern auf den ersten Dreireim ein zweiter folgt. Aber das braucht nicht notwendig auf das bewußte Eingreifen eines Redaktors zurückgeführt zu werden. Denn V. 66 sieht nach volksliedhaftem Anwuchs aus (s. S. 121, Anm. zu 60—62), und V. 67, durchaus volksliedhaft (vgl. Lied II 18), war als abrundender Kehrreim nicht zu entbehren [1]).

Sehr deutlich verrät sich die künstlich glättende Hand, die über das lebendige Volkslied gekommen ist, in der Tatsache, daß der Closenersche Text nur noch reine Reime kennt; denn inf. *reche* 69 (: *brechen*) ist bestimmt nur ein Schreibfehler. Wenn dabei in V. 35, ursprünglich *Des mußent ir in die helle varn* (: *gar*), das Reimwort *varn* papieren durch *dar* ersetzt wird, so bleibt kein Zweifel an dem künstlichen Charakter einer solchen Änderung. Es ist auch nicht daran zu denken, wie man auf Grund von V. 70 und V. 89 vielleicht annehmen könnte, daß diese Ausgleichungen erst auf die Rechnung des letzten Abschreibers kämen. Es wäre merkwürdig, wenn der Nachbesserer sich auf die Bereinigung des Reims beschränkt und nicht auch sonst an harten Stellen eingegriffen haben sollte.

Zum Glück sind wir hier nicht auf das bloße Stil- und Sprachgefühl angewiesen, sondern haben in dem Texte O

[1]) Abwegig ist die Vermutung Hoffmanns von Fall., der nach V. 66 Ausfall eines Verses annimmt, Kirchenl. S. 139 Anm.

einen objektiven Zeugen; und dieser Zeuge sagt fast überall, wo sich bei C der Verdacht eines glättenden, literarisierenden Eingriffs regt, gegen den Closenerschen Text aus und stellt sich neben R. So ist das grammatisch einwandfreie *irn sun den sußen* 62 unecht, volksliedhaft ist *ir kint so sôssen* R (wobei als Ausgangsform von *sôssen* offenbar *sôsse* anzunehmen ist). Ähnlich *eins speres stich* 23 gegen *ain sper, ainn stich* RO. Auch weniger sprechende Fälle gewinnen von den sicheren aus gesehen Bedeutung: *von blute rot* C 15, *des bluotes* RO; *erhangen* C 14, *gehangen* RO; *si* C 18, *ist* RO; *nu brechen* C 68, *zerbrechen* RO; *allen geliche* C 55, *all* RO; *iemer me* C 85, *ewec-lich* RO. Bei rythmischen Unterschieden dasselbe Bild: Wortumstellungen zum Zwecke glatteren Wechseltons in C 25. 51 gegen RO. Auch die metrisch belanglose Umstellung in V. 33. 82 C (der übrigens eine ganz gleichartige in V. 76 entspricht) wird nunmehr verdächtig, wo wir wieder R 30 und O 85 in der schlichteren Stellung *Ir sint dem lieben got ummere* zusammengehen sehen. Dasselbe gilt für eine Reihe von Versen, wo Zusatz oder Unterdrückung von Formwörtern den Auftakt beeinflußt: V. 38 und 71 weisen in C, was den Auftakt anlangt, Gleichläufigkeit des Reimpaars auf, gegen RO. Anders freilich V. 63, wo die Fassung von C durch O gestützt wird, und V. 100, wo ohne Zweifel der echte Auftakt von C beseitigt ist, aber nicht aus rythmischen, sondern aus logischen Gründen. Überhaupt hat man den Eindruck, daß dem Aufzeichner dieses Textes an der stilistischen Form sehr viel mehr als an der rythmischen gelegen war.

Darin nämlich liegt innerlich der größte Unterschied von R und C, daß Hugo von Reutlingen ein gesungenes Lied zur Aufzeichnung bringen wollte, während Closeners Text keinerlei Rücksicht auf eine Melodie nimmt. Diesem Texte kommt es auf die unverkürzten Wortformen, auf das glatte Lesebild, nicht auf das Liedgerechte der Aufzeichnung an. Ihn kümmert die Silbenzahl der Takte und der Verse nicht, die von R so ernsthaft beachtet wird: zehnsilbige Verse sind nicht selten; V. 68 bringt es gar auf zwölf. So wären also vielfach mehr oder weniger starke Modelungen des Schriftbildes nötig, um den Anschluß an die melodische Phrase von R zu gewinnen. Und einzelne Verse lassen sich überhaupt nicht mehr oder nur noch gewaltsam auf die Melodie von R bringen; so V. 5, wo von dem Bau der b-Zeilen in R aus geurteilt *Wand ér hetté / daz béch ze lón* ebenso unglaubhaft ist wie *Wánd er hét / daz béch ze lón*, weil dieser Zeile nie der Auftakt fehlt und nach der musikalischen Figur nicht fehlen darf. Ähnlich liegen die Dinge in V. 100 (*Zwar der můße in der helle pin*) *Eweklich verloren sin*, wo der Auftakt *und* vor *eweklich* vom Standpunkt einer auf einen glatten Lesetext hinsteuernden Redaktion anstößig sein mochte, musikalisch aber nicht zu entbehren ist. Eine ähnliche Änderung, die den Text 'bessern' will, sich aber mit seiner alten melodischen Form in Widerspruch setzt, in V. 75 [1]). Besonders greifbar wird das Verzerrende der Überarbeitung, wenn man die melodische Form zum Maßstab nimmt, an dem Zwischenteil, V. 40 ff. Die Herstellung der Vollformen *hende, arme* usw. im Reim ist mit dem musikalischen Satz von R nicht in Einklang zu bringen. Äußerer Gleichmäßigkeit zuliebe wird der klingende Reim auch noch in dem Reimpaar 44 f. eingeführt, ohne Not. Und erst V. 46 f. bricht die ursprüngliche Form wieder durch. Nun ist freilich eine offene Frage, wieweit wir berechtigt sind, den Closenerschen Text mit dem Maße der für R überlieferten Melodien zu messen. Es wäre an sich denkbar, daß auch die melodischen Formen der Geißlerliturgie sich allmählich abgeschliffen und vereinfacht hätten, namentlich was die musikalischen Sonderformen des Zwischenstücks und des Schlußteils anlangt. Aber diese Frage, die nur neue Funde klären könnten, darf für unsere Zwecke beiseite bleiben.

Das jedenfalls kann keinem Zweifel unterliegen, daß uns Closener kein wirkliches Volkslied mehr gibt, sondern ein literarisiertes. Seine Aufzeichnung folgt nicht mehr einem gehörten Text, sondern einem geschriebenen und will auch nur ein lesbares Stück Literatur liefern. Gewiß kann zweifelhaft sein, auf welcher Stufe der Überlieferung die Literarisierung erfolgte. Der handschriftlichen Weitergabe der Closenerschen Chronik wird man sie nicht zur Last legen. Denn unsere Kenntnis der Chronik fußt auf einer sauberen Abschrift des Originals, so darf man mit Hegel (Ausg., Einl. S. 13) annehmen. Wir lesen die Liturgie in allem wesentlichen also offenbar in der Fassung, die Closener ihr gegeben hat. Aber als er in den

[1]) Auch V. 43 ist in der Fassung von C melodisch anstößig, wird aber durch O gestützt.

Jahren um 1360 an dem Werk schrieb, hatte er ein Konzept mit den Geißlerliedern vor sich. Der eigentümliche Fehler *erklūget die steine* 89, den man vielleicht durch Verlesung von *erklůbēt* deuten darf, geht möglicherweise bis auf dies Konzept zurück; auch *ir* 105 würde sich am leichtesten als aus *iv* verlesen erklären; vgl. überdies die nicht wenigen Wortauslassungen, zumal einen Fall wie *Die* [*erde*] *erbidemet* 89. Eine schriftliche Aufzeichnung älteren Datums, so also lautet die wahrscheinlichste Annahme, hat Closener schriftstellerisch überarbeitet.

Sein Text, nach dem man allgemein bislang die Geißlerliturgie beurteilte, hat also hinter dem Hugos von Reutlingen zurückzutreten.

Der Text O ist ein höchst wertvolles Zeugnis für die Wachstums- und Wandlungserscheinungen eines mittelalterlichen Volksliedes echtester Art. Es fehlen genaue Daten darüber, wann die Geißler in Westfalen aufgetreten sind. Aber nach dem geographischen Gesamtbilde, das die vom deutschen Südosten her sich ausbreitende Bewegung gewährt, darf man annehmen, daß Westfalen erst verhältnismäßig spät von den Geißlerzügen betroffen worden ist. Es ist also nicht nur verständlich, sondern fast zu erwarten, wenn sich in einer westfälischen Aufzeichnung die Liturgie volksliedhaft weitergebildet zeigt. Es fragt sich aber, ob die starke Modelung, in der der Text O die alte oberdeutsche Liturgie darstellt, sich allein aus dem langen Wege erklären läßt, den das Lied bis nach Westfalen zu machen hatte. Auch die Tatsache, daß es von hochdeutschen an niederdeutsche Zungen weitergegeben wurde, reicht nicht aus, um seine Wandlungen zu erklären. Vielmehr macht sich der Gedanke geltend, ob wir hier nicht schon eine Aufzeichnung aus dem Stadium der sinkenden Geißlerbewegung vor uns haben: wenigstens entspricht es dem äußeren Zustande des Liedes, wenn auch innerlich ein Absinken in eine andere Ebene spürbar wird.

Vergleicht man den Text O mit R und C, so zeigt sich, daß er zwischen den beiden besseren Texten mitteninne steht, doch so, daß sich bei Abweichungen im einzelnen O etwa doppelt so oft zu R stellt wie zu C. Aber nur ein grober Blick könnte sich bei der Annahme beruhigen, daß der Text O allein von der Grundlage von R und C aus zu verstehen sei. Trotz mannigfacher Zerstörung weist O vielmehr einige Züge auf, die offensichtlich echt und alt sind und ihm neben R und C den Wert einer Sonderüberlieferung geben. Schon die Umstellung von Str. 1 und 2 bewahrt möglicherweise die Erinnerung an eine Form des Geißlerliedes, die wie O einsetzte (s. o. S. 135). Zweifelsfrei ist der Vorrang von O in den Versen 37 ff.: O ist von den drei Gesamttexten der Lit. der einzige, der die Schlageformel vollständig überliefert hat. Zu erwägen wäre auch, ob die Zusammenrückung der Lügner-, Wucherer- und Mörderstrophe in O (78—87) nicht auf einen Text weist, der genetisch älter ist als RC. Aber hier ist wohl eher etwas anderes im Spiel.

Das ist nämlich von besonderem Interesse bei diesem zersungenen Text, wie neben Entstellung und Aushöhlung auch ein geheimes Ordnungsstreben am Werke ist. Deshalb die Anfügung des Schlußteils von R an Abschnitt I, die Kreuzigungsszene (31—40); deshalb die Zusammenrückung der beiden Ehestrophen (56 ff. 62 ff.); deshalb möglicherweise auch die Verkoppelung der drei Sünderstrophen 78—87. Aber freilich, was das Bild beherrscht, ist Verderbnis und Verlust. Am eigenartigsten ist das Fehlen der kehrreimartigen Strophenschlüsse. Sie mangeln ebenso den Dreireimstrophen 70 ff. 74 ff. des ursprünglichen Teils II wie den Sünderstrophen 78 ff. des ursprünglichen Teils III; in Teil I sind die Dinge weniger klar. Der Text O ist ganz deutlich auf vierzeilige Strophen aus; und fast könnte es scheinen, als seien hier die Vierzeiler erhalten, die oben S. 131 als strophisches Grundmaß ebenso für Teil II, die Maria-Christus-Strophen, wie für Teil III, die Sünderstrophen, gefordert wurden. Aber der Schein trügt. Nicht nur, daß gelegentlich Kehrreimzeilen übernommen sind (10 f. 25 f. 61), sie müssen vereinzelt auch dazu dienen, den ausgehöhlten oder sonst unvollständigen Vierzeiler aufzufüllen (4. 87. 98 f.). Also das eigentümliche Schauspiel, das die volksliedhafte Schrumpfung der Strophen zu den einfachen Formen des Ausgangs zurückgeführt hat.

Betrachten wir nun nach der Strophenfolge der Lit. die sonstigen Zeichen der Zersungenheit, so ist gleich die erste Strophe ein Schulbeispiel für die äußere und innere Aushöhlung. Das Gefüge und die Stichworte dieser geißlerischen Programmstrophe sind gutenteils aufgegeben; was als Ersatz dient, hier wie in anderen Strophen, ist alltägliches Versgut, mit Vorliebe aus der Sphäre des Rufes. Über die *sele* 3 s. u. S. 148. — Die Änderung in Str. 2 V. 8 läßt es als fraglich erscheinen, ob für diese Fassung noch der alte zwiegeteilte melodische Satz galt, der gleiches Maß der beiden Vershälften voraussetzt (vgl. auch die Beseitigung des alten Binnenreims in V. 9); an sich war die Zeile eine gängige Variante, vgl. *wen he hat, mit beche er in labet* Limb. Chron. (s. u. S. 150). Der Kehrreim 10 f. ist wohl herbeigezogen durch das Bedürfnis, einen Reim zu V. 9 zu gewinnen. — Str. 3 V. 15 *sin marter* Abschleifung statt *gotes marter*, wenn nicht *sin* ursprünglicher sein sollte, s. o. S. 128. — In Str. 5 sind sinnlos zwei Kehrreimzeilen in die Mitte des Vierzeilers geschoben. — Die gedankliche Assoziation, die mit Str. 6 Maria ins Spiel zieht, ist verständlich: die Mutter Gottes hat ihren festen Platz in einer Szene, die Christus am Kreuz zeigt. Daß das aber nachträgliche Zutat ist, erhellt daraus, wie roh der Einschub ist: der bekannte zweizeilige Ruf wurde zu einer vierzeiligen Strophe gedehnt. — V. 31 f. mag als ein Ausruf Mariens verstanden worden sein, wie es der ursprüngliche Sinn der Zeilen ist (s. o. S. 186); *lebe hertz* 32 statt *ir hertů herz* Abschleifung. — 33 ff. ist in jedem Fall die Antwort auf den Zuruf V. 32, mit völliger Verkehrung der ursprünglichen Zielrichtung. Das kunstvolle Verspaar R 115 f. mit seinen Binnenreimen ist wieder zu einer vierzeiligen Strophe gestreckt, auf recht grobe Art; 36 ist nach 19 gebildet. — 37 ff. erhält die Schlageformel ihren eigenen strophischen Einsatz; damit wird wieder ein ursprünglicher Zustand hergestellt (s. u. S. 153). Aber sicherlich nur nachträglich hergestellt, nicht etwa seit alters bewahrt. Denn die Auffüllung dieser Sonderstrophe zum Vierzeiler geschieht ähnlich wie bei der vorhergehenden mit Hilfe von Anleihen innerhalb der Lit. selbst: V. 39 stammt aus der Hoffartstrophe (vgl. V. 68); der gleiche Verseingang *Dor god nu latet* ... rief sie herbei. Die Limb. Chron. zeigt mit der Zeile *Dorch Got so laßet di hoffart faren* eine ältere Entwicklungsstufe. Diese Zeile, erinnerungsmäßig vermengt mit Z. 8 von R, ergab die Fassung von O. — Höchst eigenartig ist in der Str. 41 ff. der Anwuchs von V. 45. Die Beziehung auf die Himmelspredigt ist klar: ihr Kern ist ja Christi Entschluß, in kurzem die Welt zu verderben, von dem die Fürbitte Mariens und der Engel ihn abbringt. Es wäre verlockend, in dem Reimpaar den Rest einer Strophe zu sehen, die die Gruppe der Dreireimstrophen ergänzte, in der diese Kernsituation des Himmelsbriefes geschildert war (s. o. S. 135). Aber näher scheint mir die Annahme zu liegen, daß wir in diesem Anwuchs einen Versuch zu sehen haben, die Stabat-mater-Strophe formal anzugleichen an die Strophen des zweiten Teiles der Lit., mit denen sie zusammengeraten war. Das setzt natürlich voraus, daß die Strophe 'Maria stûnt' noch (wie in RC) mit den Strophen 'Cristus rief' und 'Maria bat' zusammenstand, als die Längung erfolgte. — 46—49 sind sechs ursprüngliche Zeilen zu einer wieder vierzeiligen Strophe zusammengezogen worden; von den gleichlaufenden Reimpaaren R 39 f. und 41 f. ist bezeichnenderweise das trivialere geblieben. — Die Strophe 50 ff. zeigt eine schwer deutbare Verlängerung. Die Verse 54 f. sind wohl elliptisch zu verstehen: '(wir bitten), daß er seinen Geist sende und uns das (nämlich die Befreiung vom jähen Tod) bald gewähre'. Anscheinend ein Anklang an die Predigt: *ist daz ir behaltent minen heiligen sunnendag und minen fritag, daz ich üch gelobet habe, daz leist ich üch vollekliche* Clos. 115, 7f. Vielleicht Reste einer vierzeiligen Strophe. Bei dem Vers 51 *Nu make uns hir van sunden vry* wirkt deutlich das Lautbild der ursprünglicheren Fassung nach: *Du mach uns, herre, vor sünden vri* RC. — Die Strophe 62—69 folgt als ganzes dem Vorbild eines Textes wie C, nicht wie R. Es versteht sich, daß deshalb auch V. 65 *Dor god gy solen hovard annen* von C 106 aus (*Daz ir die hochfart laßet dannen*) zu deuten ist; das Mittelglied bildete offenbar eine Fassung *Daz ir lat die hochvart dannen.* Also wieder ein aus der gesungenen Weitergabe des Liedes zu erklärender Hörfehler (vgl. *düvels bot* C S. 138). Die Frage ist nur, ob für die niederdeutschen Sänger das *annen* ein sinnloser Sprachbrocken war (derlei ist in stark zersungenen modernen Volksliedern nicht ungewöhnlich), oder ob sie einen Sinn mit dem Wort verbanden. Hoffmann v. Fall. Kirchenl. S. 148 versteht es als *anden*, und so mag es mancher Sänger genommen haben, obgleich die übliche juristische Verwendung dieses Verbums im Sinne 'strafen, rächen' nur gezwungen in den Zusammenhang des Verses paßt [1]). Auch zu *ânen* konnte

[1]) Unter den zahlreichen Belegen, die mir Agathe Lasch freundlicherweise nachgewiesen hat, ist keiner, der die Ausdrucksweise als einigermaßen sprachgerecht erscheinen lassen könnte.

die Form umgedeutet werden. Die Aufschwellung 66 f., die man vielleicht wieder aus dem Bedürfnis nach vierzeiligen Strophen erklären darf, verdankt ihren zweiten Vers einer Anleihe bei V. 38. — V. 73 *och se* statt *die welt* RC Abschleifung. — V. 74 müßte *so sere* ebenfalls als Abschleifung genommen werden, — wenn nicht vielleicht eine schriftliche Zwischenstufe im Spiele ist: *sere* und *sote* stehen sich graphisch verdächtig nahe. — In den beiden ersten der mit 78 beginnenden Sünderstrophen fehlt die zweite Zeile; das ist kaum bloß ein Doppelfehler der Aufzeichnung. Die dritte Strophe hat die entsprechende Zeile, aber bezeichnenderweise in der trivialsten der Fassungen, die vollständigere Texte hier boten. — V. 79 (condicional zu nehmen) ist ganz zersungen: in *Gi bichten reyne* scheint das echte *Ir bihtend dhaine sunde gar* R 31 C 34 nachzuklingen; aber mit der Fortführung *und lan de sunde uch ruwen* biegt der Text von O ein in die in anderem Zusammenhang stehende Zeile C 11: *Der bihte rehte, lo sünde ruwen;* auch für das *reyne* mag die Zeilenmischung noch verantwortlich sein, die wohl eine Wortmischung *dhaine* und *rehte* zur Folge haben konnte. Auch der Reimvers 80 stammt aus jener fremden Stelle, in der C 12 ihn bringt. — V. 82 vereinfacht und verschärft zugleich die ursprüngliche Fassung (R 75): 'du vermehrst durch den Wucher ein Lot zum Pfunde'. — Die Mörderstrophe (84—87) ist deutlich geschrumpft aus einer Fassung mit Kehrreim (vgl. R 81—85).

Aufs ganze gesehen sind die Bestandteile der älteren Fassungen gut bewahrt, wenn auch in sich gekürzt und gemodelt. Es fehlt die Freitagstrophe (R 89 ff.), die offensichtlich ursprünglich ist, aber von vornherein aus dem Kreis der Sünderstrophen etwas herausfiel. Es fehlt auch die rekapitulierende Strophe, die R an den Schluß von Teil III stellt (107 ff.). Schon oben S. 134 wurde vermutet, daß hier R eine jüngere Zutat bietet; der Text O stützt diese Annahme. Auch O hat allerdings nach den Sünderstrophen eine Art abschließend-zusammenfassender Strophe: *Were dusse bote nicht geworden, De cristenheit wer gar vorswunden* usw. 88ff.[1]), aber sie ist von jener Schlußstrophe in R bedeutungsvoll unterschieden: dort eine ins ein-

[1]) Hoffmann v. Fall. Kirchenl. S. 148 verkennt völlig den volksliedhaften Charakter dieser Strophe, wenn er ihr mit starken Eingriffen zwei reine Reime geben will.

zelne gehende und an den einzelnen sich richtende Erinnerung, die die Stichworte, fast darf man sagen: die technischen Begriffe der Geißelbuße noch einmal zu Gehör bringt, hier eine allgemein gehaltene, in ausgesprochen volksliedhafte Form (s. Anm.) gebrachte Zusammenfassung, die von der Christenheit im ganzen handelt und ganz paßrecht in ein landläufiges Bild für ihre Sündenverderbnis übergeht (90). Die Haltung dieser Strophe weist den Weg zu den tieferen Unterschieden, die die innerlich jüngste Fassung der Lit., den Text O, von den andern beiden sondern. Die Lit. hat in O etwas von dem korporativen Charakter abgestreift, der den Geißlerverband als eine Heilsgemeinschaft abhebt innerhalb der Christenheit. Das Lied schwächt hie und da die geißlerischen Akzente ab und beginnt sich auch innerlich der Haltung der allgemeingültigen Leise anzuähneln. Sehr bezeichnend ist schon die Verblassung der Eingangsstrophe: nicht mehr *Der unser buoze welle pflegen* sondern *Swe siner sele wille pleghen.* Die *sele* muß auch in V. 3 geißlerische Formulierungen vertreten; die *arme sele* kommt auch V. 66 noch einmal zum Wort. Vereinzelt sind bedeutsame Spitzen des Ausdrucks abgestumpft: *lebe hertze* 32 statt *ir hertů herz* R 114. Der eine Hinweis auf den Anlaß der Geißelfahrt ist gefallen (R 40). Statt dessen ist die Hoffartstrophe ausgeweitet, Mariens Rolle ist verstärkt. Aus der Fürsprecherin, die in einem Sonderfall Christi Zorn besänftigen soll (so meint es nach dem Muster des Himmelsbriefes von Haus aus die Lit.), wird sie fühlbar wieder die Helferin der Litanei, deren Beistand der Mensch für sein letztes Stündlein anruft. Am deutlichsten sprechen für dieses Einlenken der Liturgie in die Bahn des allgemeinen Leises die beiden letzten Strophen, die möglicherweise ein Anwuchs jüngster Schicht sind, so daß also der in O bewahrte Text vielleicht einmal mit V. 91 geschlossen hat. Diese Strophen haben nichts Geißlerisches mehr, sie könnten jedes Bittfahrtlied beschließen.

Nach alledem kann kein Zweifel sein, daß es in allem wesentlichen wirklich organische Volksliedentwicklung ist, die die textlichen Unterschiede zwischen O und RC geschaffen hat. Es ist nicht etwa so, — wie man auch nach der Art der Überlieferung von O zunächst vielleicht annehmen könnte —, daß das unsichere Gedächtnis des Aufzeichnenden oder seines Gewährsmannes für die Veränderungen und Lücken des Textes O verantwortlich zu machen wäre. Das könnte höchstens für Einzelheiten gelten. Damit ist ein Anhalt gegeben für die Beantwortung einer weiteren wichtigen Frage, die der Text O stellt: Wie steht es um die Aufteilung der Liturgie? Wo sind die Einschnitte zu machen, bei denen der Geißelumgang unterbrochen und die genuflexio mit den zugehörigen Versen eingelegt wurde? Mit dieser Frage verbindet sich die andere: Wie steht es mit der, gegen RC gehalten, sonderbaren Strophenfolge in dem mittleren Teile der Form O, von V. 41 bis 77? Daß erst bei der Aufzeichnung die scheinbare Durcheinanderwürfelung der Strophen erfolgt sei, wird man nicht annehmen dürfen: offenbar haben wir es mit einer wirklich gesungenen Folge zu tun. Anderseits sind die Absatzzeichen bedeutungslos, die die Hs. vor V. 10. 25. 41. 92 bringt; sie sind bis auf die letzte Stelle (wo ein Versehen vorliegen mag, vgl. V. 91) stets durch den Namen *Maria* bestimmt. Wie O überliefert ist, müßte man die Marienstrophe 41 ff. noch zu Teil I schlagen; als Grenze zwischen Teil II und III wäre offenbar V. 77 anzusetzen. Damit wäre dem Teil I der starke Ausklang genommen, den er in der Schlageformel 37 ff. hätte. Aber unverständlich bliebe diese Einreihung der Marienstrophe nicht: sie hätte sich zu dem Passionsteile gefunden, zu dem ihr Inhalt sie zu weisen scheint. Man wird schwerlich sagen dürfen 'zurückgefunden', so daß also O hier eine ursprünglichere Strophenzusammenstellung bewahrt hätte als RC; denn der Ausgang, V. 45, rückt die Strophe eben doch mit Str. 70 ff. und 74 ff. zusammen, also in Teil II. Es bleibt demnach, allem Augenschein entgegen, die Möglichkeit, daß O eine späte Form der dreiteiligen Liturgie auch in ihrer Strophenfolge getreu aufgezeichnet hat. Teil II freilich, der nunmehr mit der Ehestrophe einsetzt, mit der er in RC schließt, hat bei der Strophenverrückung stark gelitten, weil ihm der unterscheidende Eingang genommen ist und das Zwiegespräch Christus-Maria, der Kern dieses Stückes, in den Hintergrund geschoben wird.

Ein Wort noch über die Verse 31—40, die in R, mit besonderem melodischen Satz versehen, den ausdrucksvollen Schluß des ganzen bilden, in O in die Schlußpartie von Teil I eingeschoben sind. Auch in C sind die Verse von ihrer absatzschließenden Stellung fortgenommen und, greifbar verkehrt, ins Innere von Teil III gerückt. Schon bei C konnte vermutet werden (s. o. S. 138), daß diese Versgruppe ihren eigenen Tonsatz aufgegeben und die Melodie der Sünderstrophen angenommen hatte. In O verstärkt sich der Verdacht, daß die Melodie zum mindesten nicht mehr dieselbe war, wie sie Hugo von Reutlingen aufgezeichnet hat. Die Auseinanderziehung der knappen auftaktlosen Verse R 115—117 mit ihren Binnenreimen zu zwei vierzeiligen Strophen, die sämtlich Auftakt zeigen, ist ohne Zweifel auch von einer musikalischen Umsetzung begleitet gewesen. Freilich haben diese Strophen durchweg klingenden Ausgang (wie die vor ihnen eingeschobene Marienstrophe 27—30, mit der sie sicherlich musikalisch gleichliefen). Die übrigen Strophen lassen dagegen noch, wenn auch mehr oder minder verwischt, die alte echte Teilung erkennen: klingender Stropheneingang, stumpfer Strophenausgang; eine Teilung, die nach Hugo von Reutlingen von verschiedenem melodischen Satze begleitet und begründet war. Genaueres wird sich über die musikalische Gestalt des späten Textes von O kaum je sagen lassen; aber das darf man mit Grund vermuten, daß der Reichtum an melodischen Formen, den die Lit. bei Hugo von Reutlingen aufweist, allmählich mehr und mehr vermindert worden ist.

Nebenquellen.

Die Fassung der Limburger Chronik.

Ausgabe von Wyss (Mon. Germ., Deutsche Chroniken VI 1) S. 32, 5:
Unde gingen umb den kirchob zwene unde zwene bi einander in einer processien, als man plihet umb di kirchen zu gan, unde songen, unde ir iglich slug sich selber mit siner geiseln . . . unde drugen cruze, kerzen unde fanen vur, unde ir sang was also, wanne si umbgingen:

1 *Tredet herzu, wer bußen welle,*
so flihen wir di heißen helle.
Lucifer ist bose geselle,
wen he hat,
mit beche er in labet.

Des was noch me. Unde in dem final des sanges songen si:

6 *Jhesus wart gelabet mit gallen,*
Des sollen wir an ein cruze fallen.

So knieten si alle nider unde slugen alle cruzewise mit ußgeracten armen unde henden uf di erden unde lagen alda. Unde hatten under sich gemachet ein groß vurderplich dorheit unde woneten, iz were gut: Mit namen wanne si gefallen waren, wer da under in was der sin e gebrochen hatte, der lachte sich uf sine site, daz man solde sehen, daz he ein ebrecher were. Unde wer ein mort getan hatte, . . . der wante sich umb und lachte sich uf sinen rucke usw.

Wyss S. 33, 26: *Vortme wanne di geiseler also gefallen hatten als vur geschreben stet, so lagen si uf der erden, bit daz man wol mochte funf paternoster gesprochen haben. Da qwamen zwene, di hatten si zu meistern gekoren, unde gaben iglichem einen streich mit der geiseln unde sprachen also: Stant uf, daz dir Got alle dine sunde vurgebe! So stonden si uf ire knie. Di meister unde di senger songen in vor:*

Nu recket uf di uwer hende,
daz Got daz große sterben wende;
nu recket uf di uwer arme,
daz sich Got ober uns irbarme!

Unde da rachten si uf alle ire armen cruzewis, unde iglich slug sich vur sin brost dri slege oder vir unde huben aber an zu singen:

Nu slaget uch sere
dorch Cristes ere!
Dorch Got so laßet di hoffart faren,
so wel sich Got ober uns irbarmen.

So stonden si uf unde gingen wider umb unde slugen sich mit den geiseln, daz man jamer an irme libe sach.

Die Fassung der Lit., die die Limb. Chron. in diesen schmalen Bruchstücken überliefert, ist wichtig, obgleich die Fragmente dürftig sind und die Zuverlässigkeit der Aufzeichnung fraglich erscheint. Denn der Verfasser, Tilemann Elhen von Wolfhagen, ist 1348 geboren [1] und hat nach eigener Angabe erst 1378 begonnen, historische Aufzeichnungen zu machen. Da die entsprechende Notiz unmittelbar dem Bericht über die Geißler vorangeht (Kap. 13), könnte man annehmen, daß Tilemann sich bei der Abfassung der Chronik gerade für die Geißlerkapitel auf Aufzeichnungen stützte, die bis zu jenem Zeitpunkt zurückgingen. In jedem Falle hat er erst lange Jahre nach den Geißlerfahrten durch Hörensagen von ihnen Kunde erhalten. Bedeutung hat gewiß der zweimalige Hinweis auf Westfalen [2], und diese Bedeutung geht wohl darüber hinaus, daß der Geburtsort Tilemanns, Wolfhagen, der Grenze des Westfälischen nahe lag [3]. Aber so ausführlich und

---

[1] Vgl. Gottfr. Zedler, Zur Erklärung und Textkritik der Limb. Chr., Münch. Museum 5 (1929), 222.

[2] *Unde wart der mancher vurdarft unde gehangen in Westfalen unde anderswo, unde worden vurwiset von dem rade da inne si geseßen hatten, nach dem als sich daz geheischet, in Westfalen unde anderswo.* Limb. Chron. S. 33

[3] Es finden sich in der Limb. Chron. Berührungen mit Heinrich von Herford: *Unde wo si qwamen vur eine stat, da gingen si in einer processien zwene unde zwene bit einander bit in di kirchen; unde hatten hude uf, darane*

ins kleine gehend die Schilderung ist, die Tilemann seinen Gewährsleuten verdankt, sie erweckt durch gewisse Unstimmigkeiten Verdacht. Nach Closener warfen sich die Geißler am Anfang und Schluß der ganzen Bußhandlung zu Boden in Haltungen, die die von den einzelnen zu büßenden Todsünden andeuten sollten, um alsdann von ihrem Führer durch Spruch und Geißelschlag absolviert zu werden; in den Zwischenteilen der Lit. dagegen warfen sie sich, wie der Text es andeutet, einfach mit kreuzweis gespreizten Armen zu Boden, um im Anschluß daran auf den Knien um Abwendung des großen Sterbens zu bitten. Nach dem Bericht der Limb. Chron. ist beides vermengt; der Absolutionsakt ist also in die genuflexio hineingeschoben, so schwer das aus der Situation heraus vorstellbar ist. An sich ist natürlich mit einer Weiterentwicklung auch im äußeren Zeremoniell der Lit. zu rechnen; es läge dann hier eine Kontaminationserscheinung vor, gewissen Vorgängen in der Volksliedentwicklung vergleichbar. Aber näher liegt es, mit einer Verwirrung zu rechnen, die erst in der Überlieferung hervorgerufen worden ist.

Was den Text der Fragmente anlangt, so lassen sie auf eine Fassung der Lit. schließen, die, wie geographisch zu erwarten, zwischen den oberdeutschen und der niederdeutschen mitteninne stand, doch so daß sie sich mehr zu O als zu RC stellt. Die Fassung von V. 4 könnte wie eine Ableitung aus dem Nd. erscheinen (Reim *havet: lavet*), doch s. o. S. 145; die Verse 14 f. dagegen stellen offenbar eine Vorstufe von O 39 f. dar,

---

stunden vorne roden cruze, unde iglicher furte sine geiseln vur ime hangen unde songen ire leisen. Dann folgen einige genauere Angaben über die Leise, die dem musikalisch interessierten Tilemann nahe lagen, und unmittelbar danach geht es weiter: *Unde wanne si in di kirchen qwamen, di daden si zu unde daden ire kleider uß bit uf ire niderkleit* usw. S. 31, 21 ff., 32, 2 ff.; vgl. *sed cum ad civitates, urbes et villas magnas et opida venissent, processionaliter incedebant, caputio vel pileo parum ad frontem velandam protracto, tristibusque et demissis oculis, per plateas, cum cantu devoto dulcique melodia. Et sic ecclesiam intrantes, claudunt eam super se, vestes deponentes, sub custodia ponunt* usw. Liber de reb. memorab. S. 281. Das ist doch wohl mehr als ein 'leichter Anklang' (Wyss S. 14) und scheint irgendwie auf quellenmäßigen Zusammenhang zu deuten. Die Bindung des Geißelumgangs an die Kirche, um die herum die Prozession sich bewegte, hebt den Bericht der Texte Limb. und O von RC ab. Anderseits erinnert Limb. bei der Schilderung der genuflexio wieder an C: erst knien die Geißler nieder, dann werfen sie sich kreuzweis zur Erde S. 32, 18; betont anders bei Heinrich von Herford.

s. o. S. 145. Vielleicht besteht sogar noch ein volksliedhaft zu erklärender Zusammenhang zwischen *So flihen wir* und *Vle wi io* O 6: *so* und *io* sind nach RC überschüssig. Das doppelte *recket* 8 und 10 weist nach R.

Aber die eigentliche Bedeutung der Fragmente liegt jenseits solcher Einzelheiten. Hier allein in der gesamten Überlieferung steht die Schlageformel in einem Zusammenhang, der einzig, wie es scheint, sie zu ihrem Rechte kommen läßt. Schon Zacher hat (Ersch-Gruber, Realenzykl. I 56, 252) mit Grund darauf hingewiesen, daß diese Formel nicht von Haus aus 'eine so untergeordnete, die Wirkung abschwächende Stelle' eingenommen haben könne, wie O und C sie ihr geben. In R kommt sie besser zur Geltung. Aber unstreitig muß ihr eigentlicher Platz bei einem Höhepunkt der Bußhandlung zu suchen sein, das wäre in der Liturgie von 1349 freilich die genuflexio. Zacher meint deshalb, daß die Limb. Chron. gegenüber den andern Texten das Ursprünglichere zeigt, wenn sie die Schlageformel an den Schluß der Zwischenhandlung, der genuflexio, rückt. Aber so einleuchtend das auf den ersten Blick scheint, es kann nicht zutreffen. Denn der Kompilationscharakter ist handgreiflich, den gerade dies Stück der Geißelübung nach Tilemanns Bericht aufweist, mag nun die lebendige Entwicklung der Bußhandlung zu dieser Kompilation geführt haben oder mag sie, was wahrscheinlicher ist, einfach auf die Rechnung einer verwirrenden Überlieferung kommen. Bestenfalls also hat sich, von Fassungen der Liturgie aus wie sie in RCO vorliegen, die Schlageformel einen Platz in der Zeremonie erobert, der ihrer ursprünglichen Rolle gemäßer war als die Einkapselung in RC. Dann wäre wieder jenes 'geheime Ordnungsstreben' am Werk, das die Weiterbildung des Textes in O fühlbar beeinflußte (wie ja schon in O die Schlageformel sich aus ihrer Umhüllung zu befreien beginnt). Aber daß hier eine Fassung der Lit. im Hintergrunde steht, die genetisch vor RC (und O) zu setzen wäre, ist abzulehnen.

Mit der Lit. war nach verschiedenen Berichten eine Absolution durch die Oberen der Geißler verbunden. Wie Closener meldet, fand sie auch statt, wenn ein Geißler sich gegen die Regeln der Bruderschaft vergangen hatte. Dieser Absolutionsakt hatte seine bestimmte Form und seine feste Formel. Es ist bedeutsam, daß sich auch hier Limb. auf die Seite der niederdeutschen Zeugnisse stellt. Bei Heinrich von Herford heißt der Spruch, mit dem der Meister die Absolution erteilt: *Deus tribuat tibi remissionem peccatorum tuorum omnium; surge!* S. 281; in der Magdeb. Schöppenchronik (s. u.): *broder, stant up, dat di God alle dine sunde vorgeve;* in der Limb. Chron.: *stant uf, daz dir Got alle dine sunde vurgebe.* Closener dagegen hat einen Reimspruch:

Stant uf durch der reinen martel ere
Und hůt dich vor der sunden mere.

Der Spruch paßt mit dem Hinweis auf die martel und dem Anklang der zweiten Zeile an die Schlageformel gut in die geißlerische Situation. Vermutlich stellt der schlichte Prosaspruch gegenüber dieser farbigen Reimformel die jüngere Stufe dar [1]).

Die Fassung der Magdeburger Schöppenchronik.

Ausgabe von C. Hegel (Chron. d. dtsch. Städte Bd. 7) S. 205:

Se sungen eine loisen, de began alsus:

1 *Nu tredet her de boten willen!*
Vle wi denne de heiten helle!
Lucifer is ein bos geselle.
4 *Wen he denn behavet,*
Mit heten peke he on lavet.
Dar umme vle wi mit om to sin
Und vormiden der hellen pin!

8 *We dusser bote nu wil plegen,*
De schal gelden und weddergeven.
So wert siner sunde bot
Und sin leste ende gut.

Disse reie was wat lang, dat blive bestan umme der korte willen. Wenn se denn kemen in de kerken edder up den kerkhof edder an ein ander rumbleke, so togen se ut ore cleidere up dat neddercleit und hengeden vor sik einen dok, ... und hadden geisle an oren henden ... dar slogen se sik mede, dat se blodden ... Also gingen se drie umme den kerkhof unde velen an jowelkeme ummegange dristund cruzewis up de erden. Wenn se vallen scholden, so sang or mester:

12 *Nu hevet up alle juwe hende,*
Dat god dat grote stervent wende!

---

[1]) Die jüngere Überlieferung der Formel in den Chroniken des 16. Jhs. (Eysengrein, Wurstisen, Bernh. Hertzog) ist bedeutungslos, da sie auf dem Wege über Königshofens Chronik auf Closener zurückgeht; s. u. S. 184.

Hevet up alle juwe arme,
Dat sik god over ju vorbarme!

16 *Crist wart gelavet mit gallen:*
Des schulle wi an ein cruze vallen!

Wenn dat geschen was, so stunden se aver mit sange up und slogen sik als vore. Wenn se uphoren wolden, so reip or meister: 'Gi sunder, vor dat cruze!' (Alsdann folgt die Absolutionszeremonie).

Die durch diese Fragmente dargestellte Fassung der Lit. gehörte dem Gange der Liedentwicklung nach zwischen die oberdeutschen Fassungen RC und die niederdeutsche O, ohne daß man sich doch diese Entwicklung als ganz gradlinig denken dürfte: V. 4 f. bleibt mit *behavet* der Grundform näher, entfernt sich aber durch die Auffüllung beider Verse weiter von ihr als O; diese Auffüllung hat offenbar den Zweck, aus der ursprünglich binnenreimenden Zeile ein Reimpaar zu machen. Greifbar ist der weitere Abstand auch in V. 6, wo unter dem assoziativen Einfluß von *geselle* 3 *mit om to sin* eingetreten ist: es hat gewiß seine Bedeutung, wenn das neue Reimwort *sîn* dem alten *sin* klangnah geblieben ist. Eindeutig ist Str. 2 Übergangsstufe von RC zu O. Bemerkenswert ist, wie in den aushöhlenden Zeilen 10 f. jenes Hinübergleiten der Lit. in Gedankengang und Stimmung allgemeingültiger Bittfahrtleise sich leise ankündigt, das aus O schon deutlicher spricht. Das doppelte *hevet* 12 und 14 vergleicht sich mit C. Die Umstellung 16 f. (hinter 12—15, statt wie sonst davor) würde, wenn sie Gewähr hätte, auf eine Änderung der Handlung bei der genuflexio deuten: erst Gebet (natürlich auf den Knien), dann Kreuzfall, statt wie gewöhnlich umgekehrt. Das wäre eine Abschleifung des älteren Brauches (s. S. 14); aber Magd. steht mit diesem Zeugnis allein, gegen RCOLimb.

Die Fragmente der Liturgie, die Förstemann S. 264 und nach ihm Pfannenschmid S. 171 aus der 'Chronica der Sachsen' des Johannes Pomarius (Wittenberg 1589) S. 384 ausgehoben hat, bedeuten eine Überlieferung ohne selbständigen Wert. Denn Pomarius hat einfach die niederdeutschen Bruchstücke der Magdeb. Schöppenchronik ins Hochdeutsche umgesetzt.

Gelegentlich sind einige Zeilen aus dem Begleittext der genuflexio für sich überliefert. Es begreift sich, wenn gerade diese dramatische Szene und die Verse, die sie begleiteten, in der Erinnerung haften blieben. In der 'Braunschweigischen Bürgerchronik der Sachsen' des Cord Bote (Botho), der in der zweiten Hälfte des 15. Jh.s lebte, heißt es zum Jahre 1350 (nach der Ausgabe von Leibniz, Script. Brunsw. 3, 380): *Se sungen edder se sprecken ein sunderlike bet dar to, de ludde notliken . . . unde geyselden sick sulven boven umme de schulderen mit dren strengen, so sangk öre mester:*

Hü holdet upp juwe hende,
Dat God dussem starven wende!
Strecket ut juwe arme,
Dat God sick over ju vorbarme!

So gering der geschichtliche Wert der Chronik sein mag, es liegt kein Grund vor zu bezweifeln, daß hier eine lebendige Variante zum Zwischenstück der Lit. vorliegt. Von Interesse ist das interjektionale *Hü*, das in volksliedhafter Umsingung aus älterem *Nu* geworden ist.

In Thomas Kantzows (gestorben 1542) Pommerischer Chronik heißen die Verse (nach Pomerania, hsg. von Kosegarten 1 [1816], 371):

huy holdet vp jwe hende,
dat godt ditt sterwen wende!
strecket vth jwe arme,
dat sick godt jwer erbarme! [1])

Doch hat diese Überlieferung keinen selbständigen Wert: Kantzows Schilderung des Geißlerwesens zeigt sich mit Bote quellenmäßig verbunden. Bedeutungslos ist auch die Aufzeichnung der Vierzeiler bei Bernhard Hertzog, Chron. Alsat. (1592) Buch 8, Cap. 20. Sie ist, trotz vereinzelten Varianten, unselbständig und geht letztlich auf Closener zurück (vgl. S. 184).

Nächstdem erscheint die Schlageformel mehrfach in besonderer Überlieferung (vgl. Maßmann S. 75). Auf deutschem Boden abgesehen von der Aufzeichnung zum Jahre 1261 in der alten österreichischen Chronik (s. o. S. 67), so weit ich sehe, nur noch bei Johannes Turmair (Aventinus), Annales ducum Boiariae lib. 7, cap. 7, Sämtl. Werke Bd. 3, S. 323, ebenfalls auf die Geißler von 1261 bezogen:

---

[1]) Bei Hoffmann von Fall. Kirchenl. S. 149 und bei Pfannenschmid S. 173 bös entstellt.

Ir schlacht euch sere
In Christus ere:
Durch got so lat die syndt mere.

Das entspricht, bis auf geringfügige orthographische Abweichungen, genau jener ältesten Aufzeichnung, stammt also einfach aus historiographischer Tradition und darf nicht als eine Erinnerung an die deutschen Geißler von 1349 gewertet und ausgebeutet werden. Nicht ganz so einfach liegen die Dinge bei den niederländischen Zeugnissen:

Slaet v seer door Christus eer,
Door God so laet die sonden meer.

In dieser den deutschen Texten entsprechenden Fassung bietet 'Di excellente Cronike van Brabant' (1530) die Formel (Fredericq Corpus 2, 134). Ältere niederländische Quellen zeigen eine wichtige Variante:

Nu slaet u seer door Cristus leer,
Door God so laet die sonden mer

in einer anonymen Bearbeitung (15. Jh.) des Chronicon des Joannes de Beka (Fredericq 1, 197); ebenso in dem Chronicon des Johannes a Leydis (15. Jh.) nach Fredericq 1, 197. Noch stärkere Abweichungen zeigt eine junge niederländische Quelle, 'Het Boek der Tyden in't Korte of Chronyk van de geheele Wereldt' von Wouter van Heyst, hsg. von Isaac le Long, Amsterdam 1753 [1]). Die Chronik ist nach le Long S. V anscheinend in Antwerpen von 1551 bis 1560 geschrieben worden. Sie berichtet zum Jahr 1349 in wenigen Zeilen vom Auftreten der Geißler und schließt die Notiz mit folgender Angabe: *ende sy seyden weenlick in Duytscher Taele:*

Slaet u seere
Deur Christus eere;
En om Godt den Heere
Laet die sonden in allen keere!

Daß die Lit. in den Niederlanden, wenngleich aus Deutschland eingeführt, ihre Sonderformen gewann, kann kaum bezweifelt werden. Es wäre denkbar, daß dabei die Schlageformel (wie möglicherweise schon in der Limb. Chron.) wieder an eine

---

[1]) J. F. Willems, Oude Vlaemsche Liederen (Gent 1848) S. 42 zitiert die Verse nach le Longs Ausgabe, freilich sehr ungenau. Sie ist auf deutschen Bibliotheken nicht zu erhalten. Ich verdanke die obigen Angaben Herrn Dr. Wolfgang Kayser-Amsterdam.

sichtbarere Stelle der Bußhandlung geriet, so daß die Chroniken sie heraushoben. Auch die gestreckte Gestalt, in der Wouter van Heyst die Formel bietet, kann sich sehr wohl in lebendiger Liedentwicklung ausgebildet haben.

Endlich ist der wallonischen Fassung der Liturgie zu gedenken, die in einer französischen Chronik des 15. Jh.s erhalten ist. Pfannenschmid hat sie nach der in der Pariser Nationalbibliothek liegenden Handschrift erneut abgedruckt (S. 178 ff.) und sich viel Mühe um sie gegeben (vgl. noch S. 114). Aber er glaubt zwei wallonische Lieder vor sich zu haben, wo in Wirklichkeit nur eine Paraphrase der einen Liturgie vorliegt; er hat nicht gesehen, daß in der Überlieferung die Strophenfolge schwer gestört ist; er hat stückweise nicht einmal die Strophen richtig abzuteilen vermocht. Noch weniger ist er innerlich dem Denkmal gerecht geworden, an dem ihm hauptsächlich wieder ketzerische Züge bedeutungsvoll schienen, — die nicht darin stecken. Phil. Aug. Becker hat bereits einige der gröbsten Irrtümer Pfannenschmids richtig gestellt [1]), dem wallonischen Liede freilich auch noch nicht sein volles Recht widerfahren lassen, und zwar weil er es zu selbständig sah. Ein wirkliches Verständnis des Gedichtes ist eben nur von den deutschen Formen der Liturgie aus möglich. Genauer müßte man sagen: von den niederländischen Formen der Liturgie aus, auf Grund deren die Umsetzung ins Wallonische erfolgte. Aber für die Rekonstruktion dieser nicht erhaltenen niederländischen Fassungen sind die deutschen die einzig greifbaren Unterlagen. Es ist keineswegs so, daß die wallonische Dichtung von dem deutschen Lied nur Anregungen empfangen und einzelne Züge übernommen hätte; vielmehr hat die deutsche Liturgie in der wallonischen eine eigenartige Neugeburt gefunden.

Pfannenschmid erklärt, das wallonische Lied übertreffe 'an Form und Inhalt die deutschen Geißlerlieder' (S. 183), — ein schiefes Urteil. Der Sachverhalt ist der, daß an die Stelle des deutschen Volksliedes ein romanisches Kunstlied, ein ausgesprochenes Individuallied getreten ist; beide Gebilde verlangen verschiedenen Maßstab. Ein einzelner hat an der Hand seiner niederländischen Quelle die wallonische Liturgie geschaffen, und dieser einzelne war ein gebildeter und geübter Mann. Er hat

[1]) In seiner Anzeige des Rungeschen Buches, Zs. f. rom. Phil. 25, 360 ff.

der Liturgie eine neue achtzeilige Strophe gegeben, und obgleich ihre Zeilen im Bau den a- und b-Zeilen der deutschen Liturgie gleichkommen, — möglicherweise war mit der neuen Strophe auch eine neue Melodie verbunden (Becker S. 361). Nur die vierzeilige deutsche Strophe, die den Abschluß der genuflexio bildete, *Jesus, durch diner namen dri Du mach uns, herre, vor sůnden vri* usw., ist unverändert und Wort für Wort übernommen worden; hier wird also auch die Melodie wohl die gleiche geblieben sein. Vor allem aber hat der romanische Dichter aus seiner volksliedhaft zusammengewachsenen und dann wieder zersungenen Quelle ein kompositorisch einheitliches Gebilde gemacht. Es ist nicht richtig, wenn Becker schreibt, daß der Bearbeiter, 'was Inhalt und Form betrifft, nach freier Eingebung verfuhr' (S. 361). Er übernimmt vielmehr weithin die Steine aus dem alten Gemäuer, das ihm schief und verfallen scheinen mußte, und fügt sie zu einem neuen lotrechten Bau. Nach kurzer frommer Einleitung stellt er das an den Anfang, was an den Anfang gehörte, nämlich Grund und Ursprung der Geißelbuße. Was in der deutschen Liturgie Teil II in bruchstückhaftem Dialog zu Gehör brachte, Christi Zorn, sein Plan die Welt zu verderben, Mariens Fürbitte und die Stiftung der Geißelübung, das ist hier, mit leichter Hand umgeformt zu Anrufen an Gott und die Jungfrau, in zwei Strophen an die Spitze des ganzen gerückt [1]). Dann erst folgt der Aufruf zur Geißelung, mehrfach wiederholt und kunstvoll verflochten mit Erinnerungen an die einzelnen Züge von Christi Passion; es ist unverkennbar, wie Teil I der deutschen Liturgie hier den Leitfaden hergibt.

Beim Teil II hatte es der romanische Dichter nicht ganz leicht, weil er das was in der deutschen Liturgie diesen Teil füllte, die Begründung der Geißelbuße auf Grund des Himmelsbriefes, bereits vorweggenommen hatte. So beginnt er denn wieder mit dem Aufruf zu erneuter Geißelung und dem Hinweis

---

[1]) Um den Eingang in Ordnung zu bringen, muß ohne Zweifel Str. 2 mit 3 vertauscht werden (wir zitieren im folgenden nach der Beckerschen Ausgabe). Erst dann wird für das Anfangsstück auch der Anschluß an die deutsche Liturgie deutlich sichtbar: Str. 3, 5 *Qui fut prints* = R 10; Str. 4, 4 ... *Fut pendue en croix* = R 11; Str. 4, 6 f. *de vo saint sanc* ... *Fut la croix vermeille* = R 12; Str. 5, 3 *Avec le crueux cop de lance* = R 20; Str. 5, 4 *D'aisil o fiel fut destrampez* = R 37.

auf Christi Martertod und läßt dann sehr geschickt folgen, was ihm der ausgehöhlte Teil II der deutschen Liturgie noch bot: die Stabat-mater-Strophe; denn sie ist in Str. 8 umgedichtet. So ist also die wallonische Liturgie ein wertvoller Zeuge dafür, daß es auch auf niederdeutschem Boden weniger durcheinandergewürfelte Formen der Liturgie gab, als sie der Text O aufweist. Wenn das wallonische Lied die Strophe 8 sinnvoll mit den Versen von der bebenden Erde und den berstenden Felsen beschließt, so ist das freilich kein Reflex einer deutschen Quelle, sondern es zeigt die ordnende Hand des bewußten Dichters. Der Fortgang von Teil II macht den Eindruck etwas künstlicher Streckung; hier half die erschöpfte Quelle eben nicht mehr weiter.

In Teil III löst sich der romanische Dichter, wenn man dem Scheine trauen darf, von seinem niederländisch-deutschen Vorbild. Nicht daß der Zusammenhang ganz abrisse. Der Eingang von Str. 15 entspricht fast wörtlich den Versen O 88 f. (die nur in der niederdeutschen Fassung der Liturgie nachweisbar sind!). Überhaupt ist diese ganze Strophe an den Sünderkatalog anzuknüpfen, der Teil III der deutschen Liturgie füllt; aber was dort ursprünglich einer größeren Gruppe von Strophen den Inhalt gab, ist hier zu einer einzigen geschrumpft und ein nebengeordnetes Motiv geworden. Das Schwergewicht liegt statt dessen bei einem Mariengebet, in dem die hymnischen Anrufe die Bitte um Fürsprache und um Hilfe in der gegenwärtigen Not fast überdecken. Die Frage ist, ob der romanische Dichter sich hier vollkommen frei ergeht, oder ob er nicht einer niederländischen Fassung der Liturgie folgt, die die Rolle Marias bereits ähnlich verstärkt hatte. Angesichts der Tatsache, daß auch die alten Berichte über die Lieder der niederländischen Geißler die Mutter Gottes merkwürdig in den Vordergrund schieben (s. o. S. 73 f.), ist mit der Möglichkeit zu rechnen, daß der wallonische Text hier Zeugnis ablegt für gewisse Sonderformen der niederländischen Liturgie. Es wäre dann gewissermaßen Lied III der deutschen Geißler in die Liturgie hineingearbeitet worden; es sind nicht wenig Züge, die dies Lied mit den Strophen 12. 13. 14 der wallonischen Liturgie teilt, wenn auch kein so eigenartiger, daß eine bündige Behauptung möglich wäre.

Aber wie dem auch sei, deutlich ist, daß wir mit dem wallonischen Stück eine greifbar kirchliche Bearbeitung der Liturgie vor uns haben. Die Bezeichnung Mariens als *creeresse de creature, Qui oncques ne fustes cree* deutet mitnichten eine ketzerische Meinung der Geißler an (Pfannenschmid S. 184). Becker wird recht haben, wenn er für das Original *createur* statt *creeresse* ansetzt; deshalb darf man aber die handschriftliche Fassung noch nicht als eine einfach philologisch zu heilende Verderbnis ansehen. Die *creeresse*, auf Maria bezogen, hat vielmehr ihr volksliedmäßiges Recht: das ist volksmäßig hochgetriebenes, dogmatisch unbekümmertes Marienlob [1]). Aber auch abgesehen von dieser verballhornenden Übersteigerung ist das ganze Stück von einer überschwänglichen Marienminne überglänzt, die alles andere als ketzerisch wirkt. Hinzu kommt daß die ausgesprochen geißlerischen Formulierungen der deutschen Liturgie gefallen sind: *Were dusse bote nicht geworden, De cristenheit wer gar vorswunden* sagt der niederdeutsche Text (O 88 f.). *Se ne fust la vierge Marie, Le siecle fust pieca perdus* sagt stattdessen der wallonische (Str. 15). Der deutsche Text beginnt mit einem Werberuf und satzungsartigen Bestimmungen, die den Abstand des Geißlerverbandes von der sündhaften Menge unterstreichen; der wallonische Text setzt mit einem allgemein gehaltenen Bekenntnis zu den großen Richtpunkten des christlichen Glaubens ein. Das ist ebenso bezeichnend wie die Tatsache, daß der Himmelsbrief, der den Geißlern die Gewähr für das Gottgewollte ihrer Buße gab und deshalb die deutsche Liturgie zu guten Teilen trägt, sich in dem wallonischen Text nur noch sehr viel schattenhafter abzeichnet. Der Sünderkatalog des Himmelsbriefes, in der deutschen Liturgie breit ausgestaltet, ist in der wallonischen nicht nur stark eingeengt, sondern überdies auf das kirchliche Schema der sieben Todsünden gebracht. Das ganze Stück hat an geißlerischer Kontur verloren; die Verkirchlichung der Geißelbewegung, wie sie in den Niederlanden festzustellen ist, spricht hörbar aus seinen Strophen.

Aber wichtiger ist für unsere Sicht der veränderte künstlerische Charakter der Dichtung. Aus der zerstückten, bruch- und sprunghaften deutschen Liturgie ist ein Gebilde von ebenmäßigem Aufbau, von glattem und flüssigem Gedankenablauf

---

[1]) Die Vorstellung von einer Art Präexistenz der Mutter Gottes ist übrigens auch in deutscher Liederdichtung weithin nachzuweisen; vgl. Wackernagel Kirchenl. 2, S. XIII.

geworden. Die hartkantigen Blöcke der deutschen Liturgie sind, soweit benutzt, eingeschmolzen worden. Der Umguß ergab eine Dichtung, die farbiger, höher, gelenker in der Sprache, auch reicher an Tönen war als das Urbild. An die Stelle unruhiger Vielformigkeit, die Episches und Dialogisches, Wir- und Ihr-Rede bunt durcheinander wirft, ist ein Gleichmaß des Vortrags getreten, der seinen Stoff nach Möglichkeit in Anrufungen auszubreiten sucht, die sich entweder an Gott und die Jungfrau oder, in Wir-Form, an die Geißelnden selbst richten; die Dichtung ist ebener, aber auch undramatischer geworden. An die Stelle volksliedhafter Undurchsichtigkeit und Hintergründigkeit tritt eine plane Klarheit, die fast überdeutlich auch die Begleithandlung in ihren einzelnen Stufen genau angeben zu müssen glaubt. Sehr bezeichnend für den Stilwandel ist auch, wie der Zwischenteil verändert worden ist. Im Deutschen wiederholt sich bei der genuflexio dreimal dieselbe Strophengruppe, wie es die starre Art des Volksliedes ist. Im Romanischen bleibt sich nur der aus der deutschen Liturgie herübergenommene Vierzeiler gleich, der die genuflexio abschloß [1]); das Kniegebet als solches gilt das erstemal dem Erfolg der Geißelbuße (Str. 6), dann den Zuschauern (Str. 11) und löst sich beim drittenmal in ein paar Abschlußformeln auf. Das Typische der Formgebung, wie es in der deutschen Liturgie neben der genuflexio auch in den Kehrreimstücken hervortritt, ist abgelöst durch ein Bestreben zum Wechsel der Formen, wie er dem individuellen Gestalter näher lag. So haben wir denn in der wallonischen Liturgie einen Text vor uns, der seinem Stil nach eher neben jene italienischen Geißlerlieder gehört, die aus dem Kreise der Disciplinatenbruderschaften hervorgingen, als neben die deutschen Fassungen der Liturgie. Der künstlichere Ursprung hinderte natürlich bei dem wallonischen Stück so wenig wie bei den italienischen Lauden, daß es Gemeingesang breiter Geißlerscharen wurde. Die Überlieferung der Pariser Handschrift zeigt den Text ja bereits auf dem Wege volksliedhafter Umbildung; nicht nur in den Strophenumstellungen, sondern auch in ge-

[1]) Wenigstens bei den ersten beiden Stücken, und die deutsche Liturgie scheint zu erweisen, daß das die rechte Reihenfolge ist. Beim dritten Stück dagegen ist die Kehrreimstrophe vor das Kniegebet (Str. 17) gestellt, was eine Änderung der Zeremonie bei der genuflexio bedeuten würde. Ob hier die Überlieferung in Ordnung ist?

wissen Zersingungserscheinungen innerhalb der Verse hat er sich von seinem Urbild bereits entfernt.

Fassen wir zusammen, so stellt die Lit. ein Stück Volksdichtung reinsten Charakters dar. In den Anfängen der Geißelbewegung des Jahres 1349 hat, so dürfen wir mit aller Zurückhaltung und allen Vorbehalten schließen, auf österreichischem Boden ein schlichter Mann die dreigeteilte Form der Lit. zusammengestellt. Dabei nutzte er ein älteres programmatisches Geißlerlied (Teil II), das nach dem Himmelsbrief die Begründung der Geißelbuße darstellte; er nutzte eine Passionsszene, das Zwiegespräch zwischen dem gekreuzigten Christus und den Sündern, auch dies vielleicht Reste eines älteren Geißlerliedes (Teil I); und er dichtete einige Sünderstrophen hinzu (Teil III). Er fand für die Zwischenhandlung der genuflexio, die sich dreimal an den Geißelumgang anschloß, einen (oder zwei) schlichte Vierzeiler; er gab der altüberlieferten Schlageformel ihren eindrucksvollen Platz am Schluß von Teil III. Aber das ist das höchste, was über das Zustandekommen der Lit. und ihren Grundriß gemutmaßt werden kann: weder der Strophenbestand noch die Strophenfolge dieser Grundform der Lit. läßt sich aus den erhaltenen Fassungen zurückgewinnen. Der Text O beweist, neben die Fassung R gehalten, wie starke volksliedhafte Veränderungen die Lit. in kurzer Zeit erfahren hat: die besonderen Verhältnisse des Geißlerwesens erklären die Schnelligkeit der Liedumbildung. R seinerseits aber ist um gut ein halbes Jahr von dem Aufkommen der Geißlerbewegung in Österreich getrennt. Nun braucht freilich die Grundform der dreiteiligen Lit. nicht gleich zu Beginn der Bewegung dagewesen zu sein. Aber sicherlich steht die Aufzeichnung Hugos um Monate von dem Entstehen der Grundform ab, und diese Monate haben sie natürlich weitergebildet und verändert.

Aber die Frage nach dem Individuum, das Fremdes und Eigenes einmal planvoll geordnet hat und in gewissem Sinne am Anfang steht, ist wie beim Volkslied gewöhnlich nicht die wichtigste und fruchtbarste. Wesentlicher ist für die Würdigung der Lit. die morphologische Seite. Trotz dem Zusammenwachsen aus verschiedenartigen Bestandteilen, trotz nachträglichen Anwüchsen ist die Lit., wie sie in R vor uns steht, stilistisch recht rein. Es ist ein ganz schmuckloser sachlicher Stil: keine Genitivverbindungen (außer so gewöhnlichen wie *helle grunt* 76, *helle pin* 91), kaum ein Bild (74), kaum ein über den Bedarf hinausgehendes Adjektivum (meist in den Dreireimstrophen: *haissun helle* 2, *wunde rot* 45, *ir kint so sôssen* 59). Der Satzbau ruht ganz auf stichisch verwendeten Hauptsätzen; auch die Nebensätze fügen sich zumeist in diesen schlichten syntaktischen Stil (nur eine Dreireimstrophe ist bezeichnenderweise etwas künstlicher, 59 ff., außerdem die späte Strophe 107 ff.). Es ist auf diese Weise eine Art von Monumentalität in die Lit. gekommen, die namentlich in den ersten Stücken (bis V. 46) ihre Wirkung nicht verfehlt; abgesehen von der ersten Strophe (wieder einer Dreireimstrophe) mangelt es diesen Stücken so gut wie ganz an Nebensätzen. Aber das ist eine naive Monumentalität. Eine bewußte künstlerische Absicht wird man nur in den einfach-großlinigen Parallelismen der genuflexio gelten lassen; ein an sich ganz geläufiges stilistisches Mittel des Volksliedes wird hier sehr wirksam an der Stelle eingesetzt, die den Höhepunkt der melodramatischen Handlung bedeutete. Stilistisch aus dem Rahmen fallen nur die Verse 115 f., spielerig und weinerlich zugleich; vielleicht auch schon die vorhergehenden 113 f. Aber das sind fremde Flitter. Im ganzen genommen haben wir in der Lit. ein Stück Dichtung vor uns, das von der Kunstdichtung seines Jahrhunderts nur sehr schwach berührt ist, ein Stück von religiöser Volksdichtung, die in ihrer eigenen Sphäre wuchert und ihre eigene Form gestaltet. Das deutsche Pilger- oder Bittfahrtlied hat den Hauptanteil an der Schaffung dieser Form; es trägt auch die Geißlerliturgie. Daneben sind Einflüsse anderer Richtung wirksam, auf die mit aller Deutlichkeit die Stabat-mater-Strophe aufmerksam macht: sie führen in die Bezirke des geistlichen Spieles. Von da aus will offenbar die stark dramatische Haltung des Liturgietextes verstanden werden, die nicht nur unmittelbar aus den Teilen I und II spricht, sondern in dem Hin und Her der Wir- und Ihr-Rede über das ganze Stück hin zur Geltung kommt.

Das Glück will es, daß wir ein Vergleichsstück zu der Lit. besitzen, das gerade die Unterschiede literarischer Schichtung hell beleuchtet. Es ist die bekannte 'Große Tageweise' des Grafen Peter von Arberg. Ich wiederhole sie im folgenden nach der Fassung, die ihr Bartsch auf Grund der Kolmarer und einer Straßburger Hs. des 15. Jh.s gegeben hat (Meisterlieder der Kolm. Hs. Nr. 181):

O starker got,
al unser not
bevilhe ich, herre, in din gebot,
laz uns den tac mit gnaden überschinen.
Din namen dri
die sten uns bi
in allen nœten, swa wir sin.
des criuzes creiz ste uns vor allen pinen.
Daz swert da von her Symeon sprach,
daz Marjen durch ir reinez herze stach,
do siu an sach
daz Cristus stuont verseret,
daz ste noch hiut in miner hant
ze schirm für houbethafter sünden bant.
gar ungeschant
min lip si swar er keret.
Maria wünschelgerte
des stammes von Jesse,
Theophilum ernerte
din muoterliche fle.
trit her für unser schulde,
hilf uns in gotes hulde,
o mater gracie.

Daz criuze breit
dar an got leit
und ime sin reinez verch versneit,
die nagel dri, daz sper und ouch diu krone,
Der besemen swanc,
der gallen tranc,
der tot ouch mit der menscheit ranc,
do er lute ruofte in erbermde done
'Heli heli lamasabatani:
min got, wes hast du mich gelazen hie',
der jamer kri
und ouch die martel here,

diu sten für mine missevart,
daz ich vor schaden und sünden si bewart.
in mich bekart
si dines geistes lere.
Mit dines geistes fiure
enzünde, herre, mich
und mache mir niht tiure
din antlitz minneclich.
hilf, herre, daz ich erwerbe
also daz ich niht sterbe
des todes eweclich.

Ach richer Krist,
laz mich der list
geniezen daz mir künftic ist
daz ich dich lebend erkenne in eime brote,
Und dich mir gist
als du nu sist,
din himelfruht du mich bewist:
zuo dir rüef ich in klagebernder note.
Ach hoher himelfürste rich,
durch dine groze milte erbarme dich,
mir niht entwich,
din zorn wær mir ze swære.
laz mich minr sünden flüzzic fluot
engelten niht durch dinen milten muot
und wis mir guot
durch diner muoter ere.
Mins lebens ein guot ende
verlich du, herre, mir,
also daz mich niht schende
diu tiuvelische gir.
wesch abe mir mine sünde
mit dins oleies ünde,
daz ich gevalle dir.

Ich zweifle nicht, daß dies Stück, eins der verbreitetsten deutschen geistlichen Lieder im Ausgang des Mittelalters, unter dem Einfluß der Geißlerliturgie steht. Das Lied ist aus einer Notzeit heraus geboren [1]), nachdrücklich wird das gerade

[1]) Das hat schon Th. Kochs, Das geistliche deutsche Tagelied, Münster 1928, S. 60 im Vorbeigehen ausgesprochen.

am Anfang unterstrichen (2. 7. 8), um gegen den Schluß noch einmal wiederholt zu werden (54). Der Zorn Christi, der sein Antlitz von den Menschen abwendet (42 f.), hat diese Not hervorgerufen (58). Nur sein Erbarmen kann helfen (56). Mariens Fürbitte muß dies Erbarmen rege machen (19 ff., vgl. 61 f.). Des Menschen Sünde hat die Not verschuldet, — der Gedanke steht im Hintergrunde, ohne mit nackten Worten ausgesprochen zu werden —, aber Christi Martertod hat die Sünde bezahlt. Er kann den Menschen vom ewigen Tod befreien: bedeutsam steht die Bitte um ein seliges Ende zweimal am Strophenschluß. Das ganze ist anders betont als die Lit., weil das Schwergewicht auf Christi sühnenden Martertod gelegt ist; aber die Ähnlichkeit ist schon im gedanklichen Grundriß nicht zu verkennen.

Dazu nun die Berührungen im einzelnen. Peter von Arberg weist übrigens mit dem Eingang des Liedes selbst in die Sphäre, aus der ihm Anregung kommt und an die er Anlehnung sucht. V. 1—3 ist deutlich anzuknüpfen an den alten Ruf *Maria muoter unde meit, Al unser not si dir gekleit* (den auch die Geißlerlieder nützen, Lit. O 27 ff., Lied III 1 ff.), nur ist der volksmäßige Ruf in eine andere Stilsprache übersetzt. Dasselbe gilt für V. 5—7 im Vergleich zu R 43 f.: *Jesus, durch diner namen dri Du mach uns, herre, vor sůnden vri.* Auch die Verse 9—12 weisen zu der Stabat-mater-Strophe der Lit. herüber, nur daß sie eben wieder ein anderes stilistisches Kleid tragen. Rufartig, wie sie begonnen, schließt die Strophe; man vergleiche den Ruf, der in der Lit. mehrfach den Strophenschluß macht: *Des hilf uns, Maria kunigin, Daz wir dins kindes huld gewin.* In Str. 2 hat V. 27 [1]) eine genaue Parallele in R 19 f.: *Dri nagel und an důrnin cronen, Daz crůtze fron, an sper, ainn stich.* Bedeutsam folgt darauf der *besemen swanc* V. 28, obgleich er in die Situation gar nicht paßt. Zů V. 31 vgl. R 23 *So rôfen wir in lutem done.* Zu dem rufartigen Strophenschluß vgl. R 45 f.: *Jesus, durch dine wunde rot Behôtt uns vor dem gehen tot.* In Str. 3 fällt das Stichwort vom *zorn* Gottes, das in der Lit. die Kehrreime der Sünderstrophen beherrscht, und es steht in einer Zeile (58), die ihre Formulierung allem Anschein nach der Lit. verdankt; vgl. (ebenfalls in den Sünder-

[1]) Noch enger ist der Zusammenhang in der Straßburger Hs. der Tageweise: *sper crütz vnd* statt *daz sper und.*

strophen) *Dů wag ist dir an tail ze swęre* R 74 und *Diu rede ist iu an tail ze swere* R 82. Für V. 57 darf man vielleicht auf R 55 hinweisen.

In der Mehrzahl der Hss. umfaßt das Lied nur die oben angeführten drei Strophen. Doch zeigen zwei Handschriften eine fünfstrophige Fassung. Die eine ist niederrheinisch und gehört noch ins 14. Jh. (nach dem Abdruck Janotas wiederholt bei Wack. 2, Nr. 499). Die andere entstammt einer Straßburger Hs. des 15. Jh.s; die beiden überschüssigen Strophen heißen in ihr (nach Wack. 2, Nr. 500):

Ach, schöpfer zart,
loß mich der vart
genießen, herre vatter, daz din lip so hart
mit geischeln ward geslagen von der Juden nôte;
Die steinen want,
do men dich vff bant,
dar vff din zarter lip zertrant,
daz men yn kante nůt für der blůtes rôte;
Dar noch dich, herre, sere stach
ein türnin kron, die mange dieffe wunde brach,
von blůte eine bach
sach men von dir gießen;
do stunt din götlicher lip so klar
an der sůlen bleich vnd iamers var,
des blůtes zar
sach men von dir fließen.
Durch dine dieffen wunden
bitte ich dich, herre ho,
Daz ich werde entbunden
vff erden hie also
Mit sünden noch geschůret,
gekleret und getůret
mache mich des hymels fro.

Den bittern gang,
do men dich twang,
herre, vnder ein crůtze, was breit vnd lang,
mit verserteme libe vnd mit maniger dieffen wunden,
Din rücke bloß
leit manigen stoß,

herre, vnder eime laste, was swer vnd groß,
also daz sich die mönscheit bo̊g dar under,
Dar an men dich o̊ch, herre, hieng,
der schecher zů der rehten hant ruwen enpfieng,
die sunne vergieng
durch dine martel swere:
des loß mich, herre, genießende sin,
daz hende, ſůße vnd o̊ch din lip so vin
durch sünde min
o̊ch ie wart blůtes lere.
Maria küniginne,
durch dine bitter not,
Daz du all an dem crůtze
din kint sehe sterben tot
Durch sünde des mönschen kunne,
nů hilff mir zů dinre wunne,
daz ist das hymelbrot.

Bartsch [1]) erklärte beide Strophen als Zudichtung. Es läßt sich freilich nicht leugnen, daß, wenn man zu der Str. 24 ff. diese beiden hinzunimmt, die Darstellung von Christi Passion Wiederholungen und Überschneidungen aufweist. Aber wenn man den beiden Strophen mit der niederrheinischen Hs. ihren richtigen Platz hinter der ersten Strophe gibt, ist doch ein klarer, steigernder Aufbau für die Passionsszenen gewonnen. Der Reimgebrauch beider Gruppen läßt sich vereinen; die künstlerische Haltung stimmt überein. Gewichtig scheint mir vor allem, daß auch diese beiden Strophen die Technik mitmachen, das letzte, formal schlichteste Strophenstück rufartig zu halten und mit Rufelementen zu füllen. So halte ich denn die Strophen für echt.

Damit wird die Bindung der Tageweise an das Geißlerlied, allgemeiner gesprochen: die gedankliche Zusammengehörigkeit mit dem Geißlerwesen, noch enger. Die ganze Strophe 70 ff. behandelt ja, mit deutlicher Bevorzugung, die eine Szene von Christi Geißelung. Dies innere Band scheint mir bedeutsamer als die wörtlichen Anklänge, die sich vielleicht

[1]) In seiner kritischen Ausgabe der Großen Tageweise Germ. 25, 210 ff. Die dort benutzten Texte haben sich inzwischen vermehrt, vgl. Kochs S. 59 Anm. 5 und P. Runge, Die Sangesweisen der Kolmarer Handschrift S. 173 f.

notwendig einstellen mußten. Zu V. 77 vgl. *des bluotes rot* R 12; V. 79 *dürnin krone* auch R 19; V. 80 f. vergleicht sich mit V. 25. Bedeutsamer ist der Strophenschluß mit seinen Rufelementen: zu V. 86 vgl. R 45 *Jesus, durch dine wunde rot;* zu V. 88 vgl. O 90 f. *De leyde duvel had se gebunden, Maria had lost unsen bant.* In der Str. 93 ff. überrascht das Zusammentreffen von V. 102 mit dem Schluß von Lied III *Und setz si zû der rehtun hant Und da der sacher rowe vant,* — vermutlich wieder eine Anleihe Peters von Arberg beim volksmäßigen Ruf (vgl. Anm. zur Stelle), dessen Haltung sich auch der Schluß der Strophe angleicht.

Wie fügen sich die äußeren Nachrichten über die Große Tageweise der Annahme einer Abhängigkeit von der Geißlerliturgie? Das 43. Kapitel der Limb. Chron. beginnt: *Item in diser zit sang man dit dagelit von der heiligen passien, unde was nuwe, unde machte ez ein ritter,* und dann folgt der Eingang der Tageweise. Das 42. Kapitel, auf das die eben zitierte Zeitangabe zurückweist, handelt ausschließlich von großen Erdbeben, die im Jahre 1356 Verwüstungen anrichteten. Das 44. Kapitel beginnt: *Item in disem selben jare irhup sich groß jamer, unde qwam daz zweite groß sterben, also daz di lude an allen enden in Duschen landen storben mit großen haufen an der selben suchte, als si sturben in dem ersten sterben.* Natürlich hat man auch im Jahre 1356 das Erdbeben und die Pest zusammengesehen als Zeichen des göttlichen Zornes. Es konnte kaum ausbleiben, daß die Stimmung von 1349 wieder auflebte, die sie als Vorzeichen des Endes der Dinge nahm. Tilemann will mit der Einreihung des Liedes offenbar selbst andeuten, welcher Art die Not war, die es hat entstehen lassen. Tatsächlich wird Ton und Gehalt der Tageweise erst recht verständlich, wenn man sie aus solchen Zeitverhältnissen heraus begreift. Wenn auch das Jahr 1356 keine Geißlerzüge mehr gebracht hat, es wäre vollauf zu verstehen, wenn es die Erinnerung wach rief an die gleichen und größeren Nöte des Jahres 1349 und an die Lieder, die diesen Nöten entsprungen waren. So wäre also auch äußerlich wohl ein befriedigender Zusammenhang zwischen der Tageweise und der Geißlerliturgie hergestellt.

Aber vielleicht ist der Zusammenhang noch enger. Es ist bekannt, wie wenig zuverlässig die Zeitangaben der Limb.

Chron. sind (vgl. die Nachweise bei Wyß S. 13); die Chronologie ist oft um mehrere Jahre verschoben, und zwar selbst bei Ereignissen, die Tilemann bewußt miterlebt hat. Wieviel mehr muß das für Dinge gelten, die in seine Kinderjahre fallen. So scheint es mir also durchaus erlaubt, die an sich unbestimmte Zeitangabe Tilemanns zu übergehen und die Tageweise ein paar Jahre hinauf und an das erste große Sterben heranzurücken; und ich würde an dieser Meinung auch nicht irre werden, wenn die These von Gottfr. Zedler recht hätte, wonach eine ältere, von Gensfleisch verfaßte Limburger Chronik z. T. in der Tilemannschen aufgegangen ist. Dann bestünde ja die Möglichkeit, daß Tilemann die Angaben über die Tageweise (und andere Lieder) von einem Chronisten übernahm, der zuverlässigere Kenntnis hatte; gleichwohl blieben genug Wege offen, die zu seiner irrigen Angabe führen konnten [1]).

Die Tageweise gewinnt gewaltig an Aktualität, wenn man sie in unmittelbare zeitliche Nachbarschaft zur Lit. bringt. Sie gewinnt auch an Leben und Aussagekraft. Es ist ein Stück rein kirchlichen Geistes gegenüber der Geißelübung mit ihren deutlich gegenkirchlichen Spitzen. Was man den Geißlern vorwarf, war vor allem Verachtung der Sakramente: *de religiosis et clericis et ecclesie sacramentis non sobrie sentiunt et loquuntur* Heinrich von Herford S. 281. So bleibt es bis Johannes Gerson: *constat per experientiam in multis, quod*

[1]) Es ist hier nicht der Ort, die Quellenfrage der Limb. Chron. aufzurollen. Doch sei darauf hingewiesen, daß in ihr auch die Liedüberlieferung der Chronik vielleicht eine Rolle zu spielen hat. Es ist eine merkwürdige Tatsache, daß die Liednotizen Tilemanns sich in den ersten drei Fünfteln seiner Chronik zusammendrängen: das letzte Lied steht in Kap. 125, zwischen Ereignissen, die ins Jahr 1380 gehören. Von da ab bis zum Jahre 1398 kein deutsches Lied mehr. 1378 hat Tilemann mit eigenen geschichtlichen Aufzeichnungen begonnen (s. o. S. 151). Was er an Liedern bringt, liegt also so gut wie ausschließlich vor diesem Termin, während man das umgekehrte erwarten müßte, wenigstens wenn auf die zeitliche Einreihung Verlaß sein sollte, die Tilemann den Liedern gibt. Man möchte ja dem Zedlerschen Satze recht geben: 'das Wertvollste in der Limb. Chron., die Proben deutscher Volkslieder, hat Tilemann dem Leben selbst abgelauscht' (S. 307 f.); aber wie verträgt es sich damit, daß der Chronist, als er um die Jahrhundertwende seine Chronik schrieb (nach Edw. Schröder 1402, Zs. f. d. Alt. 53, 207; vgl. 335 f.), nur Lieder aus den ersten drei Jahrzehnten seines Lebens aufzeichnete? Da müssen entweder besondere Quellenverhältnisse im Spiel sein, oder die zeitlichen Angaben über die Lieder sind haltlos.

taliter se flagellantes non curant de sacramento confessionis vel poenitentiae sacramentalis, dicentes quod haec flagellatio potior est ad delendum peccata quam quaecunque confessio [1]). Aber konsequent durchgedacht bedeutete die Geißelbuße mehr als eine Antastung der kirchlichen Sakramentsverwaltung. Die Geißelbuße wiederholte, halb eigentlich und halb symbolisch, Christi Martyrium, aber sie griff auch in das Erlösungswerk ein, das dies Martyrium bedeutete, — oder konnte doch so verstanden werden. In dem handschriftlichen Nachlaß des Philologen und Theologen Elias Ehinger (1573—1653) findet sich ein Abschnitt mit allerlei Lesefrüchten und Notizen über die Geißler [2]), unter denen besonders eine 'Dodecas argumentorum, quae flagellationes vanas esse convincunt' von Bedeutung ist (Bl. 59 f.) [3]). Da heißt es klipp und klar: *flagellantes operibus suis satisfacere Deo putant* (arg. 4); *flagellantes statuunt Christum pro originali tantum peccato Deo patri satisfecisse* (arg. 6); *flagellationes meritum Christi penitus tollunt* (arg. 12). So mögen kritische Beobachter auch im Jahre 1349 schon die Geißelbuße bewertet haben. Und vielleicht bedeuten die Verse 24—37 der Großen Tageweise doch mehr als eine absichtslose Vergegenwärtigung der allbekannten Erlösungslehre: (all seine Leiden) *Und ouch die martel here, Diu sten für mine missevart, Daz ich vor schaden und sünden si bewart.* Zumal wenn man die Verse 38—41 hinzunimmt, die nachdrückliche doppelte Bitte um den Geist und seine Lehre. Daß unter dem Gebrodel an der Kirche irregewordener und aufsässiger religiöser Vorstellungen, das innerhalb des Geißlertums wogte, auch spiritualistische Meinungen waren, ist ganz sicher: . . *dicunt, quod ipsi immediatius* (als die Geistlichen) *docti et missi sunt a Domino et Dei spiritu secundum illud Ysaie cap. 48: 'Misit me Dominus et spiritus ejus'* Heinrich von Herford S. 282. So scheint mir also die Tageweise auch ihrem geistigen Gehalte nach ein Gegenstück zu der Geißlerliturgie. Ein ritterlicher Dichter, den schon der soziale Abstand argwöhnisch gegenüber der großen Volksbewegung machen mochte, setzt sich auf

[1]) In dem 'Tractatus contra sectam flagellantium' vom Jahre 1417, nach Opera omnia hsg. von Ellies du Pin (Antwerpen 1706) Bd. 2, 660.

[2]) Wolfenbüttler Hs. Extr. 37 (*Eliae Ehingeri Sciptorum Volumen II* steht auf dem Rücken) Bl. 58 ff.

[3]) Über den Ursprung dieser Dodecas vermag ich leider nichts zu sagen.

seine Art mit ihr auseinander. Er kann sich den ungeheuren Eindrücken des Jahres 1349 nicht entziehen; aber gegenüber der Exaltation des Geißlerwesens zieht er sich auf den streng kirchlichen Standpunkt zurück.

Übrig zu sagen, daß auch die starke Ausbreitung, die die Große Tageweise offenbar bald nach ihrer Entstehung gefunden hat, mit einem Schlage erklärt ist, wenn man sie aus den Nöten der Pestzeit heraus versteht und in ihr ein Gegenstück zu der Geißlerliturgie sieht, die damals ganz Deutschland durchscholl.

Die Frage stellt sich, ob nicht auch die Melodien der Liturgie und der Tageweise Beziehungen aufweisen [1]). Es muß dem Musikhistoriker überlassen bleiben, die beiden Stücke nach dieser Richtung hin zu vergleichen. So viel ich sehe, deutet rein in der Tonführung nichts auf Entlehnungen oder Anlehnungen. Aber auch der Laie empfindet, wenn er die Melodie der Großen Tageweise in der Umschrift Mosers [2]) vor sich sieht, den Bruch inmitten des Stückes, den starken melodischen Abstand, der Stollen und Abgesang trennt. In der Komposition Peters von Arberg hat sich, um mit Mosers Worten zu sprechen, 'ritterliche Formkultur mit junger Vollblütigkeit des Volksliedes' verbunden. Moser erwägt, ob nicht die Stollen von einem Solisten, der Abgesang von einem Chor vorgetragen worden sei. Jedenfalls zeigt der Abgesang den schlichten festen Stil volksmäßigen Gemeingesanges [3]). Dieser Stilwandel innerhalb der Melodie kommt aufs beste überein mit der Sonderstellung, die auch auf den Text gesehen der Abgesang einnimmt, — und zwar gleichmäßig in allen fünf Strophen. Denn der Abgesang setzt sich mit seinen imperativischen Anrufen jedesmal scharf gegen die vorhergehenden Teile ab. Er ahmt ganz greifbar im Gegenstand wie in der Form seiner Gebete den volksmäßigen Ruf nach. Diese Bitten um Bewahrung vor dem ewigen Tod, um ein seliges Ende,

---

1) Die Melodie der Großen Tageweise ist uns in vier Fassungen erhalten, die P. Runge, Sangesweisen der Kolm. Hs. S. 173 ff. vergleicht. S. auch Fr. M. Böhme, Germ. 25, 226 ff.

2) Geschichte der deutschen Musik 4 1, 176 f.

3) Daß man auch im Mittelalter schon die Sonderstellung des Abgesangs empfand, wird aus der Wiener Hs. deutlich. In ihr ist das Lied auseinandergefallen: das Schlußstück steht, Text und Melodie, für sich als selbständiges Lied (s. Runge Kolm. Hs. S. 177).

um Eingang in die himmlische Wonne weisen ebenso unverkennbar die Richtung wie die Formulierung, die sie gefunden haben. Sie senkt sich vielfach genau so wie die Melodie bis auf die Ebene der schlichten echten volksmäßigen Rufformeln (21 f. 44. 63 f. 86. 92. 114 f.). Die Strophen der Großen Tageweise laufen also textlich und melodisch in den Rufstil aus. Das fände seine beste Deutung, wenn man darin einen Hinweis auf ein volksliedhaftes Vorbild sehen dürfte; und da böte sich nichts Paßrechteres als eben die Geißlerliturgie.

Das scheint eine glatte und zwingende Schlußkette, und man könnte versucht sein, sie noch um ein Glied zu verlängern. Man könnte meinen, daß sich der Einfluß der Liturgie bis in den strophischen Bau der Großen Tageweise erstreckt. Die Liturgie beschließt jedes ihrer drei Stücke mit dem innerlich und äußerlich klar abgegrenzten Kniegebet: in seinen Rufen gipfelt die rituelle Handlung. Ähnlich steigert sich bei Peter von Arberg eine ungewöhnlich lange Strophe zu einem Schlußstück, das sich als selbständiger Ruf absondert. Die Vermutung meldet sich, der Dichter möchte seine umfängliche Strophe in dem Gedanken geformt haben, daß ihre langen gedoppelten Stollen dem Geißelumgang, ihr Abgesang der Genuflexio jener Liturgie entsprechen sollte, die als ganzes sein Gedicht angeregt hat. Aber — dieselbe Strophe zeigt auch ein weltliches Tagelied [1]), das nach seinem Sprachstand wohl Peter von Arberg

[1]) **Bartsch** hat gewiß recht, wenn er die leichten metrischen Abweichungen, die das Stück gegenüber der strophischen Form der Großen Tageweise aufweist, durch Textänderungen beseitigt, Kolm. Hs. S. 710.

2. Der Einzugsleis (Lied II).

R

Nu ist dîu betfart so here:
Crist raît selber gen Jerusaleme.
Er fůrt an crůtz an siner hant.
Nu helf uns der hailant!

Nụ ist dîu betfart so gůt:
Hilf uns, herr, durh din haîliges blůt,

2 ierusal'e (*Zeilenschluß*). 6 din] d *korr.*

zugehören könnte, wenn es auch nicht unter seinem Namen überliefert ist (Kolm. Hs. Nr. 182). Kochs hat vermutet (a. a. O. S. 60), daß Peter von Arberg die Weise dieses weltlichen Tageliedes seiner geistlichen Dichtung zugrunde gelegt hat; dann wäre also die Strophe und die Melodie der Großen Tageweise übernommen und nicht aus den besonderen Bedingungen dieses Stückes heraus geschaffen. Kochs kann für sich den allgemeinen Grund in Anspruch nehmen, daß der Weg in unserer Zeit vom weltlichen zum geistlichen Liede zu führen pflegt, nicht umgekehrt; und den nicht minder triftigen, daß alsdann verständlich würde, wie das Stück zu der Bezeichnung *tagewise* kommt und warum es am Eingang wenigstens mit einer Zeile (*Laz uns den tac mit gnaden überschinen*) Anlehnung an das Tagelied sucht. Man entschließt sich schwer, vor solchen Gründen zu kapitulieren und die Gleichläufigkeit der Entwicklung von Text und Melodie der Großen Tageweise zu opfern; es will an sich nicht recht einleuchten, daß ein Stück so besonderer Entstehungsbedingungen sich mit einer entlehnten Strophe begnügt haben sollte. Aber auch die andere Annahme, daß auf die Melodie des erfolgreichen geistlichen Stückes nachträglich ein weltliches Tagelied gedichtet wurde, hat ihre Schwierigkeiten. Wie dem auch sein mag, die Möglichkeit bleibt unberührt, daß der innere Aufbau der Strophe, die Steigerung ihres stark episch durchsetzten Bittinhaltes zu den rufhaften Abgesängen, durch die ebenso gegliederte Liturgie beeinflußt ist.

C

Nu ist die bettevart so her:
Crist reit selber gen Jherusalem.
Er furt ein krůtze an siner hant.
Nu helf uns der heilant!

Nu ist die bettevart so gut:
Hilf uns, herre, durch din heiliges blut,

Dazd an dem crůtz vergossen hăst
Und uns von dem tôd erlŏset hast,
Daz an dem crůtz vergossen hast
Und uns in dem ellind gelassen hast!

Nu ist dů strâss also brait
Die uns zeůnserr liebun frown trait,
In unser liebun vrôwn lant.
Nu helf [uns der hailant!]

Wir sůln die pûss an uns nemen,
Daz wir got dester bas gezemen
Dert in sines vatter rich.
Dez bitten wir sůnder alle gelich.
Dez bitten wir den hailigen Crist,
Der aller der welte gewaltig ist,
Unt bitten wir den hailigen gaist
Umm cristann gelŏben aller maist.

---

8 von] vo *auf Rasur* (*Zeilenende*); dem (*mit Note*) *nachträglich an den Rand vor* tôd (*Zeilenanfang*) *geschrieben.* 12 uns (*mit Note*) *anscheinend nachträglich an den Rand hinter* Die (*Zeilenende*) *geschrieben; nach* frown *ist* uns *gestrichen.* 18 wir (*mit Note*) *nach* bittē (*Zeilenende*) *am Rande;* Wir *am Rande vor* ſůnd' (*Zeilenanfang*) *radiert; vgl. das Facsimile.*

Anmerkungen.

1 Abwandlung der nachweislich alten Zeile 5, s. Anm. dazu.

2 Die Zeile erscheint später in Rufen und ähnlichen Liedern christobiographischen Inhalts: *Der herr selber darauf rait Gen Jherusalem der werden statt* Wack. 2, Nr. 1205, 66 f.; vgl. Nr. 1203, 13.

3 Alte Rufzeile, von der freilich nicht mehr erkennbar ist, in welchem Zusammenhang sie ursprünglich auftrat; sie muß in den kreuzführenden Prozessionen, den 'Kreuzfahrten', seit alters eine Stelle haben. Auch das geistliche Spiel nährte die Vorstellung von dem kreuztragenden Christus: *dominus Ihesus quum primo exit . . ., devote portat crucem in manibus suis* Bordesholm. Marienkl. Zs. f. d. Alt. 13, 289. Die bildende Kunst freilich wählt gewöhnlich eine andere Darstellung: der auf dem Esel reitende Christus hält die Rechte segnend erhoben (Detzel, Christl. Ikonographie I, 320 ff.). Dementsprechend in späteren Rufen: *Er führt ein Creutz in seiner Hand, Er gibt den Segen über alle Land* Kreuzruf aus dem 17. Jh. Wack. 2, Nr. 1173, 7; vgl. die volksmäßigen Pfingstlieder bei Hoffmann von Fall. Kirchenl. S. 176 f., wo auch die jüngere Variante *macht . . mit* statt *führt . . in.* Der alte Vers gab eben schließlich eine Gerippzeile ab; vgl. *Er trůg ain grabn in seiner hand* Wack. 2, Nr. 517, 7.

4 Alte, schon volksmäßigen Kreuzzugsliedern angehörige Zeile, s. u.

Daz du an dem crutze vergoßen hast
Und uns in deme ellende geloßen hast!

Nu ist die stroße also breit
Die uns zu unserre lieben frowen treit,
In unserre lieben frowen lant.
Nu helf uns der heilant!

Wir sullent die buße an uns nemen,
Daz wir gote deste bas gezemen
Al dort in sines vatter rich.
Des bitten wir sůnder dich alle gelich.
So bitten wir den vil heiligen Crist
Der aller der welte gewaltig ist.

---

16 wir dich sunder alle *Hs.* 17 *Vor* crist *ist* geist *unterpunktiert.*

S. 241; doch auch im 14. Jh. noch in Schwang, vgl. Liliencron Histor. Volksl. 1, Nr. 11, 77.

5 Alte, mannigfach abgewandelte Gerippzeile, öfter in Verbindung mit Zeile 6; schon im volksmäßigen Kreuzlied: *Crist herre, du bist guot, Nu hilf uns durch din reinez bluot* s. u. S. 235 f.; ähnlich bis in junge Rufe, vgl. Wack. 2, Nr. 1103 Anfang. *Crist, du bist milde unde guot* begann eine Gesangseinlage in einem Spiel von Marien Himmelfahrt, Mone Altt. Schauspiele S. 35, V. 501; in mystischer Liederdichtung versüßlicht: *Got der ist so wunneclich; Gotes minne die ist so zart* (Hoffmann von Fall. Kirchenl. Nr. 25, S. 96); doch behauptet sich das Adj. gut, über den Wechsel des Subjekts hinaus: *Jesus minne die sint guot* v. d. Hagen Minnes. 3, 468[cc]; *Sant Johans minne diu ist gůt* Uhland Volksl. S. 821; *Der zart fronleichnam der ist gůt* Hoffmann v. Fall. Kirchenl. S. 503; *Meditieren daz ist gůt* ebd. S. 95. Doch auch die Fassung unseres Textes muß alt sein; das erweist eine Freidankstelle, die erst von hier aus voll durchsichtig wird: *Die beteverte wæren guot, Verkerten sie niht reinen muot An manegem manne iemer me, Der dar nach bæser ist dan e* 133, 17. Das soll offenbar eine Anspielung auf einen Bittfahrtleis sein, der mit unserm die erste Zeile teilte.

6 Vgl. Wack. 2, Nr. 1099; Nr. 1182, 17 f.; Uhland Volksl. Nr. 309 A Str. 6.

11 ff. bieten Bilder und Wendungen, die in späteren Litaneien unüblich sind. Gewöhnlich ist *des vaters lant* für das Himmelreich in Wendungen wie

Gott nem uns mit seiner gewaltigen Hand, Für uns in seines Vatters Land Wack. 2, Nr. 1178, 15; vgl. Nr. 517, 10; bezeichnend ist der Schreibfehler *vatters lant* statt *kindes lant* in Lied III 20; *in sines sunes lande* für das heilige Land Walther 12, 10; es wird Walther 10, 10 als Christi und Mariä *erbelant* bezeichnet; *Nu helff uns der heilant, Das wir komen in sin lant* Herzog Ernst 3171 f. (s. u. S. 236); vgl. den Schreibervers S. 237 Anm. Danach wäre immerhin möglich, daß die Strophe aus einem alten Kreuzzugslied stammt. *brait* V. 11 müßte dann wohl als 'wegsam, einladend' verstanden worden sein. Aber es fragt sich, ob hier nicht volksliedhaft unsinnige Vermengung ursprünglich anders verwendeten Traditionsgutes vorliegt; die 'breite Straße' läßt doch an die *spatiosa via* Matth. 7, 13 denken, die wirklich in kunstmäßiger Kreuzzugsdichtung auftritt: *In erbarmet daz diu trift ist also groz Uf der witen hellestraze, Die sin lant, kriuze unde grap suln machen bloz* Herr Hawart bei v. d. Hagen Minnes. 2, 163.

15 f. Natürlich aus geißlerischen Gedankengängen entsprungen (vgl. die Geißlerpredigt), aber in der Formulierung offenbar nicht selbständig; vgl. *Wir suln uns ein buoze nemen, Diu unsern sünden wol gezeme* Adam und Eva 55 f. bei v. d. Hagen Gesamtab. 1, S. 6.

18 Umsetzung einer Formel der lateinischen Litaneien: *peccatores te rogamus* (s. u. S. 233); C sucht ihr noch näher zu kommen.

20 Häufige Gerippzeile in altertümlicher Fassung; vgl. Klage 1881: *nu lone iu Krist, Der aller dinge gwaltic ist* (schon von Hoffmann von Fall. Kirchenl. S. 135 Anm. herangezogen), was also offenbar dem geistlichen Volkslied entlehnt ist. In unserer Fassung weist das adj. *gewaltic* zurück, der gen. *all der welte* vorwärts. Denn er herrscht in den jüngeren Fassungen, die neben ihm aber ein Subst. haben, zumeist *trœster*, z. B. Wack. 2, Nr. 740, 12. 1277, 1; *(er)lœser* Nr. 64, 2. 527, 3. 739, 11; *vater* Nr. 684; *heiler* Nr. 740, 13; *helfer* Hoffmann von Fallersl. Kirchenl. S. 203; eine ausgesprochene Rufzeile, die natürlich auch wieder im geistlichen Spiel auftritt, Schönbach Marienkl. S. 65, 76.

21 f. Eingangszeile des bekannten, bei Berthold von Regensburg (1, 43. 45; 2, 63) zuerst überlieferten Pfingstleises, vgl. Böhme Altd. Liederb. S. 675. Die allgemein übliche Lesart der zweiten Zeile ist indes *umb den rehten glouben*. Doch vgl. die Fassung aus dem cod. Einsidl. 50, der aus einer Predigt, die ein anonymer Karthäuser 1481 in Nürnberg hielt, folgendes mitteilt: *quando cum crucibus et reliquiis solemus ire* *contra mortem subitaneam* *et alia mala multa, tunc solemus canere in partibus Poloniae alumpne mee:*

> *Nu pit wir den hailigen gaist*
> *Umb den christengloben allermeist*
> *Das* (erg. *er*) *uns behüte an unser ende,*
> *So wir hinfarn uss disem ellende. Kyrieleys*

(nach P. Anselm Schubiger, Musikalische Spicilegien, Berlin 1876, S. 106). Auch hier also der Pfingstleis bei Prozessionen gegen den 'gæhen tot': die von der üblichen abweichende Lesart stimmt gewiß nicht zufällig in beiden Fassungen überein. Der Leis erscheint auch im geistlichen Spiel; bei Mone Altt. Schausp. S. 32 läßt ihn Petrus nach der Taufe eines paganus anstimmen.

Auf Inhalt und Aufbau gesehen, stellt Lied II, der 'Einzugsleis', wie wir ihn nennen wollen, ein ziemlich wirr zusammengewachsenes Gebilde dar, das sich wenigstens im groben in seine Elemente zerlegen läßt. Der gedankliche Kern steckt in der zweiten Strophe. Ein altüberlieferter Stropheneingang (V. 5f.) ist durch den Hinweis auf Christi blutigen Kreuztod in geißlerischer Richtung ergänzt worden. Unklar ist die Art der Verbindung mit der nächsten Strophe, — der dunkelste Punkt für die Interpretation des Liedes. Da unzweifelhaft Elemente einer alten Bittfahrtstrophe (s. Anm.) in der Strophe enthalten sind, ist die Möglichkeit eines alten Zusammenhangs von Str. 2 und 3 nicht von der Hand zu weisen. Was der Strophe in dem Einzugsleis ihr Recht gibt, das ist der Bittgang zu Maria, von dem sie handelt. Denn das war es offenbar, was die Geißler aus ihr heraushörten: 'unser Bußgang wendet sich an die Jungfrau Maria, die Fürbitte für uns einlegen soll'. Ihr Hereinziehen hat also im Einzugsleis dieselbe Bedeutung wie in der Liturgie. Die erste Strophe ist von der zweiten aus zu verstehen: sie bietet, den Eingang der zweiten abwandelnd, eine Art Exposition für das folgende. Die mit Kreuzen einherziehenden Geißler legitimieren sich durch den Hinweis auf Christi Vorbild. Der Sinn der Geißelbuße ist ja die Nachahmung von Christi Passion. Christi Leidensgeschichte aber wurde nach herkömmlicher Anschauung durch seinen Einzug in Jerusalem eröffnet. So ist es also von Bedeutung, wenn der Einzugsleis mit einer Erinnerung gerade an diese Szene von Christi Leben beginnt. Und vielleicht will die Anspielung noch mehr besagen und gestattet einen Schluß auf die tiefere Bestimmung dieses Leises. Christus zog ein in Jerusalem, die ihm noch nicht zugetane Stadt, um sie zu gewinnen und sein messianisches Werk zu krönen. So ziehen die Geißler ein in eine Stadt, die sie für ihre Sache gewinnen wollen, um ihr Bußwerk zum Siege zu führen: das muß die Meinung dieses Liedeingangs sein. Dann spiegelt sich also der äußere Lebens- und Ausdehnungsprozeß des Geißlerwesens in diesem Liede, wie in der Eingangs-, so auch in der an sie anknüpfenden Schlußstrophe. Denn diese Sätze: 'wir wollen die Geißelbuße auf uns nehmen, um den zornigen Gott zu versöhnen' (das ist der Sinn, der hinter den übernommenen Formeln steht), gewinnen erst den rechten Klang, wenn man sich die nötigen Hörer dazu denkt. In diesem Einzugsleis klingen die gleichen Werbetöne wie in der Liturgie, wenn auch gedämpfter.

Das Lied wird also in den Anfängen der Bewegung von 1349 gedichtet worden sein, vermutlich als vier-, vielleicht auch nur als dreistrophiges Gebilde: denn Str. 3 könnte immerhin auch nachträglich eingeschoben sein. Str. 1, 2 und 4 aber bilden jedenfalls einen organischen Zusammenhang. Die Grundform der Strophe war deutlich der Vierzeiler, der aus andern alten Leisen bekannt ist. Die vierzeilige Grundform von Str. 2 ist kaum sicher festzustellen. V. 8 R hängt im Gedanken sehr viel besser mit V. 6 zusammen als V. 10 R. Aber das ist für ein Volkslied ein dürftiger Beweisgrund. Man könnte daran denken, aus dem Reim *vergossen hast: gelassen* (versteh: *gelossen*) *hast* auf die Ursprungsgegend des Reimpaares zu schließen und dürfte dann eher an alem. als an bair. Gebiet denken. Aber der scheinbare Reim kann natürlich dem Ursprunge nach auch eine Assonanz sein. Immerhin, wenn gerade in der elsässischen Aufzeichnung Closeners das zweite Verspaar der Dublette Reutlingens erscheint, so hängt das offenbar damit zusammen, daß dies Verspaar in elsässischer Sprache statt der Assonanz einen Reim bot. Ihrem Gehalte nach ist Zeile 10 in eine assoziative Verbindung zu rücken mit Versen wie *So wir hinvarn uz dissem ellende* (Ausgang des alten Pfingstleises bei Berthold von Regensburg; s. Anm. zu V. 21 f.); vgl. auch *Dů noch in disem ellind sint* Lied III 4.

Bezeichnend ist, daß der der Litanei anhaftende Trieb zur Längung sich hauptsächlich am Schluß des Liedes ausgewirkt hat. Schloß das Lied, wie zu vermuten, ursprünglich mit V. 18, so hätte es eine doppelte Längung erfahren. Die erste, V. 19 f., mag psychologisch begründet sein und dem Wunsche entspringen, die Anrufung Christi noch einmal nachdrücklich an den Schluß des ganzen zu stellen, wie sie auch Str. 1 und 3 beschloß. Der zornige Christus, der ja auch schon im Hintergrunde der dritten Strophe stand, ist doch eben der eigentliche Gegenstand der geißlerischen Beschwörungen. Die Längung von V. 21 f. könnte ganz äußerlich durch ein Bedürfnis der Abrundung begründet sein: zu Vater (17) und Sohn tritt der Heilige Geist. Der Pfingstleis 'Nu bitten wir den heiligen geist' wurde aber, sofern einer Angabe von Fr. M.

Böhme zu trauen ist[1]), auch bei der Aufnahme in geistliche Bruderschaften gesungen. Wenn er hier am Schlusse des Einzugsleises erscheint, ob auch nur als Anwuchs, so entspricht das durchaus dem programmatischen Charakter dieses Geißlerliedes; die Umstehenden mußten gerade auch aus diesen Schlußzeilen ein Werben um Beteiligung heraushören.

Rein äußerlich scheint die Möglichkeit zu bestehen, das Stück V. 15—22 in zwei vierzeilige Strophen zu zerlegen, so daß also das ursprüngliche Lied um eine neue Strophe gelängt wäre. Aber diese Auffassung verbietet sich durch die Komposition. Sie stellt sich im Schema folgendermaßen dar:

Str. 1	Str. 2	Str. 3	Str. 4
a	a	a^1	a^1
b	b	b^{1a}	b^{1a}
c	c	c	c
d	b^1	d	b^{1a}
	c		c
	b^2		b^{2a}
			c
			b^{1a}

Schon dies bloße Schema genügt um zu zeigen, wie vielfältig Hugos Aufzeichnung die einander entsprechenden melodischen Zeilen, bei denen man die gleiche Melodieführung erwarten würde, abzuwandeln liebt, wenn die Variationen überwiegend auch ganz geringfügig sind. Dabei vermerkt das Schema nicht etwa äußerliche Unterschiede wie mangelnde Auftakte und Tonwiederholungen infolge von Silbenüberschuß, sondern nur innere Veränderungen der musikalischen Zeilen, die, soweit erkennbar, nicht durch die textliche Form der Zeile bedingt sind. Es ist nicht einzusehen, warum etwa V. 2 *Crist rait selber gen Jerusaleme* (Schluß-*e* ohne Note) nicht Note für Note dieselbe Melodie haben sollte wie V. 8 *Und uns von dem tod erloset hast.* Dasselbe gilt für die Eingangszeilen der vier Strophen, die nach Silbenzahl und natürlichem Rythmus vollkommen übereinstimmen. Auf der andern Seite haben freilich die Varianten b^2 in Str. 2 und 4 Verse von ganz gleich-

[1]) Altd. Liederb. S. 676. Die Angabe klingt glaubwürdig, doch habe ich sie nicht bestätigen können. Auch die Hilfe katholischer Sachkenner versagte.

artiger Textgestalt als Grundlage. Aber der Verdacht scheint berechtigt, daß eine vielleicht nicht geringe Willkür bei der Aufzeichnung der Melodie im Spiele ist (s. o. S. 125 f.). Sehr bemerkenswert ist aber, daß diese Willkür, die in den andern Liedern mehr die Texte zugunsten der musikalischen Normalformen eingezwängt hat, in unserem Liede gerade dem Texte große Freiheit läßt. Von den c-Zeilen weist V. 7 mit *dazd* allerdings eine harte Enklise auf, dafür läßt aber V. 17 eine melodisch sehr empfindliche Auftaktlosigkeit zu, die ganz leicht zu beheben gewesen wäre (s. Closeners Text). Und in den b-Zeilen scheint Hugo geradezu etwas darin zu suchen, die (sonst so gefährdeten) Neben- und Endsilben zu bewahren, ihnen melodisch zu folgen und silbisch verschiedene Verse herauszubekommen: wie leicht hätten sich sonst Verse wie 18 oder 20 auf die Normalform des ersten b-Verses bringen lassen! Hier geht der Anschluß an die unverkürzte Wortform gewiß weiter als das lebendige Lied es zuließ. Der Trieb zu silbenzählerischer Ausgleichung, der die andern Liedtexte beherrscht, waltet hier noch nicht (Lied II ist bei Hugo das erste!)[1]). Es ist also eine Art Systemwechsel in Hugos Aufzeichnung der Texte festzustellen. Mit seiner freien Art der Versfüllung gewährt Lied II wohl einen reineren Eindruck von der äußeren Form eines Geißlerleises, als zumal das folgende Stück, Lied III; gleichwohl muß man sich hüten, die Aufzeichnung als wirklichkeitsgetreu zu nehmen.

Wir kehren zu der Frage der strophischen Gliederung zurück, die das Schema beantworten sollte. Aus ihm erhellt, daß, wenn wir von vierzeiligen Strophen ausgehen, zwei verschiedene Typen in dem Liede abwechseln: abcd in Strophe 1 und 3, abcb in Strophe 2 und 4. Die Längung der Strophen 2 und 4 wirkt sich musikalisch in einer Wiederholung des Satzes der zweiten Strophenhälfte aus; das ist nichts als das Übergehen aus einer vierzeiligen in eine zweizeilige Litaneienstrophe. Auf diese Weise war, auch musikalisch gesehen, das ursprüngliche Lied unbegrenzt verlängerungsfähig. Als musikalische Grundform wird der Typus von Strophe 2 anzusehen sein,

---

[1]) Lehrreich ist V. 12, den Hugo aus *Die zeunserr liebun frown uns trait* nachträglich verändert hat in *Die uns z. l. f. trait*, offenbar um der melodischen Phrase zuliebe dem Wechselton zu entgehen. Die Korrektur in V. 8 *von dem tod* (urspr. *võ tod* ?) ist möglicherweise ähnlich zu verstehen.

zumal diese Strophe auch von seiten des Inhalts als Kernstück des Leises erscheint. Dieser Typus entspricht überdies der musikalischen Form von Lied III. Wenn Strophe 1 und 3 gegenüber diesem Typus abcb die Form abcd aufweisen, hat das seinen Grund offenbar darin, daß die Melodie des uralten Rufes der Schlußzeile, *Nu helf uns der hailant*, unabänderlich gegeben war.

Sieht man von den Zusätzen in Strophe 2 und 4 ab, so sind die Abweichungen von C und R außerordentlich gering. In Vers 17 hat C überschüssiges *al*, in V. 18 überschüssiges *dich*, in V. 19 überschüssiges *vil*. Von einer 'Literarisierung' der Überlieferung, wie sie für Lied I in C wahrscheinlich zu machen war, kann hier nicht gesprochen werden. Denn abgesehen von V. 17 dienen die überschüssigen Wörter keineswegs dazu, die Verse zu glätten, — wie auch sonst C an stark gefüllten Versen keinen Anstoß nimmt. Wir haben also Grund, in der Wiedergabe Closeners eine im ganzen zuverlässige Aufzeichnung des gesungenen Liedes zu sehen. Es liegen sonach zwei verschiedene, ohne Zweifel voneinander unabhängige Aufnahmen desselben Volksliedes vor. Diese Doppelüberlieferung erweist einen hohen Grad von Festigkeit in der Weitergabe des Liedes, der neben den stärkeren Abweichungen in der Liturgie nicht überraschen darf: der kurze, natürlich aufgebaute, aus lauter bekannten Formeln zusammengesetzte Liedtext gab wohl Raum zu Längungen, bot aber Zersingungserscheinungen weit weniger Angriffsflächen als die Liturgie.

Es gibt für den Einzugsleis noch eine alte Überlieferung aus dem 14. Jh., doch ist sie bereits literarischer Art. Auch die Chronik des Jakob Twinger von Königshofen bietet, wo sie von dem Geißlerwesen des 14. Jh.s berichtet, einen vollständigen Text[1]; aber er ist offensichtlich aus Closener übernommen, der bekanntlich eine der Hauptquellen für Königshofen bildet. Die letzte von Königshofens drei Redaktionen der Chronik liegt im Originalmanuskript vor; hier sind die einzigen Abweichungen von Closeners Text *also* 5, *unser frown* 10, *wir dich alle* 15, in den letzten beiden Versen also ein leichtes schriftstellerisches Eingreifen, das die überladenen Zeilen entlastet. Und die Redaktion B, die Hegel aufstellt (Städtechron. Bd. 8, 204 ff.), hängt selbst an diesen beiden unbequemen

[1]) Chron. d. dtsch. Städte Bd. 9, S. 765.

Stellen deutlich mit Closeners Fassung zusammen (s. die Variantenangaben Bd. 9, S. 765), um freilich wieder andere Abweichungen zu zeigen: *an dem heiligen crütze* 7, *genedig* statt *gewaltig* 18. Aber auch diese letzte Variante ist gewiß nicht mehr als Widerschein volksliedhafter Wandelung des gesungenen Textes zu verstehen.

Wohl aber zeigt die Aufzeichnung der Limburger Chronik, die leider nur die erste Strophe bringt, lebendige Weiterbildung des Textes, wenn sie auch auf einige Einzelheiten beschränkt bleibt:

Ist dise bedefart so here.
Crist fur selber zu Jherusalem
und furte ein cruze in siner hant.
Nu helf uns der heilant!

Wyss S. 31. *fur* V. 2 neben *furte* V. 3 mag volksliedhafte Abschleifung sein.

Dagegen sind die verschiedenen Aufzeichnungen des Einzugsleises aus dem 16. Jh. für die Geschichte des Geißlerliedes belanglos. Der Leis findet sich bei Wilhelm Eysengrein, Chronologicarum rerum amplissimae clarissimaeque urbis Spirae ... libri XVI (Dillingen 1564) S. 263; Christian Wurstisen, Basler Chronik (Basel 1580) S. 171 f.; Bernhard Hertzog, Chronicon Alsatiae (Straßburg 1592) Buch 8, Kap. 20. Die Aufzeichnung in der Wolfenbütteler Hs. Extr. 37, f. 62, die mir das Berliner Handschriftenarchiv nachwies, ist nur eine ungenaue Abschrift aus Hertzog; der Leis steht da innerhalb einer größeren Zahl von Excerpten über die Geißler, die sich Elias Ehinger im 17. Jh. zusammengestellt hat (vgl. S. 172).

Die am stärksten von der Überlieferung des 14. Jh.s abweichende Fassung ist die von Wurstisen:

Nun ist hie die Bettefart
Da Herr Christ gehn Jerusalem kart /
Er fůrt ein Creutz in seiner Hand /
Nun helffe vns der Heiland.

Nun ist die Bettefart so gůt /
Hilff vns Herr durch dein Blůt /
Das du am Creutz vergossen /
Vnd vns im ellend gelassen.

9 *Nun ist die Straß also bereit /*
Die vns zů Vnser Frauwen treit /
In Vnser lieben Frauwen Landt /
Nun helffe vns der Heilandt.

13 *Wir wöllen die Buß annemmen /*
Daß wir Gott desto baß gezimmen /
Dört in vnsers Vatters Reich /
Des bitten wir dich alle gleich /
So bitten wir den Heilgen Christ /
Der aller Welt genedig ist.

Von Interesse ist vor allem der Eingang. Die Umänderung entspringt offenbar einem Mißverständnis der originalen Lesart; sie wurde genommen als *Nu ist die betevart, so herre Crist reit g. J.* Der so verstandene Text wurde in ein Reimpaar gebracht.

Auch bei den beiden übrigen Texten finden sich die stärksten Abweichungen in der ersten Strophe, die nach Inhalt und Form am meisten Anlaß zu literarischen Besserungen gab. Bei Hertzog heißt sie:

Nun ist die Bettefahrt Herr dir so angenem /
Als da Christus selbst ritte gehn Jerusalem.
Er fuhrt ein Creutz in seiner Handt /
Nun hilff vnser lieber Heyland.

Wiederum schimmert die ursprünglichere Lesart deutlich durch, und wiederum hat das Mißverstehen des adj. *her* an der Änderung teil; das ist begreiflich, da das adj. im späteren Mittelalter veraltet und sich nur auf mitteldeutschem Boden in einzelnen Wendungen in die nhd. Zeit herübergerettet zu haben scheint (s. DWb.).

Bei Eysengrein endlich heißt der Eingang:

Herr Christe hilff zů ewigem /
Er fůr selbs gen Hierusalem /
Vnd trůg ein Creutz in seiner hand /
Nun hilff vns lieber Hailand /

Skrupellose Umdichtung erzwingt hier ebenso den Reim wie den Wechselton. Die folgenden Strophen lehren das gleiche: Eysengrein hat aus dem alten Volkslied ein Stück in Knittelversen gemacht.

Alle drei Fassungen lassen sich unschwer an Königshofen

anknüpfen, wobei freilich daran zu erinnern ist, daß seine Chronik in mehreren Redaktionen verbreitet wurde. Nach dem Unterschied der letzten Zeile stellen sich Wurstisen und Hertzog mit *genädig* zur Redaktion B, während Eysengrein mit *gewaltig* A oder C folgt. Überhaupt stehen Wurstisen und Hertzog meist zusammen gegen Eysengrein. Anderseits gehen in einzelnen Zügen alle drei Texte miteinander gegen die alte Überlieferung der Königshofenschen Chronik (*in* V. 3, *bereit* V. 9, *annemen* V. 13); aber wenigstens die ersten beiden dieser Lesarten bietet auch der jüngere Text Königshofens, der der Schilterschen Ausgabe zugrunde lag (Schilter, Die älteste Teutsche ... Chronicke von Jacob von Königshoven, Straßburg 1698, S. 297), so daß also die Überlieferung des 16. Jh.s nicht aus dem Kreise Königshofens hinausführt. Es lohnt bei unserer Fragestellung nicht, der Überlieferungsgeschichte dieser jungen Texte im einzelnen nachzugehen. Entscheidend ist die Tatsache, daß sie keine neue Überlieferung darstellen, die unterschiedlichen Fassungen des Eingangs also nicht etwa Zeugnisse für volksliedmäßige Weiterbildung des Einzugsleises abgeben. Das Verdeutlichungsbedürfnis bei Wurstisen und Hertzog, der papierne Reim bei Eysengrein sprechen von vorn herein dagegen, ganz abgesehen davon, daß bei einem Volkslied die Eingangszeilen am festesten zu stehen pflegen.

3. Das Lied 'Maria muoter reiniu meit' (Lied III).

1 Maria mûter raînù maît,
Erbarm dich ùber dîe cristenhait!
Erbarm dich ùber dinù kint,
Dù noch in disem ellind sint!

5 Maria mûter gnade vol,
Du kanst und mahst uns ghelfen wol.
Verlih uns aîn gnedigen dot
Und bhôtt uns da vor aller not!

9 Erwirb uns huld umm dines kint,
Dez rich nîemmer dhain end gewint,

Daz er uns lôs von aller not
Und bhôtte vor dem gåhen tot!

13 Erwirb uns ouch daz himelbrot,
Daz Crist sinn zwelfen jungern bot,

So lib und sel sich schaiden sol,
Daz wir den gvaren alle wol!

17 Und dîe uns dhain gût hant getăn
Daz si dez trosts nit werden ăn!

19 Und nim die sel an dine hant
Und fûrs in dines kindes lant!

21 Und nim dîe selån alle gar
Und fûr si zû der engel schar!

23 Und nim dîe selån all gelich
Und fûr si in daz himelrich!

25 Und setz si zû der rehtun hant
Und da der sacher rowe vant!

27 Dez helf uns der haîlant!

---

2 Erbam. 4 noch] ch *radiert?* 6 gheffen. 10 end] *an* d *Ansatz zu* e. 11 *Nach* uns *ist* uns *gestrichen.* 13 Er wirb unſ ouch *auf Rasur; das folg.* daz *am Rande.* 20 kindeſ *über durchstrich.* vatters. 25 si] ſ *auf rad.* z. d' rehtun *auf Rasur.*

Anmerkungen.

1 Überaus häufig nachweisbarer Liedeingang (Hermann Damen Jen. Hs. 120[d]; Muskatblüt Nr. 27; Hätzlerin S. 305; Wack. 2, S. 797; als solcher künstlicheren Gepräges als die Formulierung *Maria muoter unde maget*, die im Ruf ihre eigentliche Stelle hatte (s. o. S. 121 f.) und in der Kunstdichtung wesentlich seltener als Liedanfang auftritt, Reinmar v. Zweter Nr. 226 (doch vgl. 234. 239, 4); Meister Sigeher bei v. d. Hagen Minnes. 2, 360.

1—4 ausgesprochene Rufzeilen; in dieser Koppelung zumeist aber erst spät nachweisbar; 1. 2 bei Wack. 2, Nr. 1103, 5; 1—4 mit unbedeutenden Varianten, die das Wort *ellend* hervorruft, in Rufen des 17. Jhs., Wack. 2, Nr. 1209, 34 f. (Z. 4 *Die wir hie in großen Nöthen sind*); Nr. 1212, ziemlich am Eingang des Liedes (Z. 4 *Und die so ferr im Elendt sind*); vgl. Nr. 1266 (Liedeingang); *Thue uns erhören, deinew kind, Dye in dem jamertal hie sind* Bäumker Geistl. Liederb. aus dem 15. Jh. S. 17. Jünger scheint *Erbarm d. u. d. K.*, *Die in deim Namen versamblet sind* Wack. 2, Nr. 1176, 20; 1169, 7; 1170, 5; ähnlich 1174, 10.

9 Die üblichere Formulierung scheint *Pringe uns zů deines chindes hulde* Wack. 2, Nr. 66, 5 (13.—14. Jh.); *Gewinne uns dines kindes hult* Nr. 802, 10 (15. Jh.); sie wirkt möglicherweise nach in *dines kind*.

13 f. Übernommene Rufzeilen, wörtlich so noch in spät überlieferten Rufen, Wack. 2, Nr. 1196, 4. 688, 1; vgl. 1231, 2. 1210, 44. Natürlich meinen die Zeilen die letzte Wegstärkung durch Christi Leichnam vor dem Ende; so genommen stellt das Verspaar in verschiedener Formulierung einen stehenden Zug im volkstümlichen Bittliede dar, vgl. etwa *Hilf daz ich der engel brot Mit riuwen empfach in todes not* in einem mit rufartigen Elementen versetzten Ave Maria bei Hoffmann von Fall. Kirchenl. S. 63. Auch das geistliche Kunstlied verwendet ihn, Ave-Maria-Leich bei Bartsch Erlös. S. 204, V. 309 f. (rufartig beeinflußtes Stück); Muskatbl. Nr. 18 Schluß; doch mangelt die feste Form, die Abhängigkeit vom volksmäßigen Liede erhärten könnte.

15 Feste Formel, wo Maria um Hilfe in der Todesstunde angerufen wird; vgl. Wack. 2, Nr. 1254, 2; ohne *soll* Nr. 719, 7. 837, 9. Das Alter der Wendung erweist *Miner sünden bant zebrich, Swenn sele und lib scheidet sich* Ave-Maria-Leich V. 366 f. Friedrichs von Husen *Min herze und min lip diu wellent scheiden* paraphrasiert diese Vorstellung, vielleicht sogar schon diese Formel.

17 Rufzeile; vgl. Wack. 2, Nr. 1172, 15; Bittlied an Maria von Michel Beheim bei Wack. 2, Nr. 860, 6.

19 ff. Die stilistische Form des folgenden mit den gehäuften Anreden und dem Wechsel von *nim* und *fůr* hat eine nahe Parallele in dem 'Sternruf Mariä', bei Wack. 2, Nr. 1212, 31 ff. aus Nic. Beuttners Gesangbuch von 1660 abgedruckt, dem auch die ersten vier Zeilen unseres Rufes entsprechen: *Also hat es der Rueff ein End, Maria, sey bey unserm letzten Endt, Und nimb unser Seel in deine Hand Unnd reiß sie auß des Teuffels Bandt, Unnd fůhr die Seel ins Himmelreich, Darinn lebens immer und ewigleich, Und fůhr sie in den obersten Thron, Da singen es die Engel schon.* Z. 19 auch schon in dem Ave-Maria-Leich V. 381 f.: *So hab min sele in diner hant, Füer si für unsern heilant;* vgl. *Mein seel entpfach in dein hendt, Fůr si in deines kindes reych* Wack. 2, Nr. 1231, 7.

21 f. Vgl. *O Maria, nymm unßer seel war Und füer sy an der hailigen engel schar* Wack. 2, Nr. 1254, 9; ebenso 2, Nr. 1165, 12 wo *eben* statt *selen*

eingedrungen ist; auch Heinrichs von Laufenberg *nim mein gewar* usw. bei Wack. 2, Nr. 739, 26 unterstützt diese Fassung. Ist 21 aus dieser Zeile umgesungen? Z. 22 für sich ist eine der geläufigsten Rufzeilen, zumal in der Fassung *Hilf uns an der engel schar.*

23 f. Nach Volksliedart gedehnter Liedschluß: schon Z. 22 wäre als Schluß paßrecht und tritt nicht selten als solcher auf; aber auch 24 ist (mit der Reimzeile *Da wir dich loben ewiclich* o. ä.) ein geläufiger Liedschluß, vgl. Wack. 2, Nr. 981. 1207. 1208.

25 f. Beruht ebenfalls auf einem gegebenen, vermutlich wieder dem Bezirk der Litaneien entlehnten Reimpaar; vgl. *Und zych* (= *sich*) *czu der rechtin hant, Do der schecher dy rewe vant, Und vorley myr ware rewe Durch deyn vetirliche trewe* schles. Hs. (um 1417) bei Wack. 2, Nr. 675, 4; über eine parallele Stelle in Peters von Arberg Großer Tageweise s. o. S. 170; *riuwe* ist offenbar das ursprüngliche; im Geißlerlied volksliedhaft entstellt. Vermutlich ist die Geißlerpredigt im Spiel: *und die creature die mir dienet, die sol würdig sin zů enpfohende die selben eweklichen růwen, und ir armen ir erbent nüt mine růwe* Clos. 114, 31. Bei Heinrich von Laufenberg verkünstlicht: *Got fůrt dich zů der rehten hand Uss diser welt ellende Und seczt dich in der mynne bant* usw. Wack. 2, Nr. 708, 5. Der Zug *Gott helff uns all zur rechten Seytn* auch sonst als Abschluß in jüngeren Rufen, Wack. 2, S. 965.

27 Vgl. Anm. zu Lied II 4.

Wenn man das Lied III als Volkslied deuten und verstehen will, ist zunächst zu betonen, daß die Aufzeichnung schwerlich als bis ins letzte zuverlässig gelten kann. Das Lied weist von allen Texten Hugos von Reutlingen die strengste äußere Form auf: es besteht aus lauter Achtsilblern mit Auftakt, abgesehen von der Schlußzeile, die zu fest stand, um einen Eingriff zu gestatten. Wort- und Verston stimmen zueinander; nur *gnedigen* 7 und *niemmér* 10 sperren sich gegen den Wechselton. Ein dreisilbiger Takt nur in *ůber die* 2, der an sich leicht zu verkürzen wäre, aber von der Neumierung bestätigt wird. Alle Wahrscheinlichkeit spricht dafür, daß der wirklich gesungene Text nicht eine so starre Versgestaltung aufwies. Es ist recht unglaubhaft, daß das gesungene Lied nur einmal, in Zeile 2, eine überschüssige Silbe auf dem bequemen Wege der Tonwiederholung untergebracht haben sollte. Besonders der V. 23 drängt zu derselben Taktbehandlung, also nicht *all gelich*, sondern *alle gelich*, zumal neben *alle gar* 21 und *alle wol* 16. Auch bei den harten Proklisen *ghelfen* 6 und *bhőtte* 8. 12 könnte Systemzwang im Spiele sein. Darüber hinaus muß aber zumindest die Frage aufgeworfen werden, ob nicht hie und da ursprünglich einsilbige Takte aufgefüllt worden sind. Die ungeschickte Flexionsendung *umm dines kint* 9 scheint freilich in dem melodischen Satz eine Stütze zu finden. Aber die ebenso ungeschickte *sinn zwelfen jungern* 14 ist durch ihn weniger gedeckt. Verdächtig ist auch das *da* in V. 8 (denn die übliche Form dieses Verses kennt die lokale Partikel nicht). Vielleicht daß sich hinter dem glatten Gleichmaß solcher Verse ursprünglich einsilbige Takte verbergen (nach Art des Verses 27).

Aber mag Hugo auch glättend eingegriffen haben, das Gefüge des Liedes hat er zweifellos nicht angetastet. Denn es trägt in solchem Maße die Kennzeichen des echten Volksliedes, daß an eine irgendwie tiefer greifende Bearbeitung durch den Aufzeichner nicht gedacht werden darf. Dieser zur Ärmlichkeit gewordene Formzwang, der Strophen und Verse immer wieder mit den gleichen Wendungen beginnen läßt, die Wiederholungen ganzer Verse fast mit dem gleichen Wortlaut, die redselige Dürftigkeit im Gedanklichen, dies Unvermögen ein Ende zu finden, — all das spricht eine deutliche Sprache. Das Lied ist das primitivste unter den erhaltenen Geißlerliedern des Jahres 1349; um so merkwürdiger wäre es, wenn ihm von Haus aus eine solche Formstrenge eignete, wie Hugos Aufzeichnung uns glauben machen will.

Für die Frage nach Aufbau und Wachstum des Stückes ist wieder die Melodie von Bedeutung. Str. 1 und 2 unterscheiden sich kompositorisch von dem Rest. In ihnen ähnelt die Melodieführung der von Str. 2 und 3 in Lied II, insofern auch hier Z. 1 und 3 jeder Strophe den gleichen Satz aufweisen; Schema also a b c b[1]). Mit Zeile 9 beginnt eine neue melodische Zeile (d), die in der dritten Strophe mit b wechselt, also d b d b. Indes ist diese melodische Zeile nur eine echt volksliedhafte Ableitung aus der c-Zeile: die zweite Hälfte der c-Zeile ist einfach gedoppelt worden, um die neue melodische Phrase zu gewinnen. Von Zeile 13 an weist die Neumierung Lücken auf, um die Zeile 24 überhaupt aufzuhören. Aber das Vor-

[1]) Für unsere Zwecke kann darüber hinweggesehen werden, daß in Str. 1 die 4. Zeile gegenüber der zweiten eine leichte musikalische Variation zeigt, die sich in der 2. Zeile von Str. 3 wiederholt. Auch die linienlose Neumierung dieser Zeilen im weiteren Fortgang des Liedes weist Variationen auf, die die moderne Transskription der Melodie bei Runge S. 10 f. nicht genügend zum Ausdruck kommen läßt.

handene genügt zu dem Schluß, daß der Satzwechsel d b von Zeile 13 bis Zeile 26 regelmäßig fortgesetzt wurde; also dasselbe melodische Bild wie bei den Erweiterungen von Lied II. Die Schlußzeile *Dez helf uns der hailant* hatte offenbar wie in Lied II ihre besondere Melodie.

Aus diesen melodischen Verhältnissen lassen sich kaum sichere Schlüsse für den Entstehungsprozeß des Leises ziehen. Irrig wäre es gewiß, wollte man aus ihnen entnehmen, daß der Leis von Haus aus nur die beiden ersten Strophen umfaßte und alles weitere jüngerer Anwuchs sei. Mindestens die Strophen 1 bis 3 sind als primäre Einheit zu nehmen, weil erst die dritte Strophe im eigentlichen Sinn geißlerische Züge enthält. Ob etwas und wieviel über diese drei Strophen hinaus der originalen Fassung des Liedes angehörte, wird ohne neue Funde nicht auszumachen sein. Daß die Grundform schon den ganzen Text bot, wie Hugo von Reutlingen ihn aufgezeichnet hat, ist nicht gerade unmöglich, aber doch sehr unwahrscheinlich, ebenso im Hinblick auf die unfeste Gestalt der andern Geißlerlieder wie mit Rücksicht auf den besonders flüssigen Inhalt dieses Stückes. Indessen, wo die Grenze zwischen der ersten Formung und den späteren Zusätzen liegt, steht dahin. Natürlich ist auch mit der Möglichkeit mehrfacher Verlängerung zu rechnen. Nach welchem Reimpaar auch, von Zeile 16 an gerechnet, man einen Schnitt machte, jedes würde (von 17 f. abgesehen) ein mindestens ebenso gutes Liedende abgeben wie Zeile 25 f.

Die melodische Doppelung innerhalb des Leises ist wohl so aufzufassen, daß schon in der Fassung erster Hand zwei verschiedene Leistypen verschmolzen waren. Zugrunde liegt ein Leis, der vierzeilige Strophen aufwies und die einzelnen Strophen akrostichisch mit 'Maria' beginnen ließ. An ihn war ein Stück gefügt, daß dem in jüngerer Zeit vorherrschenden Leistypus folgte, dem Typus mit zweizeiligen Strophen. Es ist bekannt, wie vielfältig es in älterer Kunstdichtung üblich war, Preis- oder Bittlieder an Maria so zu fügen, daß jede Strophe mit 'Maria', auch 'Ave Maria' oder 'O Maria' begann. Von Konrad von Würzburg über Frauenlob bis zu Heinrich von Laufenberg ist das stehend, in meistersingerischer Dichtung und sonst (Beispiele bei Wack. 2, Nr. 236. 320. 361. 712. 747. 1028. 1035—1044). Jüngeren Rufen scheint diese Technik fremd, es sind Gesangbuchlieder und ähnliche Gebilde von etwas entwickelterer Form, die sie festgehalten haben (Wack. 2, Nr. 1219. 1221. 1222. 1254). Hier ist also die Abhängigkeit des geistlichen Volksliedes vom Kunstliede einmal greifbar; man kann sie geradezu in Stufen verfolgen. Man vergleiche einmal die drei deutlich zusammenhängenden Marienlieder bei Wack. 2, Nr. 59—61, alle aus durchgereimten vierzeiligen Strophen bestehend, die akrostichisch mit *Maria, O Maria, Ave Maria* beginnen; die älteste Fassung ist wohl schon im 13. Jh. entstanden. Es sind, auf ihren Lebensprozeß gesehen, auch schon geistliche Volkslieder, aber höherer Schichtung. Und auf den Ursprung gesehen, sind es Lieder, in denen die Technik des reinen Kunstliedes sich vermengt mit Einschlägen aus der Sphäre volksmäßiger Leise. Kunstgebilde dieser Art stehen im Hintergrunde der Strophen 1 und 2 des Geißlerliedes. Und nur die Frage bleibt offen, wann die volle Trivialisierung erreicht worden ist, die das Geißlerlied aufweist. Es ist denkbar (und vielleicht wahrscheinlicher), daß der Kompilator des Geißlerliedes beide Strophen fertig aus einem vollkommen volksmäßig eingeebneten Marienlied mit Viererstrophen akrostichischen Eingangs übernahm; nicht ganz ausgeschlossen ist aber auch, daß er im Anschluß an ein ähnliches Vorbild (und seine Melodie) gangbare Leiszeilen neu kombinierte; es verdient vielleicht Beachtung, daß die Verspaarung 5 f. sonst in Leisen nicht nachzuweisen ist. Auch das Zeugnis von Zeitgenossen, das die Geißlerlieder als 'neu' bezeichnet, darf nicht übersehen werden (s. o. S. 76).

Auch im zweiten Teile, von Zeile 9 ab, ist die Unselbständigkeit handgreiflich (s. die Anmerkungen); nur ihr Grad bleibt wieder zweifelhaft, die Frage also, ob ein gegebener Leis in größeren Verszusammenhängen ausgeschöpft wurde, oder ob das Mosaik vielteiliger ist.

Man könnte auf den ersten Blick meinen, daß die Geißler dies Lied schon fertig vorfanden, daß sie mit ihm also, wie es für Lied IV nachweisbar und in anderen Fällen zu vermuten ist, einen vorhandenen Leis einfach übernommen hätten. Denn das Stück enthält nichts, was ausschließlich geißlerisch wäre. Aber ob auch jeder einzelne Zug traditionelles Gut ist, in ihrer Vereinigung bringen sie so vollkommen geißlerische Gedankengänge zum Ausdruck, daß kein Zweifel sein kann:

der Leis ist eine Schöpfung aus Geißlerkreisen. Von ihnen aus gesehen gewinnt namentlich die dritte Strophe, im Zusammenhang eines anderen Leises ziemlich neutral, eine ganz ausgeprägte Bedeutung. Sie ruft für den Geißler den ganzen Vorstellungskreis auf, der hinter der Liturgie steht: Maria soll den zornigen Christus versöhnen, der der Welt den Untergang androht und ihr die Strafe des 'gähen Todes' geschickt hat. Auch im übrigen hat Verspaar für Verspaar das große Sterben vor Augen; und dringlicher noch als die Sorge ums Leben ruft Stück um Stück die Sorge um einen gnädigen Tod. V. 17 f. ist dagegen irdischer zu verstehen: das zielt zunächst wohl auf die Wohltaten, die die Geißler beim Erscheinen in einem Ort in Anspruch nahmen (vgl. Clos. 106, 10 f. 111, 17 ff.), hat aber noch einen tieferen Hintergrund. Bei Matthias von Neuenburg heißt es: *Et transierunt* (während der genuflexio) *iuxta circulum magistri monentes eos, ut orarent ad Dominum pro clemencia super populum, item super omnes benefactores et malefactores et omnes peccatores et in purgatorio existentes et pluribus aliis* a. a. O. S. 271.

4. Das Lied 'Maria unser vrouwe' (Lied IV).

1 Maria unser frowe
Kyrieleyson!
Was in gǒtlicher schowe.
Alleluia! globet sis du, Maria!

3 Zůz ir wart ain engel gsant,
Der waz Gabriel genant.

5 Der wart ir von got gesant.
Er grůsd si minneclich zehant.

7 Er sprach: »du bist genade vol.
Got ist mit dir, dem gfelst du wol.

9 Dich wil ob allen vrôwen
Gǒtlich segen betowen.

11 Du enpfahst und gbirst an kint,
Des rich nůmmer dhaîn end gewint.

13 Ås sol Jesus werden genant,
All der welt an haîlant.«

15 Vons engels rede ersrak si do
Unt waz doch sines grůsses fro.

17 Si vorschat wie daz gschenhen sǒlt,
Won si magd ewclich bliben wǒlt.

19 Der engel sprach und antwurt ir:
»Der hailig gaist wurgt daz an dir.

21 An zaichen sag ich dir dar zů,
Da von din hertze wirdet fro:

23 Din liebů mům Elizabet
An kindli in ir libe tret,

25 Und gat der sehste manot in
Daz si enpfieng daz kindelin.

---

3 ff. *Die Kehrreime sind in allen folgenden Strophen nur angedeutet durch* k', Al' *o. ä.* 3 Zůz] ° *über* u *rot.* 13 Ås] ᵉ *schwarz übergeschr. und rot nachgezogen.* 18 evclich. 19 antŵrt. 20 ŵrgt. 21 ich] ch *aus* r, *anscheinend spätere Verbesserung.*

27 Si haisset dů unberhaft ist,
As du magd von nature bist.

29 Daz sol dir an zaichen sin
Daz du ouch gbirst an kindelin.

31 Wån got in dem himelrich
Sint ållů ding ztůnd mugelich.«

33 Maria sprach: »zden worten din
Gib ich gern den willen min.«

35 Zehant enpfiêng si Jesum Crist,
Der aller welt an trôster ist.

37 Der engel vant Marian ain
An ir gbet, daz waz vil raîn.

39 Dů botschaft gie zeîr oran in,
Der hailig gaist flos da mit in.

41 Der worht in ir libe daz
Das Cristus got und mensche waz.

43 Maria grůzd ir můmun zhant
Diu Elizabet waz genant,

45 Dů sant Johansen swanger waz,
As ir der engel kunte daz.

47 Des grůz frowt sich daz kindeli
Beslossen in sinr můter srin.

49 Maria trůg aûn smerzen
Ir kint undr irem herzen,

51 Bis nůne manot komen hin,
Daz si solt gbern daz kindelin.

53 Do si daz kindli gberen solt,
Niemen si behusen wolt.

55 Gen Bethleem si komen waz,
Der rômscher kaiser gbot ir daz.

---

29 sol *auf Rasur.* 31 Wån] ° *rot übergeschr.* 51 nůne] e *nachträglich.*

As waz an groz volg komen dar,
Daz ir da niemen name war.

Dů edel kůniginnen
Moht dhain herberg gewinnen,

Wîe der wint do wate
Und snê und regen strate.

Ir wizzen hende si do want,
Daz si herberg nit envant.

Zwischont zwain husern waz an dach,
Da hett si bi aînr cripp ir gmach.

Do si ir kindes do genaz,
Do waz si magd as si vor waz.

Si låit es in die crippen,
Diu waz hert sinen rippen.

Da waz an esel und aîn rint,
Dîe erkandan daz himelsch kint.

Do daz kindli wart geborn,
Do wart gestillet gottes zorn.

Der engel kunte do zehant,
As wer geborn der hailant

Und wer lob in dem himelrich
Und frid uff dem ertrich.

Do ah tag dar nach komen hin
Und bsnitten wart daz kindelin,

Do ward es ghaissen Jesus Crist,
Der all der welt an tro̊ster ist.

As het vor gseit herr Balaam,
Daz wurdi an nůwer stern uf gan,

Und solte án herre denn uf stan
Dem elliu dwelt wůrd undertan.

---

58 name] n *auf Rasur.* 69 crippen] n *anscheinend nachträglich zugesetzt.* 71 Da] a *rot korr.* (*aus anrad.* o?). aîn] *Circumflex rot.* 81 ghaissen] *nach* n *ist* t *radiert.* 86 dwelt.

Crist hett im selb den stern erkorn,
Der dar nach lange wart geborn,

Lenger me denn tusent jar:
Dů bouch sagant unz daz fůr war.

Dri kůng den stern ersahen,
Si bgundan zhandan gahen

Wîe si kômin in die stat
Da daz kindli gboren wart.

Der sterne luht den kůngen drin
Gen Bethleem zem kindelin.

Si brahtan gab dem kindelin
Und ouch der liebun můter sin:

Wiroch, mirrun, edel golt.
Da von wart in daz kindli holt.

Der zwelfte dag waz do da hin,
Do dkůnge komen zem kindelin.

Dar nach ůber drisig jar,
Daz solt du wissen fůr war,

Do hett sich zit erloůfen
Daz sich hîess Jhesus toufen.

Sant Johans der tůft in do.
Des sůln wir alle wesen fro.

Won got den tůf gewihet hat
Daz er uns raînt von missetat.

Der diz gdiht loblich singet,
Grossen lon es im bringet.

Maria wil sin pflegen
Und ir kinds frůde geben.

---

90 fůr] f *korr.* (*aus* v- *oder* w-*Ansatz*). 102 Do *durch Korrektur und Rasur aus* Die; *das folgende* d *nachträglich.* 105 *Zwischen* sich *und* zit *ist* td *radiert.* 111 *Hinter* loblich *ist* e *radiert.*

Anmerkungen.

1 f. Vgl. Wack. 5, Nr. 1308, 7, auch hier noch als ursprünglicher Liedeingang erkennbar; verkünstlicht von Heinrich von Laufenberg: *Es sass ein edly maget schon In hoher contemplation* Wack. 2, Nr. 705.

3 f. Vgl. Wack. 2, Nr. 1207, 5; s. auch Bäumker Geistl. Liederb. Nr. 1, 4.

7 f. Typisches Verspaar in späteren englischen Grüßen, vgl. Wack. 2, Nr. 1159, 2; 1162, 2; aber auch in Rufen anderer Art, z. B. Wack. 2, Nr. 1218, 4, bis in moderne katholische Gesangbücher; vgl. Bäumker Nr. 1, 8.

9 f. Künstlicheren Ursprungs; vgl. ndrhein. Marienlieder, Zs. f. d. Alt. 10, 1.

11 f. Vgl. Wack. 2, Nr. 1207, 10.

13 Vgl. Bäumker Nr. 2, 23.

20 Vgl. Bäumker Nr. 1, 17; 7, 6; Wack. 2, Nr. 760, 4; 1218, 9.

31 f. Vgl. Bäumker Nr. 1, 16.

35 Vgl. Wack. 2, Nr. 1207, 22.

37 f. *Da er dich fand alleine, Maria, dich vil reine* Wack. 2, Nr. 806, 6 aus einem jungen englischen Gruß; vgl. Bäumker Nr. 1, 6; das ist vermutlich die ursprüngliche Fügung, nicht das *reine gebet*.

49 f. Vgl. Wack. 5, Nr. 1308, 26; Kehrein 1, S. 192; Bäumker Nr. 10, 7.

67 f. Vgl. Wack. 2, Nr. 1207, 28.

71 f. Schon im Melker Marienlied Müllenhoff-Scherer Denkmäler 1, 153, 1 f.; vgl. Wack. 5, Nr. 1308, 32; Bäumker Nr. 5, 7.

73 f. Vgl. Wack. 5, Nr. 1411, 1; auch Nr. 1313, 4.

99 f. Vgl. Wack. 5, Nr. 1411, 24; 2, Nr. 699, 8; Nr. 1212, 7.

103 f. Vgl. Wack. 2, Nr. 706, 7.

111 f. Vgl. Hoffmann von Fall. Kirchenl. S. 502, 10.

Dies Lied hat Pfannenschmid vielleicht am schwersten mißverstanden, wenn er auch hier mit einem bestimmten Verfasser arbeitet, der das Lied, wie es ist, für die Zwecke der Geißler verfaßt habe und der ihm, z. T. in verhüllter Form, allerlei dogmatische Fracht mitgab (s. besonders S. 165). Es verlohnt der Mühe nicht, diese Irrtümer im einzelnen zu widerlegen. Für das Lied bezeichnend ist gerade sein ungeißlerischer Charakter, dazu seine vollkommen epische Haltung. Nur ganz wenige Strophen gehen auf Lehrmeinungen ein, und sie sind trivialster Art (67 f. 73 f. 109 f.). Immerhin werden die Verse 73 f. *Do daz kindli wart geborn, Do wart gestillet gottes zorn* gewisse Assoziationen im Sinne ihrer Bußübung bei den Geißlern wachgerufen haben (Pfannenschmid S. 166 f.), wenn auch keine Rede davon sein kann, daß sie, wie Pfannenschmid will, 'dem Verfasser des Liedes ausschließlich angehören' (s. meine Anm.). Nirgend ist eine von der kirchlichen Lehre abweichende Meinung auch nur angedeutet.

Das Lied hat freilich sein großes Interesse; aber es liegt auf einer ganz anderen Linie. Eine Gattung des geistlichen

Volksliedes, die uns die literarischen Quellen im 15. Jh. als bereits vorhanden, aber erst im 16. und 17. Jh. in breitester Entfaltung zeigen, wird durch dies Lied als schon im 14. Jh. voll lebendig erwiesen, das ist die Gattung des langatmigen, vielstrophigen 'Rufes' [1]), von dem die katholischen Gesangbücher der älterneuhochdeutschen Zeit voll sind. Diese Rufe, auch 'Kreuzrufe', 'Kreuzgesänge' genannt, sind aus der kirchlichen Litanei entwickelt, wie denn die spätere Zeit beide Begriffe gelegentlich als gleichbedeutend versteht (Wack. 5, S. 1188 *Letaney oder Rüef*). Der wesentliche Unterschied besteht darin, daß formal an die Stelle des ungeformten Anrufes eine kurze Reimstrophe trat, und inhaltlich an die Stelle des Bittgebetes epische Erzählung. Dagegen bleibt der schnelle Wechsel von Text und Responsion: bei den in der Mehrzahl zweizeiligen Rufstrophen folgt üblicherweise auf jede Zeile ein Lob- oder Bittruf als Kehrreim. Und es bleibt die Zweckbestimmung: auch die Rufe dienen der Begleitung von Kirchfahrten und Wallfahrten aller Art. Ihren epischen Inhalt nehmen die Rufe in der Hauptsache aus der Heilsgeschichte, Mariä und Jesu Leben stehen im Mittelpunkt; und dieser Art ist auch das Geißlerlied.

Der Ruf vereint in der Hauptsache drei Geschichten aus den Anfängen des Lebens Jesu, die nur schwach verbunden und am Schluß sprunghaft fortgesetzt sind: die Verkündigung mit dem Besuch Marias bei Elisabeth (1—48), Jesu Geburt, also die Weihnachtsgeschichte (49—78) und die Erzählung von den drei Königen aus dem Morgenlande (83—102). Diese drei Hauptstücke des Liedinhalts heben sich so mit eigenem Schwerpunkt gegeneinander ab, daß man meinen könnte, das Lied sei durch Kontamination ehemals selbständiger Stücke entstanden, um so mehr als die Ausführlichkeit, mit der die Verkündigung erzählt ist, fühlbar von den folgenden Teilen absticht. Aber jüngere Rufe mahnen zur Vorsicht. Diese Ungleichmäßigkeit der Darstellung, der Wechsel zwischen

---

[1]) An sich reicht die Bezeichnung bis ins Mhd. zurück; *ruof* meint von Haus aus ein kurzes, auf Anrufungen gestelltes Gebetslied von der Art des *Sant Mari, muoter unde meit* usw.; vgl. Hoffmann von Fall. Kirchenl. S. 67 ff.; DWb. 8, 1393 δ. In diesem Sinne haben wir das Wort bislang verwendet. Der Gebrauch des Wortes in dem oben angegebenen Verstande wird so alt sein wie diese besondere Gattung als solche.

Fülle und Schmächtigkeit der Erzählung, ist ein bezeichnender Zug auch der jüngeren Texte. Zumal solche Stücke begegnen häufiger, in denen die Eingangsszene, zumeist die Verkündigung, breit ausgestaltet ist, während im weiteren Fortgang knapp, manchmal fast stichwortartig ein Zug aus dem Leben Jesu an den andern gefügt ist (vgl. Wack. 2, Nr. 1207, Nr. 1218). Das ganze Leben Jesu von der Verkündigung bis zur Wiederkunft ist das ideale Schema, vor dem man all diese biographischen Rufe sehen muß. Dieser Rahmen ist vom lebendigen Volksgesange wohl nur selten mit all seinen Einzelgliedern vollständig gefüllt worden. Wo man das ganze Gefüge einigermaßen lückenlos vor sich sieht, darf man die ordnende Hand des Aufzeichnenden im Spiele sehen (Wack. 5, Nr. 1437), wenn es sich nicht überhaupt um künstlichere Gebilde handelt (Wack. 2, Nr. 1019). Auch innerhalb der mehr oder weniger vollständigen Stücke ist die Erscheinung zu beobachten, daß neben der nur andeutenden Behandlung, die die Regel bildet, einzelne Stationen von Jesu Leben eine breitere Ausführung finden, zumal die Leidensgeschichte, wie in Wack. 2, Nr. 1019 und 5, Nr. 1437. Aber in dem Stück Wack. 5, Nr. 1411, das gleichfalls trotz seinen Verstümmelungen in der Anlage als ein vollständiger Leben-Jesu-Ruf angesprochen werden muß, ist es z. B. so, daß schon die Geschichte von dem Stern und den drei Magiern sich breit entfaltet.

Diese Erscheinung erklärt sich daher, daß mit zwei Grundformen christobiographischer Rufe gerechnet werden muß. Neben den Leben-Jesu-Rufen, denen das ganze Schema vorschwebte, wenn sie es auch nicht ganz füllten, gab es auch Rufe, die nur einzelne Geschichten des Neuen Testaments zum Gegenstande hatten und diese dann natürlich in einem andern Stil, mit mehr Fülle und Einzelheiten erzählten. Man darf vielleicht vermuten, daß die zweite Form die genetisch ältere ist. Lehrreich ist für diese Dinge das Liederbuch des Zisterzienserstiftes Hohenfurt in Böhmen aus der zweiten Hälfte des 15. Jh.s, das Wilhelm Bäumker unter dem Titel 'Ein deutsches geistliches Liederbuch mit Melodien aus dem 15. Jahrhundert' veröffentlicht hat (Leipzig 1895). Dies Liederbuch enthält zwei große Zyklen von Rufen [1]: der erste reicht

[1]) Eigentlich drei; aber der zweite ist nur die Bearbeitung des ersten für eine andere Melodie.

in 9 Einzelstücken und mehr als 500 Versen bis zur Flucht nach Ägypten, der zweite umfaßt in 28 Einzelstücken und mehr als 2000 Versen Christi Erlösungswerk vom Auftreten des Dreißigjährigen bis zur Niederfahrt in die Hölle (der Schluß fehlt). Die Stücke stehen deutlich in der spätmittelalterlichen Ruftradition, ohne so eng mit ihr verbunden zu sein wie viele Rufe des 16. und 17. Jh.s Es ist zwar ein ganz kunstloser Mann, der sich hier an die schlichteste Form des geistlichen Liedes gemacht hat, — insofern stellen Schöpfer und Werk die gleiche Schicht dar; aber es ist doch ein Mann, der sich nicht einfach von der Tradition tragen läßt, sondern die Heilsgeschichte auf seine Art und mit seinen Worten erzählt, der das Leben Jesu auch mit einer so ungewöhnlichen Breite ausdichtet, daß er weithin zur Selbständigkeit gezwungen war. Also ein Stück primitiver Kunstdichtung auf dem Boden des geistlichen Volksliedes. Wichtig ist, was der Dichter über den Zweck seines Werkes sagt: *Item hie süllen mercken die kirchfertter: Sich hütten, wo sie künnen vnd müggen, vor vnnuczen, eytelen, schadehaftigen worten vnd wercken ... oder got czw lob sölch rüff oder sünst schönew geistlichew lied singen, die den menschen möchten rayczen czw andacht vnd zw pessrung ires lebens. Vnd zwmal so sie verr ausczugen, die da künten lesen, solche püchel mit jn füren vnd den andern vorsingen oder lesen. Sölch kirchferter mächten von got durch das verdienen der heiligen wol ethwas erberben* etc. *Item die da vorsingen, als oft sie ainen ruff oder ain stückel des leyden christi haben ausgesungen, das volck vermanen, zw sprechen ainen pater noster derselben mainung* (S. 16); *Item ainer mag jm in dem ruff ain stückel für nemmen, welches er wil. Es wär dan der weg als verr, so heb er es vor an pys an das end* (S. 17). Dem entspricht es, wenn die einzelnen Stücke trotz ihrem episodischen Inhalt als selbständige Rufe gestaltet sind, insofern als der erzählende Inhalt jeweilig mit längeren oder kürzeren Anrufungen Gottes oder Marias abgeschlossen wird. Aber das Einzelne wird als Teil eines Ganzen gesehen; nur zeigt sich hier sehr lehrreich, daß dies Ganze nicht unbedingt der Gesamtrahmen des Lebens Jesu zu sein brauchte. Man konnte diesen Rahmen auch teilen: Jesu Jugendgeschichte und seine Endgeschichte haben, das wird auch sonst deutlich, für die Rufe ideale Einheiten gebildet, Untergruppen jener letzten Einheit des vollständigen Leben-Jesu-Schemas.

Man muß übrigens bei dieser Frage nach den episodischen Rufen auch die praktischen Verhältnisse berücksichtigen. Kirchfahrten an bestimmten kirchlichen Festen (Mariä Verkündigung usw.) forderten fast Rufe solches begrenzteren Inhalts (wie denn die Kreuzgesänge auch ihren Einzug in die Kirche selber nahmen, s. Wack. 2, Nr. 1165 Anm.). Und spätere katholische Gesangbuchlieder erläutern es so deutlich wie möglich, wie rufähnliche Gebilde sich den kirchlichen Tagen anpaßten, die der Stationen von Jesu Leben gedachten (Wack. 2, Nr. 699).

Bezeichnend ist aber, wie gewisse Rufe, die ganz greifbar auf einer bestimmten Szene beruhen und also als episodische Rufe anzusprechen sind, über ihre Grenze hinausschreiten und, wenn auch nur knapp und als Anhängsel, die im Gesamtschema folgenden Ereignisse von Jesu Leben berühren. Man nehme etwa Wack. 2, Nr. 1209, den Ruf 'Maria under dem creutze stůnd', der auf diese ganz breit entwickelte Szene in kurzen Andeutungen die Grablegung, den Besuch der drei Frauen am Grabe und die Jünger von Emmaus folgen läßt; oder das Stück Wack. 5, Nr. 1308, eine ausgesprochen volksliedhafte Verkündigung, auf die eine kurze und fragmentarische Geburtsgeschichte folgt. In dieser Wechselwirkung des Leben-Jesu-Schemas und des episodisch begrenzten Stückes liegt, vom Standpunkt der Volksliedforschung aus gesehen, eins der wesentlichsten Probleme dieser Liedergruppe. Wir stehen hier (si licet magna componere parvis) vor Erscheinungen, die bei allen großen Unterschieden der Gattung doch gewisse Berührungen zeigen mit den Fragen nach Inhalt und Spannweite germanischer Heldenlieder. Das episodische Lied, das episodisch sein durfte, weil es aus einem als bekannt vorauszusetzenden großen Handlungsablauf herausgenommen wurde, — dort auf dem Gebiete der Heldendichtung ist es umstritten. Hier ist es greifbare Tatsache, aber es zeigt die fühlbare Neigung, nach vorn und hinten den Weg in ein breites Erzählungsgefüge zu suchen. Sieht man es jedoch vom Zusammenhang des Ganzen aus, so bleibt es immer Fragment, — wenn man dies Wort überhaupt anwenden darf. Denn da liegt, für die Sicht des Volksliedforschers, ein weiterer wesentlicher Punkt bei diesen Liedern. Der ganze Zusammenhang des Lebens Jesu ist konkret als gesungenes Lied vermutlich nur selten in die lebendige Wirklichkeit getreten. Was wirklich gesungen wurde, das waren bald wenig bald stärker verkürzte, lebendig wechselnde Abbilder des vollkommenen Urbildes. Es ist die Frage des 'Originals' und seiner Ableitungen, auf einen ganz großen Maßstab gebracht: die Vollform des Urbildes gestaltet sich praktisch nur in einer Vielzahl von Bruchformen; aber jede von ihnen bedeutet, als Volkslied betrachtet, ein Stück eigenen Rechtes.

Es wäre eine verlockende und dankbare Aufgabe, den Dingen, die hier nur kurz umrissen werden können, genauer nachzugehen und diese Rufe rein in ihrem Volksliedleben auf breiterer Grundlage zu untersuchen. Uns kommt es im Augenblick nur darauf an, die rechte Sicht für die Beurteilung des Geißlerliedes zu gewinnen. Und da kann kein Zweifel sein: auch dies Stück ist vor den Hintergrund des Leben-Jesu-Schemas zu stellen, freilich so, daß eine Untergruppe, Christi Kindheitsgeschichte, als Sonderteil sichtbar wird. Aber man vergleiche nur das sehr nahestehende Stück Wack. 2, Nr. 1207 (handschriftlich um 1510), und man wird zugeben, daß unser Ruf als Ansatz zu einem ganzen Leben Jesu begriffen werden will. Das Stück ist auch am Schluß so unorganisch nicht, wie es auf den ersten Blick scheinen möchte. Den Sprung von der Dreikönigsgeschichte auf die Taufe kennen auch andere Rufe, und gerade der auch sonst gut vergleichbare Wack. 2, Nr. 1207, der freilich die Erzählung bis zur Auferstehung weiterführt. Das Lied ist also ein (allerdings früh abbrechendes) Fragment, das dem üblichen Leben-Jesu-Schema folgt. Aber trotz seinem so weit organischen Charakter ist nicht gesagt, daß nicht doch die eingangs angedeutete Möglichkeit der Kontamination bestehen könnte. Bei der Eigenart dieser Rufe muß man auf Schritt und Tritt ebenso auf Kontaminationen wie auf Aushöhlungen gefaßt sein, — nur Umstellungen, jenes dritte große Variationsmittel des Volksliedes, sind weniger zu befürchten, weil das bekannte Schema die Reihenfolge festlegte. In unserm Liede kennzeichnen sich nur die Verse 37 f. ziemlich deutlich als verstellt: sie gehören an den Anfang der Verkündigungsgeschichte. Ob aber diese Verkündigungsgeschichte ehemals ihr Sonderdasein führte, um erst später mit den folgenden Bestandteilen verbunden zu werden, und ob vielleicht noch weitere Kontaminationsnähte das Stück durchziehen, die Frage ist nur gefühlsmäßig zu bejahen, kaum sicher zu beantworten, da es an dem nötigen alten Vergleichsmaterial fehlt. Auch der größeren Fülle und Geschlossenheit, die die erste Szene gegenüber den folgenden Abschnitten zeigt, darf man nicht zu großes Gewicht beimessen. Denn auch spätere Rufe zeigen eine ähnliche Bevorzugung der einleitenden Verkündigungsgeschichte. Vielleicht äußert sich darin ein Zug volksmäßigen Gestaltens: ohne rechten Plangedanken setzt der Leben-Jesu-Ruf mit voller epischer Breite ein, um aus Mangel an Atem sehr bald schmächtiger zu werden und früher oder später ganz abzubrechen, ohne zum Ende gelangt zu sein. Auch die Darstellung von Christi Geburt in unserm Ruf macht einen unorganischen Eindruck. Die Breite der Verse 59 ff., die auf eine ausladende Erzählungsart deutet, steht mit den Versen 75—78, die die Hirtenepisode andeuten sollen, in zu krassem Gegensatz, als daß man hier nicht mit Zersingungserscheinungen rechnen sollte.

Bei dieser Deutung des Liedes könnte es scheinen, als wenn es unmittelbar gar nichts mit den Geißlern zu tun habe; aber die innere Beziehung fehlt doch nicht. Was in diesem Liede nach Ausdruck verlangt, ist das dumpfe Empfinden: 'trotz unseren Missetaten sind wir nicht verloren; denn Christus ist geboren, hat Gott versöhnt und hat uns durch den Taufbund dem Himmel gewonnen' [1]). Dies Empfinden bemächtigt sich bereitliegender Liedinhalte und führt sie unbeholfen bis zu der Tatsache der Heilsgeschichte, an die die Hoffnung auf Erlösung sich klammerte, eben der Taufe, die den Menschen erlösungsfähig machte. Es ist schwerlich rein zufällig, wenn der Leben-Jesu-Ruf mit diesem Bilde und den Hoffnungen, die es erweckt, abbricht: im Sinn der Geißler ist das Leben-Jesu-Fragment dieses Rufes ein 'organisches Fragment'. Der Ernst und die Angst um die Erlösung, die aus dem nur scheinbar abgerissenen Liedschluß sprechen, das ist das stimmungsmäßig Geißlerische an dem Stück.

Geschichtlich bedeutsam ist, wie viel von dem was sich

---

[1]) Für die Sangerhausener Kryptoflagellanten war es ein Glaubenssatz, daß am Ende der Zeiten die Wassertaufe durch die Blutstaufe ersetzt werden müsse (s. o. S. 30 Anm. 1). Die Quaestio der Breslauer Hs. (s. o. S. 22) läßt erkennen, daß auch unter den Geißlern von 1349 schon ähnliche Gedanken umliefen: *quia ut plurimum tales asserunt nullum posse salvari nisi contingat ipsum in proprio sanguine baptizari* Bl. 143v. Aber es hieße künsteln, wenn man den Schluß des Leises mit solchen Ideen in Verbindung bringen wollte. Er hat dem klaren Wortlaut nach gerade die von Christus eingesetzte Wassertaufe in ihrer Erlösungskraft vor Augen.

für das 16. und 17. Jahrhundert über Art und Leben dieser Form des geistlichen Volksliedes erkennen läßt, nach dem Zeugnis unseres Rufes bereits für das 14. Jahrhundert gegolten haben muß. Denn es ist nicht in Zweifel zu ziehen, daß dieser Ruf als Repräsentant einer Gattung zu dienen hat, die auch zu seiner Zeit schon breiter entwickelt gewesen sein muß. Nur so läßt sich das Stück in sich verstehen, nur so auch seine Beziehungen zu den jüngeren gleichgearteten Stücken. Das Leben-Jesu-Schema hat offenbar, als Ganzes und in Unterteilen, auch schon für die Rufe des 14. Jahrhunderts gegolten, desgleichen der Brauch, je nach Bedarf einzelne Stücke oder Stückgruppen aus dem Gesamtzusammenhang auszuheben. Ein Gebilde etwa wie der Sternruf Mariä Wack. 2, Nr. 1212 ist mit ähnlichem Umriß schon für das 14. Jahrhundert denkbar. Und diese Rufe des 14. Jahrhunderts nährten sich gutenteils von denselben Wendungen und Formeln wie die des 16. und 17. Jahrhunderts. Wo Verse oder Verspaare ganz oder nahezu übereinstimmen, weisen die 'Anmerkungen' darauf hin; wollte man alle Berührungen der Ausdrucksweise buchen, so wäre sehr viel mehr beizubringen. Auch die eigentümlich primitive Technik, die an Zahl- und Datenangaben die Erzählung weiterspinnt (s. V. 25. 79. 101. 103) teilt unser Stück mit späteren biographischen Liedern (vgl. Wack. 2, Nr. 699. 912. 1019. 1218) [1]). Und seine Responsionsform, *Kyrieleison* nach der ersten Zeile, *Alleluia, gelobet seist du, Maria* nach der zweiten Zeile der Strophe, ist eine der beliebtesten in den Rufen des 16. und 17. Jahrhunderts, nur daß der Schlußruf gewöhnlich heißt *Gelobet sei Got und Maria* (Wack. 2, Nr. 1127. 1161. 1166; Wack. 5, Nr. 1317. 1411. 1415. 1416. 1480. vgl. 1481). Auf der andern Seite darf freilich das Stileigene des 14. Jahrhunderts nicht verkannt werden. Eine Zeile wie 6 *Er grůsd sie minneclich zehant* schmeckt noch höfisch, und in ähnliche Sphäre gehören die Formeln von der *edeln kůniginnen* (59), die *ir wizzen hende want* (63). Auch bildliche Wendungen wie *Dich wil ob allen vrowen Gôtlich segen betowen* 9 f. und *Beslossen in sinr můter srin* 48 sind ein Nachhall älterer, höher geschichteter Kunst. Aber das verschwindet in den Niederungen einer kunstlosen und ungelenken, mit den

[1]) Die Angabe, daß die drei Könige nach 12 Tagen bei dem Kindlein erscheinen, ist nicht so bemerkenswert, wie Pfannenschmid (S. 168) annimmt; vgl. die Nachweise bei Bäumker S. 88; s. auch Wack. 2, Nr. 914, 12; Nr. 1019, 7.

einfachsten sprachlichen Mitteln sich zufrieden gebenden Reimerei.

Es bliebe noch ein Wort zu sagen über die Treue der Überlieferung des Liedes [1]). Der Aufzeichner hat das locker gebaute Volkslied wieder in das Prokrustesbett eines starren Schemas gezwängt, das nur nach einer Richtung hin den Versen grundsätzlich eine größere Freiheit läßt als Lied III: neben den herrschenden Versen mit Auftakt läßt er auch auftaktlose gelten, wenngleich jene um mehr als das Vierfache überwiegen. Aber schon wo das gesungene Lied zweisilbigen Auftakt hatte, greift er kürzend ein (V. 15. 102). Sein Ideal sind wechseltonige Verse, die deutlich auf den Silbenzähler aus sind: beim stumpfen Vers acht, beim klingenden sieben Silben sind das Normalschema. Im allgemeinen gehen dabei Wort- und Vers-, resp. melodischer Akzent zusammen; der Ausnahmen sind nicht viel: Betonungen wie *gŏtlicher* 2, *nummér* 12 muß man sich wohl gefallen lassen. Härter sind schon *zwischónt* 65, *sagánt* 90, *wissén* 104. Aber der Vers 13 *As sol Jesús werdén genant*, dessen Skansion durch die Neumierung sichergestellt ist, läßt erkennen, was man dem Aufzeichner zutrauen darf (ohne daß man das gleiche dem wirklich gesungenen Liede zuzutrauen brauchte).

---

[1]) Runges Interpretation der Neumierung des Liedes (S. 13 f.) scheint mir einen Fehler zu enthalten. Leidei zeigt die erste Strophe, die allein mit Linien notiert ist, klingende Kadenz, während das Lied weit überwiegend Strophen mit stumpfem Versausgang aufweist. Ihre Melodie kann nur aus den linienlosen Neumen abgelesen werden, und da umschreibt Runge sichtlich ein Zeichen falsch. Die melodische Phrase der ersten Zeile des Liedes heißt in Choralnoten nach Runge S. 32

Für die entsprechenden stumpfen Zeilen setzt er folgende Notierung an S. 13):

Aber die Clivis, die in den klingenden Versen die Tonfigur über *fro-* bezeichnet, ist deutlich nicht dieselbe, die in den stumpfen Versen die Tonfigur über *-gel* ausdrückt. Diese letztere meint nach Hugos Neumenschreibung vielmehr ein Intervall von nur einem Ton Abstand. Der melodische Ausgang der stumpfen Verse zu Beginn der einzelnen Strophen ist also wohl anzusetzen als:

Am fraglichsten bleibt bei den Versen 10. 72. 112, ob man dem Volksgesang gerecht würde, wenn man sie Hugos Prinzip, Auftakt und Wechselton, unterwerfen wollte. Nur in ganz wenigen Fällen läßt die Aufzeichnung nichtzweisilbige Takte durch, die die Alternation stören (*rede ersrak* 15, *zeir* 39, *wurdi an* 84, *solte an* 85, *komen zem* 102); einzelnes davon mag nur Versehen sein, immerhin zeigt die Neumierung aller drei Silben in *rede er-*, daß Hugo die volksmäßige Aushilfe der Tonwiederholung bei überschüssigen Silben auch aus seiner Aufzeichnung nicht ganz verbannte. Sonst hat Hugo noch in den Versen 14. 76. 78 die echte Taktfüllung unangetastet lassen müssen, wo Wörter wie *hailant* und *ertrich* keinen Eingriff duldeten. Im übrigen zeigen gewaltsame und regellose Kürzungen, mit denen der Wechselton erzwungen wurde, daß sich von den Taktfüllungsverhältnissen des gesungenen Liedes aus Hugos Text kein Bild gewinnen läßt. Es ist ausgeschlossen, daß der lebendige Volksgesang dem starren Notenschema zuliebe sich solchen Kürzungen wie *ewclich* 18, *ztůnd* 32, *dwelt* 86, *bgundan zhandan* 92 u. dergl. bequemt haben sollte. Selbst die Möglichkeit ist nicht von der Hand zu weisen, daß der Aufzeichner hier und da die wirklich gehörten Verse gelängt hat, um das Normalmaß zu erzielen. Auffällig ist besonders der Eingang von V. 51 *Bis nůne manot*..., wo die Silbe *-ne* keine Neumierung trägt und das *e* nachträglich angefügt scheint. So hat also auch bei diesem Liede wieder die Treue der Aufzeichnung ihre Grenzen, ohne daß diese Grenzen doch die Untersuchung des Textes beengten. Es ist eben kein moderner Volksliedforscher, der das Lied aufgezeichnet hat, sondern ein Mann, der von der Kunstmusik her an diesen Stücken Interesse nahm.

5. Fragmentarische Lieder und ferner stehende Stücke.

Einen Abzugsleis der Geißler (Lied V) überliefert die Limburger Chronik im 15. Kapitel, leider nur seinem Eingang nach: *Unde wanne di vurgenanten geiselnbruder uß den steden gingen unde hatten ire buße getan, so gingen si uß mit iren cruzen, ſanen unde kerzen in ire processien unde lißen in vursingen ire leisen unde songen si nach. Der sang was also:*

O herre vader Jhesu Crist,
Want du ein herre alleine bist,

Der uns di sunde mach vurgeben,
Nu gefriste uns, herre, uf beßer leben,
Daz wir beweinen dinen dot!
Wir klagen dir, herre, alle unse not.

Des was noch me. Vermutlich hat es sich um ein Stück ähnlichen Charakters wie Lied III gehandelt, d. h. um ein locker gefügtes, durch Häufung von einzelnen An- und Ausrufen entstandenes Gebilde. Dem Eingang fehlt alles, was auf einen prägnanten Liedinhalt deuten könnte. Zeile 2 gehört zum alten Bestande des geistlichen Volksliedes; vgl. den Beginn des Weihnachtsliedes, das die Schöffen im Münster zu Aachen sangen:

Nun siet uns wille komen, hero kerst,
Die ihr unser aller hero siet

(ursprünglicher Reim zweifellos *Crist: bist*) Hoffmann von Fall. Kirchenl. S. 30. Aber die Zeile ist auf eine sehr bezeichnende Art verändert und enthält mit der folgenden zusammen offensichtlich eine gegenkirchliche Spitze. Die Ausschaltung der kirchlichen Einrichtungen bei der Gewinnung des Heils, die wenn auch zumeist nicht im Sinne bewußter Auflehnung der Antrieb des Geißlertums ist, findet hier einmal Worte. Zeile 4 weist deutlich auf die äußere Situation, der das Lied entsprang: 'laß das große Sterben an uns vorübergehen, damit wir hernach ein besseres Leben anfangen'. Die Liturgie mit ihrem Sündenregister und ihren Bußrufen gibt ebenso wie das Zeremoniell der Geißelübung die Illustration zu dieser Zeile. Die Schlußverse gehen alsdann wieder in landläufige Floskeln des geistlichen Volksliedes über, die schon in der Liturgie ihre Stelle hatten (vgl. R 13).

Daß in diesem Stück wirklich eine antikirchliche Note schwingt, erhellt am besten aus dem Vergleich mit einem späteren, bislang unbeachteten Geißlerlied aus einer Art von Inquisitionsakte, die in Gestalt von 25 'articuli' die ketzerischen Meinungen von Kryptoflagellanten zusammenfaßt, die 1454 in Sondershausen verbrannt worden sind (nach dem Jahre 1462 in einer aus Erfurt stammenden Hs. aufgezeichnet, veröffentlicht von Reifferscheid, Neun Texte zur Geschichte der religiösen Aufklärung). Daselbst S. 37:

secundus articulus. quod exemplo istorum crucifratrum prefati heretici se flagellarunt et ante huiusmodi flagellacionem quandam brevem oracionem premiserunt, que sic incipit:

Treth herczu wer do bueßen wolle,
Hueten wyr unß vor der heyßen helle.

deinde tribus vicibus extensis brachiis se ad terram prosternunt et dicunt istam oracionem:

Herre vater, Jhesu Crist,
Sint daß du alleyne bist
Der dy sunde kan vorgeben,
Frist uns uf eyn besßer leben.
Erbarme dich ober deyne kint,
Wan wyr yn großen sunden sint.
Dorch got vorgyßen wyr unser blut,
Daß ist vor dy sunde gut.

Hier tritt in Zeile 2 f. die ketzerische Wendung gegen die Kirche noch schärfer hervor, ganz im Einklang mit dem, was der 'primus articulus' von einigen Himmelsbriefen berichtet: *et tertia* (sc. *epistula*) *oontinebat, ut dicunt, quod dominus deus papam Romanum, omnes episcopos, prelatos et sacerdotes omnibus autoritatibus privavit.* Im übrigen zeigt das Lied, wie stark im Laufe eines Jahrhunderts Verschmelzung und Aushöhlung die Geißlerlieder von 1349 verändert haben. Voraussetzung ist freilich, daß die Überlieferung einen echten und zusammenhängenden Text bietet; aber daran zu zweifeln liegt kein Grund vor. Geblieben ist diesen Kryptoflagellanten von dem alten Bestande, wie leicht verständlich, in erster Linie die Liturgie. Ihr Eingang ist leidlich erhalten, und sie hat sichtlich noch mehr umfaßt als die überlieferten beiden Zeilen; aber der Ausdruck *brevem oracionem* macht es sehr unwahrscheinlich, daß etwa noch ein Stück von mehreren zusammenhängenden Strophen vorhanden war. Und die oracio bei der dreimaligen genuflexio, dem Höhepunkt des Geißelaktes, ist aus Fetzen von drei alten Liedern zusammengewachsen. Denn Zeile 5 f. stammt aus Lied III 3 f., und Zeile 7 f. ist eine gewichtige Stelle aus der Liturgie (R 14 f.). Der Zertrümmerung und Zerrüttung der großen Bewegung von 1349 läuft eine Auflösung und Zersetzung ihres Liedbesitzes parallel.

Noch einen Leis (Lied VI) zitiert wenigstens nach seinen beiden Eingangsstrophen die Limburger Chronik wieder im 15. Kapitel, ohne etwas darüber auszusagen, bei welcher Gelegenheit er ertönte: *Auch songen si einen andern leisen, der was also:*

Ez ging sich unse frauwe.
Kyrieleison!
Dez morgens in dem dauwe.
Alleluia! gelobet si Maria!

Da begente ir ein junge,
Kyrieleison!
Sin bart was ime entsprungen.
Alleluia! gelobet si Maria! etc.

Über den Charakter dieses Liedes kann kein Zweifel sein: Strophenrahmen und Kehrreim entsprechen vollkommen dem Liede IV. Es muß sich also um einen vermutlich strophenreichen Ruf epischen Inhalts gehandelt haben, der als Fahrtgesang, vielleicht beim Abzug nach vollbrachter Geißelübung, Verwendung fand. Pfannenschmid S. 187 f. denkt sich den Inhalt des Leises als eine Verkündigung und bringt die Strophen in Verbindung mit einer auch in Bruder Philipps Marienleben erzählten Legende, wonach der verlobten Jungfrau einst in Nazareth auf einem Spaziergange ein Engel erschienen sei, ein Vorbote des Verkündigungsengels, der sie drei Tage später heimsuchte. So ansprechend nach Lied IV der Gedanke ist, eine Verkündigung als Inhalt des Rufes anzunehmen, viel näher liegt eine andere Deutung. Aus dem 16. Jahrhundert ist ein Passionslied überliefert mit dem Anfang:

Es gieng unser liebe frawe
Zu morgens in das tawe,
Zu morgens in das grüne gras,
Vom kůlen taw da war sie naß.

Böhme Altd. Liederb. S. 668, Nr. 559. Auch ihr begegnet ein Jüngling, Str. 3:

Zu morgens in dem grünen kle,
Es ging ein hirtlein vor ir her.

Maria fragt ihn nach ihrem Sohn, und der Hirt erzählt ihr in Dutzenden von Strophen die Geschichte von Jesu Passion: Str. 8:

Da namen sie gott den gueten
Und schlugen in mit geißeln und mit rueten,
Sie schlugen Christum den herren
Mit geißeln und mit rueten sere usw.

Das entspricht so vollkommen geißlerischer Sehweise und Stimmung, daß der Gedanke nahe liegt, in jenem Geißlerliede einen Vorläufer dieses geistlichen Volksliedes aus dem 16. Jahrhundert zu sehen. Eine Frage für sich wäre, in welche weiteren Zusammenhänge dies Liedschema gehört, das Schema von einem Spaziergang, der zu einer Begegnung führt, aus der sich alsdann der eigentliche Liedinhalt entwickelt. Auf dem Felde des geistlichen Volksliedes gibt es nur einen Typus, der sich dem Schema einigermaßen fügt und sichtlich mit ihm in Beziehung zu setzen ist; es sind die Osterlieder vom Besuch der drei Marien am Grabe. Beispiele bei Hoffmann von Fall. Kirchenl. Nr. 16 (S. 84):

Ez giengen dri fröulin also fruo,
Sie gingen dem heiligen grabe zuo usw.

vgl. Böhme Altd. Liederb. Nr. 555—558 (in Nr. 555, Str. 4 heißt es kontaminierend *Es giengen drei heilige frawn Des morgens in dem tawe*). Die Entwicklung dieses Schemas zu verfolgen, wäre eine sehr dankbare Aufgabe, die wohl auch über einen parallelen Typus ausgedehnt werden müßte, den Spaziergang des Dichters, wie er sich als Eingang lyrischer und epischer Dichtungen von französischen Pasturellen bis zu den deutschen Minneallegorien und später lyrischer Kunstdichtung verschiedener Art findet. Für unsere Zwecke genügt die Feststellung, daß es sich bei geistlichen Volksliedern dieser Art ganz deutlich um die Kontrafaktur eines von Haus aus weltlichen Typus handelt. Das zu beweisen genügen schon die beiden Strophen des in Rede stehenden Geißlerliedes.

Anhangsweise mag noch ein angeblicher Geißlerspruch erwähnt werden, der aber wohl anderer Herkunft ist. Die 'articuli' der Sondershausener Geißler, aus denen oben S. 209 ein spätes Geißlerlied nach einer Erfurter Hs. ausgehoben wurde, sind auch in der Hs. I 91 chart. 4° des Franziskanerklosters zu Würzburg überliefert, die aber gewisse Zusätze aufweist. Nach Hermann Haupt, Zur Geschichte der Geißler (Zs. f. Kirchengesch. 9 [1888], 116) lautet der erste dieser Zusätze, der an den 'secundus articulus' anschließt: *item ipsi dicunt in templo ipsorum, scilicet loco occulto valde subterraneo vel in aliqua domo antiqua vel ubi ipsis placet, istam oracionem:*

Unßer vatter Abraham
Der waz eine biedderman.
Vor waz er ober uns,
Nů ist er under uns,
Stotze, Herman, stotze.

et tunc transeunt ad cellam (Hs. *ollam*) *commiscendo se soror cum fratre, pater cum filia et sic de aliis et tunc per istam flagellacionem putant sibi fieri remissionem omnium peccatorum suorum, ac si venirent de fonte baptismatis et quod non per confessionem sive sacerdotum absolucionem.* Man möchte diese merkwürdige Strophe nach dem Begleittext [1]) am ehesten den Brüdern vom freien Geiste zuweisen. Dahin würde auch der spirituale Hochmut von Zeile 3 f. passen, der sich über Abraham erhebt. Wenn die dunkle letzte Zeile obscön gemeint sein sollte, würde auch sie allenfalls eine solche Anknüpfung gestatten. Die Strophe wird an sich zuverlässig überliefert sein, aber mit dem alten Geißlerwesen und seinen Liedern hat sie nichts mehr zu tun.

Endlich noch ein paar Worte über ein angebliches lateinisches Geißlerlied. Hugo von Reutlingen hat ganz am Ende seiner Chronik den folgenden Marienhymnus zusammen mit einer sehr kunstvollen Melodie (von Runge S. 42 abgedruckt) eingetragen: *Ave benedicta Maria, Jesu Christi mater et filia, flos pudoris, dos amoris, ros dulcoris. O Maria, celi via, virgo candens lilium, stella maris appellaris, ora tuum filium. Sidus splendoris, mater salvatoris, tu dignare deprecare, virgo mater, filium, ne demergat, sed abstergat prorsus labem criminum. O Maria omni plena gracia.* Pfannenschmid mißversteht den Schluß vollkommen, wenn er *labes* als die Pest deutet (vgl. Phil. Aug. Becker Zs. f. rom. Phil. 25, 360 f.); und was er über die Entstehung des Hymnus, über seinen Vortrag durch einen 'kleinen Sängerchor' und seine Einschaltung in die Liturgie sagt (S. 178), ist reine Phantasie. Mit Recht hat sich Becker dagegen ausgesprochen, daß der Hymnus ein Geißlerlied sei. Ob man freilich jede Beziehung zum Geißlertum leugnen darf, ist mir fraglich. Hugo von Reutlingen hat allerdings mit keinem Wort angedeutet, daß das Stück mit den Geißlern zu tun habe; aber die Tatsache gibt doch zu denken,

[1]) Ähnliches wird in anderer Überlieferung als reines Schauermärchen erzählt, vgl. Förstemann S. 172 f.

daß er neben den Geißlerliedern gerade noch einen Hymnus aufgezeichnet hat, dessen Inhalt sich mit einem Kerngedanken der Geißlertexte nahe berührt: Maria [1]) möge ihren Sohn bitten, daß er die Menschheit nicht verderbe, sondern ihre Sünden wegwische. Offenbar hat die Notzeit von 1349 den Hymnus veranlaßt, und die Verlautbarungen der Geißler haben seinem Schöpfer die Anregung gegeben. Er braucht darum selbst kein Geißler gewesen zu sein. Die Beziehungen des Stückes zu den Geißlerliedern wären dann ähnlicher Art wie bei der Großen Tageweise Peters von Arberg (s. o. S. 172 f.): die große Volksbewegung hat in anderer Sphäre ein reines Kunstgebilde entstehen lassen, — ein Mann wie Hugo von Reutlingen muß sein Schöpfer sein.

Eine Reihe weiterer Texte hat mir das Handschriftenarchiv der Preußischen Akademie der Wissenschaften nachgewiesen; aber die Nachprüfung ergab, daß sie keine Bereicherung der bisher mitgeteilten Überlieferung bedeuten. Die Wolfenbütteler Hs. Extr. 37 enthält Schriften des Philologen und Theologen Elias Ehinger (1573—1653). Darin Bl. 58ff. eine bunte Sammlung von Lesefrüchten über die Geißler; darunter Auszüge aus Bernh. Hertzogs Elsässischer Chronik mit den in ihr mitgeteilten Geißlerversen (Bl. 62 $^{r. v}$), s. o. S. 184f.; weiter Auszüge aus Aventins Annalen mit der Schlageformel (Bl. 64^{v}), s. o. S. 156f. — Die Wolfenbütteler Hs. Extr. 51 enthält die 'Gottingische und Grubenhegensche Chronica und Historische Beschreibung' von Johann Letzner (1531—1613). Sie handelt im 14. Kapitel (Bl. 527^{r}) ausführlich von den Geißlern und verweist durch eine Randnotiz selbst auf ihre Quellen: *Ursperg: Georgius Fabricius.* Die auf Bl. 527^{v} und 528^{r} mitgeteilten Geißlerverse entsprechen denen der Magdeburger Schöppenchronik (s. o. S. 154) und geben sie in einer Verhochdeutschung, die strenger als Pomarius auf sauberen Reim hält. — Die Wolfenbütteler Hs. Extr. 47 (Geschichtswerke des Johann Letzner enthaltend) bietet auf Bl. 99^{r} nur acht deutsche Verse über die Geißler. — Die Wolfenbütteler Hs. Extr. 50 (ebenfalls Geschichtswerke des Johann Letzner enthaltend) bietet auf Bl. 185 die öfter überlieferten, schon von Maßmann S. 78

[1]) Sie ist als *virgo mater* bezeichnet, entsprechend dem Eingang von Lied III *Maria můter, rainu̇ mait.*

bekanntgegebenen lateinischen Merkverse über Pest und Geißler mit einer deutschen Übersetzung (auch bei Pomarius S. 386). — Die Hs. Theol. 1720 der Staats- und Universitätsbibliothek Hamburg enthält das Werk 'Der Bapst zu Rom' des Pfarrers Georg Bruchman (1. Hälfte des 17. Jh.s); darin wird S. 380 ff. auch von den Geißlern gehandelt; die Begleitverse der genuflexio, die Bruchman anführt (S. 386), vertreten dieselbe Überlieferung wie Pomarius. — Die Hs. der Braunschweiger Stadtbibliothek Mscr. 56 (14.—15. Jh.) ist eine Mischhandschrift, die von Bl. 393^r bis 395^v kurze lateinische Versstücke denkbar bunten Inhaltes enthält; darunter auf Bl. 395^r einige Hexameter über die Geißler, die mitgeteilt sein mögen, weil sie vielleicht eine Anspielung auf die Geißlerliturgie enthalten:

Cum damus m ter c[1]) *quater x tibi, Christe, novemque,*
Spargit ebrea [2]) *virus. Signatum cum cruce vulgus*
Se sternit, cantat, cadit, orat seque flagellat.
Crux cum vexillis ac luminibus preit illis.
Tu captivaris, vinciris, falsificaris,
Conspueris, tegeris [3]), *in vultum ludificaris,*
Tuque coronaris, honeraris [4]), *mortificaris,*
Felleque potaris et duro fuste foraris.
Lancea crux clavi spine mors quam tolleravi
Demonstrant, qua vi multorum crimina lavi.

Diese Verse müssen alt sein und beruhen auf sicherer Nachricht, vielleicht auf eigener Beobachtung des Verfassers. Man beachte, wie treffend in Zeile 3 die gehäuften Verba die verschiedenen Handlungen der Liturgie zum Ausdruck bringen. Die Verse 5 bis 10 können nur als ein Zwiegespräch zwischen den Menschen und Christus verstanden werden, ganz wie es die Geißlerliturgie in ihrem ersten Teile bringt. Bei einer solchen schlagworthaften Vergegenwärtigung von Christi Passion wie in Zeile 5 ff. müssen sich natürlich Berührungen mit den entsprechenden Versen der Liturgie ergeben. Man wird deshalb keinen Wert legen auf das Zusammengehen von *tu captivaris* mit *Jesus Crist der wart gevangen* R 10 (immerhin ist es in beiden Fällen

---

1) *ter ccc* Hs.

2) Zu *ebrea* ist *gens* zu ergänzen; man führte das große Sterben vielfach auf Brunnenvergiftung durch die Juden zurück.

3) Vgl. Marc. 14, 65.

4) = *oneraris*.

der Eingang der Passionsschilderung), von *felleque potaris* mit *Jesus wart gelapt mit gallen* R 37. Aber die Übereinstimmung von Zeile 9 mit R 19ff. *Dri nagel und an dürnin cronen, Daz crütze fron, an sper, ainn stich, Sunder, daz laid ich als durch dich* kann wohl nicht mehr allein durch das gleiche Thema erklärt werden. Die Verknüpfung von Zeile 5 ff. mit dem vorhergehenden bleibt zwar rätselhaft, aber der innere Zusammenhang ist kaum in Zweifel zu ziehen. Die Liturgie wäre dann in erster Linie als eine 'cantilena de passione ac morte Domini' verstanden, — so kennzeichnet schon Hermann von Altaich die Lieder der Geißler (s. o. S. 66).

6. Die Bedeutung der Geißlerlieder.

Will man der Bedeutung der Geißlerlieder insgesamt gerecht werden, so muß man sich vor allem von landläufigen Übertreibungen und Überschätzungen freimachen. Es hat keine 'Fülle von Geißlerliedern' gegeben (Friedrich Arnold, Das deutsche Volkslied 3[1912] I, 135f.). Mit größerem Rechte fast könnte man sagen: es gab nur ein ausgesprochenes Geißlerlied, eben die Liturgie, ohne die die Geißelzeremonie nicht denkbar war, die deshalb ein Gemeingut aller Geißlerscharen darstellte (Closener S. 118). Aber schon bei dem Einzugsleis (Lied II) ist nicht mehr sicher, wieweit er gemeinsamer Besitz war. Immerhin ist er in drei Quellen und stets in der gleichen Verwendung bezeugt: er war das bevorzugte Lied, wenn die Geißler in einen Ort einzogen, und hat auf die Art wohl auch den Charakter eines repräsentativen Stückes gewonnen. Aufs Inhaltliche gesehen ist das Lied nicht mehr in dem ausgeprägten Sinne geißlerisch wie die Liturgie, wenn auch Geißler den Text für ihre Zwecke zusammengestückt haben mögen. Es ist ein Bittfahrtlied, das auch anderen Prozessionen dienen konnte und noch 50 Jahre später wirklich gedient hat (s. u.). Alle übrigen Lieder sind nur einfach bezeugt; und von ihnen wird man höchstens noch für Lied III (und vielleicht für das fragmentarisch überlieferte Lied V) die Sätze der Limburger Chronik gelten lassen, wonach die Geißlerleise erst während der Geißelbewegung entstanden seien (s. o. S. 76), aber auch nur mit Einschränkungen. Denn Lied III ist keine originale Schöpfung und ohne den Hintergrund älterer Lieder nicht denkbar: das

Geißlerische ist wieder nur ein Faden in einem alten Gewebe. Und über Lied V wäre vielleicht ähnliches zu sagen, wenn wir es ganz kennten. Die Lieder IV und VI endlich sind geistliche Volkslieder, die die Geißler nur aufzugreifen brauchten und aufgegriffen haben, weil ihr Inhalt geißlerischen Gedankengängen entgegenkam. Aber schon bei Lied IV ist die gedankliche Verbindung mit dem Geißlerwesen ziemlich locker; so gut wie dies Lied konnten die Geißler beinah jedes geistliche Volkslied singen. Es ist also Legende, wenn vom Liederreichtum der Geißler gesprochen wird; es ist vielmehr zu sagen, daß sie nur einen Volksbesitz an geistlichen Liedern (und zwar Wallfahrtsliedern) in Bewegung setzten, der gutenteils nicht ihre Schöpfung war. Einen lebendigeren Austausch von geistlichen Volksliedern mögen die Geißlerzüge gebracht haben, als ihn ruhige Zeiten bringen können. Aber das ist noch kein Reichtum.

Noch mehr wird von der Bedeutung des Geißlergesanges gefabelt, und diese Fabelei hat hohe Ahnen. Schon Lessing hat vermutet, daß das Auftreten der Geißler von 1260 eine der Ursachen für den Untergang des Minnesangs gewesen sei (in den Fragmenten 'Zur Geschichte der deutschen Sprache und Literatur' Bd. 16, 346 Lachmann-Muncker); die pathetische Schilderung, die der Mönch von Padua von den Wirkungen des Auftretens der italienischen Geißler in ihrem Heimatlande entwirft, hat ihn zu diesem haltlosen Analogieschluß geführt. Auf Lessing fußt Erduin Julius Koch, wenn er den Geißlern in die Schuhe schiebt, daß sie auch in Deutschland der Kultur der Poesie entgegengewirkt hätten (Compendium der deutschen Literatur-Geschichte Bd. 2 [1798], S. 10). Und von Koch übernimmt Arnim die Meinung, daß die Geißler am Untergang vieler weltlicher Lieder schuld seien, daß unter 'dieser Selbstpeinigung der Furcht noch einmal aller edle Gemütston verstummte' (Wunderhorn, hsg. von Karl Bode 2, 457), — und er zielt nunmehr auf die Geißler von 1349. An diesen Äußerungen ist höchstens so viel richtig, daß das 'allgemeine Klage- und Elendwesen' des ausgehenden Mittelalters (Arnim a. a. O.) auch in der Dichtung sich stärker Gehör verschaffte; im übrigen verkennen sie Wesen und Wirkungsmöglichkeiten des Geißlertums nicht zuletzt auch nach der sozialen Seite hin. Die Geißlerzüge waren im wesentlichen doch eine Bewegung der unteren Volksschichten mit mehr oder weniger revolutionärem Charakter. So gesehen führt vom Geißlertum gerade zum Minnesang keinerlei Brücke.

Nicht minder bedeutsam als hier ist das Schichtungsmoment, wo es gilt die positiven literarischen Wirkungen abzuwägen, die von der Geißelbewegung ausgingen. Es ist klar, daß man diese Wirkungen vor allem in der Sphäre suchen muß, der der Geißlergesang seinem Wesen nach zugehörte. Schon hier geht die herkömmliche Meinung erheblich fehl. Bei Carl August Beck, Geschichte des katholischen Kirchenliedes (Köln 1878) S. 113 liest man bereits: .. 'so war .. dem religiösen Volksgesange durch die Lieder der Geißler eine neue dauernde Nahrung gegeben worden'. Und Otto Schell, Das Volkslied (1908) S. 143 schreibt gar: 'Der geistliche Volksgesang wurde durch die Geißler im 13. und 14. Jahrhundert über ganz Deutschland verbreitet. Das Volk sang die Lieder der Geißler eifrig nach, und diese weckten in weiten Schichten das Bedürfnis, Gott und dem Heilande deutsche Lieder zu singen.' Nachweisbar ist nur für den Einzugsleis ein längeres Nachleben: *Der leise wart da gemachet, unde senget man den noch, wanne man di heiligen treit* Limb. Chron. 32, 1. Die 'Catholische Geistlich-Singende Nachtigall' (Erfurt 1715) bringt auf S. 161 ein neunstrophiges Himmelfahrtslied mit Melodie, das mit folgender Strophe beginnt:

Nun ist die Himmelfahrt also heilig,
Christ reit selber gen Jerusalem,
Er führt ein Creutz in seiner Hand,
Das helff uns Gott der Heyland. Kyrioleis.

Bäumker, der zuerst den Zusammenhang des Liedes mit dem Geißlerleis gesehen hat (Das kathol. deutsche Kirchenlied 2, 201) [1]), irrt jedoch, wenn er meint, daß mit dem Himmelfahrtsliede die Melodie zu dem Fahrtleis erhalten sei. Im übrigen kann von einer 'neuen dauernden Nahrung', die der geistliche Volksgesang den Geißlern dankt, einfach deshalb nicht die Rede sein, weil das Geißlerlied sich zum überwiegenden Teil selbst nur vom vorhandenen Liedbesitz des Volkes genährt hat [2]). Hier wird also die Beschaffenheit des Geißler-

[1]) Er bezieht sich auf eine 'Catholische Geistliche Nachtigal', Erfurt 1666, die mir nicht zugänglich war.

[2]) Deshalb trifft auch die Bemerkung von A. H. Kober (Geschichte

liedes verkannt und seine Eigenwüchsigkeit überschätzt. Sehr viel richtiger urteilt Bäumker Kirchenl. 1, 10: '(den Geißlern) einen besonderen Einfluß auf die Entwicklung des deutschen geistlichen Volksgesanges zuzuschreiben, scheint mir kaum gerechtfertigt zu sein; denn daß bei Bittfahrten deutsche Lieder gesungen wurden, war nichts Ungewöhnliches'. Es war sogar das Allübliche. Darin gerade, daß die erhaltenen Geißlerlieder, in ihrer Auswahl und ihrem Aufbau, ein breit entwickeltes Wallfahrtslied für das 14. Jh. erweisen und Schlüsse über sein Aussehen gestatten, darin liegt das wesentliche ihrer literarhistorischen Bedeutung. Sie bezeichnen keinen neuen Einsatz, sondern lassen nur ein schmales Stück aus der Entwicklungsgeschichte des echtesten geistlichen Volksliedes hellbeleuchtet hervortreten, die sich sonst für jene Zeit noch im Schatten vollzog, unbeachtet von der literarischen Überlieferung.

Darum ist auch die Meinung Hoffmanns von Fallersleben abwegig, die von andern aufgegriffen worden ist, die Kirche hätte diesen Zug zum deutschen geistlichen Volksgesange nutzen müssen (Kirchenl. S. 74). Hoffmann wirft der Kirche etwas wie eine verpaßte Gelegenheit vor: damals hätten die Geistlichen 'Lieder in der Landessprache zu religiösem Gebrauch für das Volk' dichten sollen; sie hätten, den Ketzern entgegen, rechtgläubige Lieder verfassen müssen; damals sei die Zeit gewesen, einen deutschen Kirchengesang zu schaffen. Man sieht, wie schief das alles ist, und zwar schief vor allem deswegen, weil Hoffmann das Wesen des Volksliedes, genauer des geistlichen Volksliedes, noch genauer des geistlichen Volksliedes von der Art geißlerischer Prozessionslieder nicht scharf genug faßte und noch nicht fassen konnte. Die Geistlichen hätten niemals etwas schaffen können, was diesen Liedern gleichgeordnet war und den vermeintlichen neuen Ausbruch des Volksgesanges im Jahre 1349 hätte auffangen und fortleiten können. Sie brauchten es übrigens auch gar nicht; denn diese Lieder, längst vorhanden, pflanzten sich aus sich und in sich fort. Es sind nicht nur die Unterschiede zwischen Volkslied und Kunstlied, die da verkannt werden, sondern auch die Unterschiede, die zwischen Volksliedern verschiedener Art und

---

der relig. Dichtung in Deutschland [1919] S. 52) die Dinge nicht: 'Die große Geißlerbewegung von 1349 schenkt uns mehrere Lieder von Christi Leiden und Sterben'.

Schichtung statthaben. Wir besitzen ja in der Großen Tageweise des Peter von Arberg, wie oben gezeigt wurde, ein Stück, das sicherlich durch die Geißlerbewegung und wahrscheinlich durch ein ausgesprochenes Geißlerlied ins Leben gerufen wurde, — anders hätte damals auch ein Geistlicher nicht dichten können; man vergegenwärtige sich nur etwa die Lieder des Mönchs von Salzburg. Und diese Große Tageweise ist zum 'geistlichen Volkslied' geworden; aber neben den Geißlerliedern ist das Artandere mit Händen zu greifen: es handelt sich bei der Großen Tageweise, wenn man will, um eine Erneuerung der Geißlerliturgie auf einer anderen Ebene. Und eine andere Ebene muß das Lied auch als Volkslied, wenigstens ursprünglich, innegehalten haben.

Das führt uns zu einem weiteren literarhistorischen Gewinn, den die Betrachtung der Geißlerlieder abwirft. Der Begriff des alten geistlichen Volksliedes muß verfeinert und gegliedert werden. Liest man etwa in Hoffmanns von Fallersleben Geschichte des Kirchenliedes, die als Materialsammlung für die alte Zeit unschätzbar ist, den Abschnitt über das 14. Jahrhundert, so steht man vor einem schwer erträglichen Durcheinander. Da wird das lange Osterlied *Du lenze guot, des jares tiurste quarte, Zwar du bist manger lüste vol* usw., ein stark meistersingerisch gehaltenes Stück, in eine Ebene gestellt mit Liedern wie *Crist ist entstanden Von des todes banden;* denn es ist 'in den Mund des Volkes übergegangen' (S. 78), ist 'unter dem Volke gesungen' worden (S. 81). Als Beweis dafür muß gelten, daß das Lied in mehreren Handschriften überliefert und vielfach in Gesangbüchern gedruckt worden ist. Aber eine dieser Handschriften führt in ein Jungfrauenstift zu Liegnitz (S. 81, Anm. 16): das bezeichnet das Publikum dieser Art von 'Volksliedern'. Die Große Tageweise des Peter von Arberg ist außer in Meisterliederhandschriften erhalten in handschriftlichen Liedersammlungen vom Charakter des Werdener Liederbuches (Jahrb. d. Ver. f. nd. Sprachf. 14, 85) und des Liederbuches der Herzogin Amelia von Cleve (vgl. Zs. f. d. Phil. 22, 403). Es ist klar, der Begriff des 'geistlichen Volksgesanges', den auch Kochs im Hinblick auf die Dichtungen Peters von Arberg verwendet (S. 59), bedarf einschränkender Interpretation, wenn er richtig bleiben soll. Wir haben auf dem Gebiete des weltlichen Liedes längst gelernt, einen Unterschied zu machen zwischen Volks- und Gesellschaftsliedern, eben um den Unterschied des Publikums zu kennzeichnen, der in gewissen Grenzen auch ein Unterschied der Lebensformen des Liedes war. Wir müssen uns gewöhnen, dieselben Unterscheidungen auch auf den sogenannten geistlichen Volksgesang anzuwenden. Man weiß, wie gerade im 14. und 15. Jh. die Konventikelfrömmigkeit geblüht hat, zumal in den mystischen Kloster- und Laiengemeinschaften. Das ist der eigentliche Boden für ein religiöses Lied gewesen, das die Mitte hielt zwischen dem geistlichen Kunstliede gewöhnlich meistersingerischer Haltung und dem geistlichen Volksliede nach Art der Geißlerlieder. Dies geistliche Gesellschaftslied schlug die Brücke von einem Ufer zum andern; es repräsentiert eine Schicht von Liedträgern, die sich gewiß auch schöpferisch betätigte und auch dabei notwendig ihre Mittelstellung zum Ausdruck brachte. Es würde sich lohnen, etwa den mystischen Liedbestand des ausgehenden Mittelalters einmal unter diesem Gesichtspunkt des geistlichen Gesellschaftsliedes zu untersuchen. Selbstverständlich läßt sich bei geistlicher Dichtung so wenig wie bei weltlicher eine Grenze zwischen Gesellschaftslied und Volkslied im besonderen Verstande ziehen. Und wenn die Große Tageweise, neben die Geißlerliturgie gehalten, ungewöhnlich plastisch die Schichtenunterschiede innerhalb des geistlichen Liedes zur Anschauung bringt, so zeugt sie auf der andern Seite von Wandlungen des geistlichen Gesellschaftsliedes, die die Unterschiede wieder mildern. Man braucht nur die Varianten der Bartschschen Ausgabe der Tageweise zu studieren, um zu erkennen, wie einzelne Fassungen (AKα) die rufartigen Einschläge des Liedes verstärken, also eine Annäherung an tiefere Schichten des geistlichen Liedes vollziehen.

Man pflegt die geistliche Liederdichtung des Peter von Arberg als 'volkstümlich' zu bezeichnen (Bartsch ADB 1, 511). Die Geißlerlieder gestatten es, diesen schwimmenden Begriff einmal konkret zu fassen. Bei der Großen Tageweise ließ sich zeigen, was diese 'Volkstümlichkeit' eigentlich ist: ein Bauen auf dem Grunde eines echten geistlichen Volksliedes, ein Nützen von Formen und Formeln aus der Sphäre des echten geistlichen Volksliedes. Aber man übersehe nicht, wie der Dichter bewußt Abstand hält. Das ist besonders fühlbar in den Strophenschlüssen, die deutlich den volksmäßigen Ruf nachahmen, ihn aber doch in eine andere dichterische Ebene hinaufheben. Fast noch schöner läßt sich die Volkstümlichkeit von Peters Dichtung an seinem 'weihnachtlichen Tageliede' (Kochs S. 62) erläutern; — ich bin nach dem Sprachgebrauch des Stückes überzeugt, daß es trotz der zwiespältigen Überlieferung Peter von Arberg zuzuweisen ist. Das 36 Strophen lange (und gleichwohl nur als Bruchstück auf uns gekommene) Gedicht gibt der Kritik ja auch insofern Arbeit, als Unterschiede der Stoffbehandlung auf eine Kompilation zu deuten scheinen: es handelt sich um ein christobiographisches Stück, das von der Verkündigung bis zum Kindleinmord reicht; merkwürdigerweise aber wird die Geschichte vom Stern und den drei Königen in der Form eines Wächterliedes geboten, das den Wächter im Zwiegespräch mit einem Juden zeigt. Gewiß wirkt das zunächst unorganisch; gleichwohl scheinen mir die Ausführungen von Kochs S. 62 f. erwägenswert, der die Einheit des ganzen vertritt. Aber wir können diese Frage auf sich beruhen lassen; denn für den literarischen Gesamtcharakter des Stückes ist sie ohne Belang. Als ganzes genommen ist das Stück eine Kontrafaktur, freilich nicht eines weltlichen, sondern eines geistlichen Volksliedes, und zwar eines geistlichen Volksliedes von der Art jenes Jesu Kindheitsgeschichte enthaltenden Rufes, den Hugo von Reutlingen als Geißlerlied aufgezeichnet hat (Lied IV). Man braucht nur den Eingang beider Lieder zu vergleichen, um ebenso die Abhängigkeiten wie die Abweichungen Peters von jener dichterischen Gattung zu erkennen:

3 *Zůz ir wart ain engel gsant*
Der waz Gabriel genant.

5 *Der wart ir von got gesant.*
Er grůsd si minneclich zehant.
Lied IV, Str. 2 und 3.

Marien wart ein bot gesant
von himelrich in kurzer stunt,
Her Gabriel was er genant,
er gruozte si uz reinem Munt:
»Ave Maria künegin,
von got soltu gegrüezet sin!«
daz was ein sæliklicher vunt.
Str. 1 des Tageliedes nach v. d. Hagen Minnes. 3, 468^{u}.

Die primitive Rufstrophe hat der üblichen dreiteiligen Platz gemacht; aber es ist mit Händen zu greifen, wie diese künstlichere Strophe aus jener einfacheren erwachsen ist und ihr gegenüber zugleich Abstand und Nähe bewahrt. Nicht anders ist es mit dem sprachlichen Stil des Stückes: auch hier bei aller Anlehnung, bei aller Nachahmung rufhafter Schlichtheit doch eben eine andere Höhenlage der Sprache, ein Einwirken der Ausdrucksformen, die der Kunstdichtung der Zeit gemäß waren. Das hindert freilich nicht, daß einzelne Zeilen wörtlich dem Rufe entlehnt werden oder sich seinen herkömmlichen Formulierungen aufs stärkste nähern (vgl. außer dem Eingang von Str. 1 noch Str. 3, 5 *Der aller welt ein lœser ist;* Str. 4, 4 f. *Der heilig geist der kan ez wol. Er kan wol würken waz er wil;* Str. 4, 7 *Wan er ist aller gnaden vol;* Str. 23, 2 *So sint doch siner namen dri;* Str. 23, 6 *Si machent uns von sünden los;* Str. 25, 7 *Da daz kindlin was geborn;* Str. 28, 7 *Daz himelrich wart in ze lon;* Str. 36, 7 *Unt vuoren an der engel schar*). Kein Zweifel, hier wird ein volksmäßiger Ruf in eine andere dichterische Form umgesetzt, — natürlich für ein anderes Publikum. Da wir Peters von Arberg Große Tageweise in unmittelbare Abhängigkeit von der Geißlerliturgie gebracht haben, lockt es, eine ebenso enge Verbindung zwischen seinem weihnachtlichen Tageliede und dem Leben-Jesu-Ruf der Geißler herzustellen; hier scheint sich eine Kette zu schließen. Aber obgleich sich die Zahl der Berührungen im einzelnen noch vermehren ließe, wir wollen nicht so weit gehen. Denn bei der Geißlerliturgie handelt es sich um ein in seiner Weise einmaliges Stück, bei dem Leben-Jesu-Ruf um den Repräsentanten einer Gattung. Und diese Gattung ist es, die bei der Schöpfung Peters von Arberg Pate gestanden hat, — wie sie als Gattung ihre Schatten auch in seine Große Tageweise wirft.

Wir müssen die Rufe als eine feste Größe in die Literaturgeschichte des späteren Mittelalters einstellen, mag es sich um epische Stücke handeln wie Lied IV, um Bittrufe wie Lied III oder um ausgesprochene Wallfahrtslieder wie Lied II. Wir brauchen sie zum Verständnis höher geschichteter geistlicher Liederdichtung, die vielfach auf sie zurückgreift. Unter den Liedern der Mystiker z. B., die Hoffmann von Fallersleben Kirchenl. S. 91 ff. veröffentlicht hat, beginnt das erste:

Jesu dulcis memoria,
Dans vera cordis gaudia.
Dulcis Jesu, pie Jesu, bone Jesu.

Her Jesu gat in paradis,
Er git den kiuschen liuten pris.
Süezer Jesu, milter Jesu, gůter Jesu.

Her Jesu in der kripfen lit,
Nu wæres jubeliernde zit.
Süezer Jesu, milter Jesu, gůter Jesu usw.

Das ist eine Dichtung, die handgreiflich den Rufstil abwandelt, bis in den Kehrreim hinein: *Crist du bist milte unde guot* ist ein bekannter Volksliedeingang (s. o. S. 177); nur das *süeze* ist mystische Zutat. Von Heinrich von Laufenberg gibt es eine Verkündigung Mariä (Wack. 2, Nr. 705), die beginnt:

Es sass ein edly maget schon
in hoher contemplation,
In tieffer andaht sy betraht
wie got der menschen heil volbraht.
Ein edly kunigin,
die was daz megetin.

Do sant ir got dar sinen grůss,
durch den uns ward der sünde bůss,
Ein engel sprach zů ir: »ave!
bis grůst, ein maget one we!«
Ein edly kunigin,
die was daz megetin usw.

Das ganze Lied ist ohne Zweifel nichts als eine nur leicht verkünstlichende Kontrafaktur eines volksmäßigen Verkündigungsrufes. Oder noch ein anders geartetes Beispiel: Böhme druckt im Altd. Liedb. Nr. 572 ein Schlachtlied ab, das aus Anlaß der Schlacht bei Seckenheim 1462 von einem Parteigänger des Kurfürsten Friedrichs I. von der Pfalz gedichtet worden ist. Die erste Strophe lautet:

Mit gottes hilf sei unser fart!
Maria halt uns in der wart!
Sanct Peter unser hauptman sei!

Unsere sünde, herre gott, verzeih,
Daß wir (erg. *des*) *ewgen todes frei!*
Kyrie eleison!

Böhme bezeichnet das Stück als einen 'Ruf'. Das ist richtig, aber es muß dahin verdeutlicht werden, daß dieser Ruf nicht in niederster Liedschicht kompilatorisch gewachsen ist (wie Lied III der Geißler), sondern daß der Dichter, auf höherer Stufe stehend, mit einer gewissen Freiheit die Rufformen abgewandelt hat. Der Unterschied, den die Zeile *Mit gottes hilf sei unser fart* gegenüber dem zugrunde liegenden *In gotes namen varen wir* aufweist, ist bezeichnend für den Schichtenwechsel im ganzen.

Aber der Einfluß der Rufe kann natürlich auch andere und feinere Formen annehmen als in diesen Beispielfällen, wo das volksliedhafte Vorbild unmittelbar und im großen benutzt ist. Er kann sich äußern in Anregungen für Anlage und Rahmen eines Liedes, in Entlehnungen von einzelnen Motiven und einzelnen Versen. In jenen Stücken, die Hoffmann von Fallersleben im sechsten Abschnitt seines Werkes als 'Lieder der Mystiker' zusammengestellt hat, ist mancherlei derart zu finden.

Es ist für die Literaturgeschichte nicht bequem, mit einer wenig greifbaren Größe zu arbeiten, wie sie das geistliche Volkslied niederster Schicht im ausgehenden Mittelalter darstellt. Es ist auch unzeitgemäß bei einer Lage der literarhistorischen Forschung, die auf verschiedenen Feldern dergestalt ist, daß man das unliterarische poetische Gut, die 'Volkspoesie' alten Andenkens, in den Hintergrund schiebt und in ihrer Bedeutung drückt, wenn nicht gar aus dem literarischen Lebensprozeß ausschaltet und als nicht vorhanden ansieht. Die Minnesangforschung verdeutlicht den Wechsel, der sich hier in den letzten beiden Generationen vollzogen hat, wohl am besten. Eine volkskundliche Lehre, die an sich richtig aber mit einseitigem Nachdruck die Abhängigkeit des volkshaften Kulturbesitzes vom Schaffen höherer Schichten betont, hat das ihre zu dieser Verhärtung der Betrachtungsweise beigetragen. Vielleicht können die Ergebnisse, zu denen die Untersuchung der Geißlerlieder geführt hat, zu einer behutsameren und weitherzigeren Haltung diesen grundsätzlichen Fragen gegenüber beitragen. Zumindest verlangen sie, daß man mit ähnlichen

Untersuchungen auch an frühere Jahrhunderte des Mittelalters herangeht. Denn das geistliche Volkslied, als dessen Kern wir das geistliche Fahrtlied, den Ruf, ansehen, hatte natürlich schon eine lange Geschichte hinter sich, ehe es uns in den Geißlerliedern zum erstenmal in größerer Breite entgegentritt. Die folgenden Rückblicke wollen nicht etwa die Geschichte dieses alten geistlichen Pilgerliedes zusammenhängend verfolgen, sondern mehr prinzipielle Fragen beleuchten, die diese Lieder der Volksliedforschung wie der Literaturgeschichte zu beantworten geben.

III. Rückschlüsse.

Die ersten Stadien der Entwicklung des deutschen Pilgerliedes verlieren sich für uns im Dunkel. Denn das Pilgerlied ist, wie kaum eine andere Gattung geistlicher Volkspoesie, Volkslied im strengsten Sinne des Wortes gewesen und fand als solches bis in die spätere mittelhochdeutsche Zeit hinein nicht den Weg aufs Pergament. Wir wollen dabei dem Begriff 'Pilgerlied' einen weiten Umfang geben und unter ihm solche Lieder verstehen, die das Volk gemeinsam bei geistlichen Umgängen und Fahrten aller Art zu singen pflegte. An sich möchte man, aus inneren Gründen, gerade dies Pilgerlied als ältesten Bestandteil geistlicher Volkspoesie ansehen und sein Aufkommen bis früh in die althochdeutsche Zeit zurückrücken. Denn Prozessionen und Wallfahrten bedürfen seiner; es ist das einzige Element, das solchen gemeinsamen Zügen religiös angespannter Menschen nicht nur Rythmus und Zusammenhalt, sondern auch die Möglichkeit seelischer Entladung gibt.

Prüft man die Zeugnisse, wie sie Hoffmann von Fallersleben in seiner 'Geschichte des deutschen Kirchenliedes' gesammelt hat, so ergibt sich, daß es sich in den allermeisten Fällen um prozessionsähnliche Aufzüge irgendwelcher Art handelt, wo sich die Anfänge religiösen Volksgesanges beobachten lassen; von Leichenbegängnissen, Reliquieneinholungen, Bittprozessionen, Kirchgängen ist da die Rede. Aber wir hören nichts von Prozessionsliedern des Volkes; die Zeugnisse wissen vielmehr, und zwar einhellig, nur zu melden, daß ein *Kyrie eleison*, z. T. im Wechsel mit *Christe eleison*, den Gesang des Volkes ausmachte. Hoffmann von Fallersleben glaubt daraufhin feststellen zu müssen, daß bis zum 10. Jahrhundert der religiöse Volksgesang der Deutschen über das Rufen dieser Worte nicht hinausging.

Franz Jostes, streitlustig und extrem wie stets, hat widersprochen [1]). Seiner Ansicht nach haben die Worte *Kyrie*

---

[1]) Kyrieleison, eene studie over het ontstaan van het duitsche vers door Prof. Dr. Franz Jostes, Gent 1908.

eleison als Bezeichnung der lateinischen Litanei zu gelten, deren Eingang sie darstellen; wie ja auch 'Credo', 'Paternoster' u. a. in solchem Sinn gebraucht werden. Und zumindest überall, wo von Prozessionen und dergl. die Rede ist, sollen nach ihm die Quellen mit der Angabe, daß das Volk *Kyrie eleison* sang, auf das Absingen der Litanei zielen. Das hat gewiß etwas Einleuchtendes, zumal wenn man die Sache mit unseren Augen sieht und, wie Jostes tut, heutige Bauern zum Vergleich heranholt. Die einfachen Responsionen der Litanei, *audi nos, ora pro nobis, miserere nobis,* stellen nach unserem Gefühl keine unmöglichen Anforderungen auch an ungeschulte Kehlen und Köpfe. Die Capitularienbestimmungen Karls d. Gr., wonach die Laien gemeinschaftlich mit den Geistlichen das 'Gloria patri' und das 'Sanctus' singen sollten, scheinen ihren Sinn zu verlieren, wenn man dem Volke nicht den Gesang einfacher lateinischer Floskeln, wie die Litanei sie bot, zutrauen dürfte. Und wenn das Kyrie eleison des öfteren als Ersatz für *inlecebrosa, pestifera cantica* und dergl. hingestellt wird, so läßt auch das zunächst an einen umfänglicheren Gesang denken als den bloßen Ruf *Kyrie eleison.* Die Zeugnisse freilich geben für diese Meinung nichts her; sie scheinen vielmehr stellenweise, und zwar gerade auch wo es sich um Prozessionsgesang handelt, unmißverständlich auf einen reinen Wechsel der Formeln *Kyrie eleison* und *Christe eleison* zu deuten. So wird denn in dieser Frage über Vermutungen nicht hinauszukommen sein; vielleicht daß eins und das andere statt hatte.

Trotzdem hatte Jostes recht, wenn er nachdrücklich auf die Bedeutung hinwies, die der Litanei bei der Ausbildung unseres geistlichen Volksliedes zukam. Das Pilgerlied in deutscher Sprache nämlich, auf das es uns hier ankommt, hat sich an der Litanei gebildet und immer wieder an ihr genährt. Man glaubt aus unserer Überlieferung herauszulesen, wie schrittweise an der Hand der Litanei das deutsche Lied erwuchs. Wir haben, seit dem 10. Jahrhundert bezeugt, deutsche Variierungen des Kyrieleis in verschiedener Form. Die älteste ist offenbar *Christe ginado,* eine einfache Eindeutschung des Eingangs der Litanei. Der Ruf ist in dieser Gestalt, als *Christus onse nade, Kyrioleis* noch aus dem 14. Jahrhundert in friesischen Rechtsbüchern nachgewiesen (Hoffmann v. Fall. S. 77). Die entwicklungsgeschichtlich nächste Stufe zeigt Cosmas von

Prag, wenn er beim Jahre 967 von der Einsetzung eines neuen Bischofs in Prag berichtet: *Dux autem et primates resonabant: Christe keinado, kirie eleison, und di hallicgen alle helfuent unse, kyrie eleison et caetera; simpliciores autem et idiotae clamabant Kyrieleyson* Mon. Germ. SS. 9, 50 (vgl. Müllenhoff-Scherer Denkm. 2, 156 f.). Jostes ist schwerlich im Recht, wenn er zu dem Satz von den Heiligen sagt: 'Deze woorden zelf werden natuurlijk niet gezongen, maar geven alleen een beknopte samenvatting van de verschillende heiligennamen die aangeroepen werden' (S. 9). Es ist an sich nicht wahrscheinlich, daß eine solche Zusammenfassung die Form eines persönlichen Anrufes hätte wählen sollen. Was wollte auch das folgende *kyrie eleison*, wenn man sich die Stelle von den Heiligen nicht in den gesungenen Text einbezogen zu denken hätte. Ausgeschlossen aber wird die Jostessche Deutung dadurch, daß uns dieselben Worte fürs Jahr 1147 als Ruf des Volkes bezeugt sind, damals als Bernhard von Clairvaux in Köln durch seine Wunder die Menge hinriß (Hoffm. v. Fall. S. 39 f.). Wie hätte wohl eine Zusammenfassung des Inhaltes der Litanei in beiden Fällen zu genau dem gleichen Wortlaut führen können. Obendrein begegnet die Zeile fast gleichlautend auch in Heinrichs deutscher Paraphrase der Litanei (G 234, 17 *Des helfit alle heiligen*, S 1334 *Des helfen uns alle heiligen;* vgl. S 1243 f. *Alle gotis heiligen Helfet uns mit vwer underdiginen* nach der Ausgabe von Carl von Kraus im Mhd. Übungsbuch), wo sie der Dichter natürlich in Anlehnung an die volkstümliche Fassung der Litanei formt. Es handelt sich hier also keineswegs um 'eine abgekürzte Bezeichnung für die Litanei' [1]), sondern wir haben eine deutsche Kurzform der Litanei vor uns, und zwar eine Kurzform, die sich noch im Umfang des Rufes hält [2]). Erwachsen ist sie am unmittelbaren Vorbild der lateinischen Litaneien. Denn diese pflegen größere Gruppen von heiligen Personen mit einer zusammenfassenden Anrufung zu begrenzen, und Wendungen wie *omnes*

[1]) So, im Anschluß an Jostes, J. Gotzen bei Merker-Stammler, Reallexikon 2, 73.

[2]) An diese deutsche Kurzform der Litanei lehnen sich alsdann wieder jene Verse *Helfen uns alle heiligen!* oder *Die hiligen alle helfen uns!*, die in Predigtsammlungen des 12. Jhs. als Eingang eines Gemeindegesanges bezeugt sind, der sich an die Predigt anschloß (Müllenhoff-Scherer, Denkm. 2, 157). Dieser als *leis* oder *ruof* bezeichnete Gesang ist gewiß ganz kurz, vielleicht nur zweizeilig gewesen.

sancti, orate pro nobis oder *intercedite pro nobis* sind stehend in ihnen. Die moderne Volksliedforschung spricht von 'Aushöhlung', wenn ein Liedkörper im Laufe des Liedlebens bis auf sein Gerippe oder noch weiter zusammenschrumpft. Die Dinge liegen in unserem Fall ja anders; denn die kurze Form ist nicht aus einer völligeren allmählich zurechtgesungen. Aber der psychologische Vorgang ist vergleichbar, wenn das 'Volkslied' sich zu einer so energischen Abkürzung versteht. Und eine Schrumpfform bleibt das volksmäßige deutsche Gebilde doch, wenn man es neben die lateinische Ausgangsfassung hält [1]. Eigentümlich ist das *et caetera*, mit dem Cosmas sein Liedzitat abbricht. Es scheint darauf zu deuten, daß weitere Stücke aus der Litanei sich anschlossen. Das ist deshalb merkwürdig, weil das vorhergehende *kyrie eleison* nach der gewöhnlichen Übung der Litaneien auf einen Abschluß deutet. Wenn das *et caetera* eine Weiterführung der Litanei meint, müßte man wohl an Stücke aus dem auf das 'Omnes sancti orate pro nobis' folgenden Teil 'Propitius esto' etc. (einschließlich des 'Agnus Dei') denken. Dann wäre eine weitere Stufe im Wachstum der deutschen Litanei gegeben. Sehr bezeichnend übrigens, daß nach Cosmas nur der Herzog und die Großen diesen Vers singen; das niedere Volk begnügt sich mit dem *Kyrieleison:* die untere soziale Schicht ist bei der Ausgangsform stehen geblieben zu einer Zeit, wo die höhere bereits bei entwickelteren Formen angelangt ist.

Neben dem Bittruf an alle Heiligen ist auch ein solcher an den hl. Petrus altbezeugt. Benzos Panegyrikus auf Heinrich IV. berichtet von der Krönung des Kaisers im Jahre 1084: *Imperatore gressum movente tollitur clamor omnium ad sydera. Clerici incipiunt: Iam bone pastor. Teutonici: Kyrrie eleyson! helfo Sancte Petre heleyson! singule quidem nationes secundum ritum patriae prorumpunt in suas vociferationes* Mon. Germ. SS. 11, 602f. [2]). Daß hier nicht an den Eingang eines deutschen Liedes zu denken ist, sondern einfach an einen Ruf, beweist

---

[1]) Übrigens kannte auch die kirchliche Praxis verkürzte Formen der Litanei, die auf Einzelaufzählung der Heiligennamen verzichteten und nur gruppenmäßige Zusammenfassungen boten (vgl. Martène, De antiquis ecclesiae ritibus [1700] 2, 161 ff.). Aber die sind anders zu verstehen.

[2]) So müßte man (gegen die Mon.) abtrennen, vorausgesetzt daß der Text in Ordnung ist. Aber abgesehen von den Bedenken, die gegen ein

der Zusammenhang, auch das abschließende *heleyson*. Obgleich dieser deutsche Ruf hier verkoppelt erscheint mit einem lateinischen Petrusliede, das im Zeremoniell der Krönung seinen festen Platz hatte (Steinmeyer, Ahd. Sprachdenkm. S. 104), wird man schwerlich annehmen dürfen, daß es sich um eine spontane, aus der Situation sich ergebende Abwandlung und Ausweitung des sonst in ähnlichen Fällen üblichen *Kyrieleison* handelte. Sondern wir haben hier offenbar eine stehende Formel vor uns, wiederum, wenn man so will, die deutsche Verselbständigung eines Fetzens der Litanei zu einem Pilgerruf, der sich kaum anders als bei Rompilgern gebildet haben kann. Das imperativische *helfen* hier wie in der Zeile *Und die heiligen alle helfen uns* beweist, daß nur verschiedene Ausprägungen derselben Grundform vorliegen; wir haben, in der Sprache der Volksliedforschung geredet, eine Gerippzeile vor uns, und zwar die am weitesten zurückzuverfolgende des Pilgerliedes; sie ist im Laufe der Jahrhunderte mannigfach abgewandelt worden, indem das Subjekt immer neu besetzt wurde. Der Ruf ist übrigens noch in einer Quelle des 13. Jhs. bezeugt (Jac. Grimm, Reinhard Fuchs S. 304):

der wolf sa. von dannen spranc,
sin kirleis er vil lute sanc:
'helfe uns sant Peter heiligo!'

Ob die Zeile der Eingang eines Liedes war, wie Hoffmann v. Fall. will (S. 29), ist kaum auszumachen. Nach dem Zusammenhang der Stelle ist eigentlich nur ein kurzes Stoßgebet am Platze. Das schließt freilich nicht aus, daß für andern Gebrauch auf den Ruf noch ein paar Zeilen folgten. In jedem Falle sehen wir in dem *heiligo* wenigstens den Ansatz zu volksliedhaftem Wachstum eines Leises vor uns. Die altertümliche Form *heiligo* erweist das Alter des Rufes, aber natürlich nicht des Leises, der möglicherweise aus ihm entsprossen war. Das tautologische *heiligo* steht an der Stelle, wo die älter überlieferte Gestalt des Rufes *heleyson* hat. Wer am modernen Volkslied gelernt hat, wie abenteuerlichen Verdrehungen gerade fremde Wörter oft im echten Volkslied ausgesetzt sind, wird es nicht für unmöglich erklären, daß das *eleison* irgendwie für das Eintreten

helfo = adiutor sprechen, die Formelsprache des jüngeren Pilgerliedes zwingt geradezu zu der Annahme, daß eine imperativische oder adhortative Fügung gemeint ist, also *hilf o Sancte Petre* oder *helfe sant Peter*.

des *heiligo* verantwortlich ist. Es mag aber auch die Rufform *helfent uns alle heiligen* im Spiele sein.

Deutlich ist nach allem, daß aus der lateinischen Litanei deutsche Rufe entstanden, die man in strengem Sinn als volksliedhaft bezeichnen kann, insofern als die schlichten deutschen Zeilen sich fast triebhaft von dem lateinischen Grunde lösen und alsbald ein elementares Volksliedsdasein führen. Unsicher dagegen bleibt, wie weit die Entwicklung auf dieser Linie in althochdeutscher Zeit gediehen ist. Es ist an sich denkbar, daß bereits die althochdeutsche Zeit ein deutsches Pilgerlied kannte, das jenen primitiven Rahmen der Rufe überschritt. Aber es könnte sich dabei kaum um mehr als wenige Zeilen gehandelt haben, wenigstens solange das an die Litanei sich anlehnende Pilgerlied sich selbst treu blieb und als eigentlichstes Volkslied auf dem Wege vegetativer Wucherung wuchs. Erweisbar jedoch sind solche runderen Pilgerlieder nicht. Das undeutliche *et caetera* in dem von Cosmas überlieferten Gesang genügt kaum zu ihrer Bewährung, auch nicht der Ausgang des Petrusliedes mit seinen Entlehnungen (s. u. S. 234).

Am wenigsten aber läßt sich für Dasein und Beschaffenheit des volksliedhaften althochdeutschen Pilgerliedes aus den deutschen Liedern vom hl. Gallus und hl. Georg gewinnen. An sich gehören Heiligenlieder zu den geläufigen Typen des Prozessionsgesanges, sie sind schon um die Mitte des 12. Jahrhunderts sicher bezeugt (Hoffmann v. Fall. S. 41). Und wenn man sich jene althochdeutschen Stücke schon als 'Volkslieder' denken will, scheint sich gerade die Gattung des Prozessionsliedes zu empfehlen. Das läge immerhin näher als Koegels Ansicht, wonach Ratpert sich sein Lied zum Tanze gesungen dachte (Gesch. d. dtsch. Litt. 2, 112). Aber es hat mit dem Volksliedcharakter dieser Stücke ja überhaupt seine besondere Bewandtnis. Ekkeharts IV. bekannte Notiz im Codex Benedictionum (Hs. A) sagt von Ratpert, dem Verfasser des Gallusliedes: *fecit carmen barbaricum populo in laudem sancti Galli canendum.* Das muß erschlossen sein; denn unmittelbar konnte Ekkehart nicht wissen, zu welchem Zwecke Ratpert 150 Jahre früher sein Lied geschaffen hat. Und dieser Schluß muß sich darauf stützen, daß es zu Ekkeharts Zeit episch-historische deutsche Heiligenlieder gab, die gesungen umliefen. In diesem Zusammenhang ist eine zu wenig beachtete Notiz desselben Ekkehart in den Casus

S. Galli von Bedeutung, die man mit jener Angabe über Ratpert verknüpfen muß. Ekkehart sagt über den hl. Ulrich: *Neque enim miramur, eos cum quibus in saeculo versatus est, ea quae cum spiritalibus gessit, quia minus sciverant, non scripsisse. Sed plura eos, quae de eo concinnantur vulgo et canuntur, tacuisse, cum infima quaedam eius magna fecerint, etiam miramur* Mon. Germ. SS. 2, 108f. Ekkehart kannte also ein Ulrichslied, das vermutlich, stark auftragend und ziemlich breit gehalten, von den Wundertaten des Heiligen gehandelt hat (vgl. Hoffmann v. Fall. S. 25). Es ist nicht zu ermitteln, in welchem Sinn und welchem Umfang dies Ulrichslied ein geistliches Volkslied war; möglicherweise darf man an ein Prozessionslied denken. Aber mag das Ulrichslied schon Gemeingesang gewesen sein, für das Galluslied erweist die späte Angabe Ekkeharts nichts derart. Es heißt sie zu gewichtig nehmen, wenn man in ihr Ratperts Absicht ein 'chorisches Volkslied' zu machen, verbrieft sieht (Koegel 2, 111). Anderseits ist freilich nicht zu bezweifeln, daß das Galluslied wirklich im Gesang gelebt hat. Das erhärtet die veränderte Fassung der prosaischen Vorrede in den Hss. BC, die wichtiger ist als die meist zitierte von A: *Ratpertus . . . fecit et carmen barbaricum de sancto Gallo cantitandum, quod postea fratrum quidam, cum rarescere qui id saperent, videret, ut tam dulcis melodia latine luderet, quam proxime potuit, transferens, talibus operam impendit* Mon. Germ. SS. 2, 33). Über die Schicht und den Umkreis aber, in denen das Galluslied sich über mehr als ein Jahrhundert lebendig erhalten hat, besagt auch diese Angabe nichts. Man wird kaum fehlgehen, wenn man den Kreis der Sänger ziemlich eng um die klösterliche Gesangsschule herumzieht. Ähnlich liegen die Dinge, unter dem Gesichtspunkt des Volksliedes gesehen, beim Georgsliede; auch hier die Dichtung eines Geistlichen, die ein Jahrhundert nach der Entstehung von einem andern Geistlichen aufgezeichnet wurde, vielleicht aus der Erinnerung, gewiß nachdem das Stück die Stufe rein gedächtnismäßiger Weitergabe durchlaufen hatte.

Wir stehen vor einem Bilde, wie es der Volksliedforscher ähnlich immer wieder zu sehen gewöhnt ist: auf der einen Seite ein wurzelechtes geistliches Volkslied, das sich aus der Litanei zu entwickeln beginnt, auf der andern Seite geistliche Kunstdichtung, die aufs Volk abzielt, aber erst der Rezeption durch das Volk bedürfte, um Volksgesang zu werden. Damit ist zugleich ausgesprochen, in welchen Grenzen es sein Recht hat, wenn man bei Stücken wie dem Gallus- und Georgsliede von 'Ansätzen zur Schaffung eines christlichen Volksliedes' spricht (Ehrismann Gesch. d. dtsch. Lit. 1, 212).

Hermann Paul schreibt einmal: 'Lieder wie das Petruslied und Ratperts Lobgesang auf den heiligen Gallus drangen in alle Schichten des Volkes' (Grundriß d. germ. Phil.[2] II 2, S. 63). An diesem phantasievollen Satze ist auch das anstößig, daß zwei Lieder neben einander gerückt werden, die grundsätzlich verschieden waren. Das nämlich ist das Bezeichnendste am Petruslied, daß es an einer Stelle steht, wo die eben gekennzeichneten beiden Entwicklungslinien des geistlichen Volksliedes sich schneiden. Hier ist ein Dichter am Werk, der mit deutlicher Absicht den Faden des selbwachsenen geistlichen Volksliedes aufnimmt. Mettin hat das Petruslied mit gutem Grund als Pilgerlied bestimmt [1]), wenn auch seine Beweisführung, wie Steinmeyer a. a. O. S. 104 bemerkt, nicht ganz einwandfrei ist. Mettin scheint recht zu haben, wenn er das Petruslied in Abhängigkeit bringt von der dritten Strophe *Iam bone pastor* des Hymnus *Aurea luce et decore roseo* (Wackernagel Kirchenl. 1, Nr. 75), obgleich der Zusammenhang keineswegs so eng ist, daß man das Lied 'fast als eine Glossierung der lateinischen Strophe auffassen könnte'. Schon diese Abhängigkeit könnte auf ein Prozessionslied deuten, da die Quellstrophe im Prozessionsgebrauch bezeugt ist (Steinmeyer a. a. O.). Aber viel deutlicher spricht etwas anderes: die letzte Strophe des Petrusliedes ist offensichtlich an gewisse Stücke der Litanei angelehnt. Das hat schon Ehrismann gesehen (Lit.gesch. 1, 198), ohne doch Grad und Art der Abhängigkeit voll zu erkennen. Der zweite Teil der Litanei mit seinen Einzelbitten zeigt unter seinen typischen Formen auch die: (*Per crucem tuam* etc.) *peccatores te rogamus, ... ut ... misereri digneris* (vgl. z. B. die Litaneien bei Martène, Tractatus de antiqua ecclesiae disciplina, Lugduni 1706, S. 629 ff., ähnlich 520 f.). Das ahmt offenbar die Schlußstrophe des Petrusliedes nach, und zwar bis in die Syntax und den Vokabelgebrauch hinein: *Pittemes ..., daz er uns firtanen giwerdo ginaden;* mit der Strophe *Iam bone pastor,* aus der Mettin für *giwerdo gina-*

[1]) W. Mettin, Die ältesten deutschen Pilgerlieder in: Philologische Studien, Festgabe für Sievers 1896, S. 284.

den das *Clemens accipe* (*vota precantum*) herbeizieht, hat es nichts zu tun. Es gibt überdies Litaneien, die auch in der Füllung dieser Gerippzeile dem Petruslied ganz nahe kommen: *ut nobis misereri digneris* sagt eine alte anglikanische Litanei bei Mabillon, Veterum analectorum tom. II (1676), S. 676. Auch sonst nähert sich das Petruslied der Haltung eines Prozessionsliedes, wie die Litanei es darstellt. Es hat den wir-Stil; und Zeilen wie 1, 3 f. *daz er mac ginerian ze imo dingenten man* entsprechen dem Ton der Litanei. Wir haben also ein Kunstlied vor uns, das mit Bewußtheit einen ganz anderen Stil sucht als das Gallus- und das Georgslied: der Stil des Hymnus und der der Litanei sind in ihm, äußerlich und innerlich, eine eigentümliche Verbindung eingegangen.

Was die Lebensform des Petrusliedes anlangt, so versteht man es gewöhnlich als Wechselgesang zwischen Geistlichen und Volk in der Weise, daß dem Volk lediglich der Kehrreim zufiel. Das entspricht gewiß am meisten der entwicklungsgeschichtlichen Situation. Trotzdem glaube ich, daß es sein geistlicher Verfasser wenigstens gemeint hat als ein 'carmen barbaricum populo canendum': in diese Richtung weist sein Gestaltungswille. Auch die knappe Fassung des Ganzen ist von Bedeutung; das scheint die Anpassung an einen Zustand zu sein, der umfänglichere deutsche Pilgerlieder noch nicht kannte. Gleichwohl sollte man beim Petrusliede nicht von einem 'religiösen Volksgesang' sprechen. Bestenfalls dürfen wir es potentiell als ein religiöses Volkslied bezeichnen, wie so manches Lied von Uhland und Eichendorff nur potentiell, nicht in Wirklichkeit ein Volkslied ist. Um Sichreres zu sagen, müßten wir vor allem wissen, ob es im 9. Jahrhundert schon völligere Formen eines deutschen Pilgerliedes gegeben hat als den bloßen Kyrie-Ruf. Das aber läßt sich nicht ausmachen, obgleich der Ausgang des Petrusliedes selbst einen Fingerzeig zu bieten scheint. Die Zeile *daz er uns firtanen giwerdo ginaden* deckt sich bekanntlich genau mit Otfr. 1, 7, 28. Schon bei Müllenhoff-Scherer Denkm. 2, 62 ist die Vermutung ausgesprochen, daß der gemeinsame Vers 'aus einem älteren Gebet oder Bittgesang' herzuleiten sei. Nun erwiesen ist, daß die Zeile einfach aus der Litanei übersetzt ist, wäre ein denkbar paßrechtes Vorbild als gemeinsame Quelle gewonnen: ein deutsches religiöses Volkslied, eben eine irgendwie geartete, ansatzhafte deutsche Litanei, hätte dann in beiden Dichtungen eine Spur hinterlassen. Aber genügt dies eine Argument, um das Vorhandensein einer eingedeutschten Litanei im 9. Jahrhundert zu erweisen?

Erst mit der frühmittelhochdeutschen Zeit kommen wir aus der Sphäre der Vermutungen und Konstruktionen heraus: seit dem 12. Jh. sind deutsche Pilgerlieder durch historische Nachrichten ganz sicher bezeugt. Es genügt, auf die bekannte Stelle bei Gerhoch von Reichersberg hinzuweisen, der den deutschen Kreuzfahrern solche Lieder zuschreibt [1]). Und diese Kreuzfahrerlieder werden uns auch greifbar; hier gewinnt also unsere Betrachtung des alten Pilgerliedes zum ersten Male festen Boden und konkrete Objekte.

Wir lassen dabei die sog. Kreuzlieder der Kunstdichtung fürs erste beiseite und halten uns lediglich an die Angaben, die unmittelbar auf Volksgesang deuten. Das sind vor allem jene drei Stellen aus dem Herzog Ernst D, die uns Liedtexte vorzuführen scheinen, die Kreuzfahrer auf Fahrt und Marsch anstimmten. Für das zweite Stück ist das ohne weiteres einleuchtend; beim dritten macht es der Inhalt wahrscheinlich; und für das erste möchte man es aus dem Erzählungszusammenhang schließen, in dem es auftritt, nicht minder aus der Artgleichheit und der inneren Verbindung, die es mit dem zweiten Stücke verknüpft. Zu diesen Liedern ist mancherlei geäußert worden [2]), aber noch steht eine Betrachtung aus, die sie aus dem Kerne, d. h. eben von dem Gesichtspunkte des Volksliedes aus, zu begreifen sucht.

Zwei von ihnen gehören deutlich in Parallele:

4536 *Ernst begunde loben got,*
mit den sinen was er fro,
sinen leisen hub er do:
'Crist herre, du bist gut,

[1]) Atque in ore Christo militantium laicorum laus Dei crebrescit, quia non est in toto regno Christiano qui turpes cantilenas cantare in publico audeat, sed ut diximus, tota terra iubilat in Christi laudibus etiam per cantilenas linguae vulgaris, maxime in Teutonicis, quorum lingua magis apta est concinnis canticis. Gerhohi Reicherspergensis Commentarius aureus in Psalmos, Migne Patrolog. latin. Bd. 193, Sp. 1436.

[2]) S. besonders Mettin S. 280 ff.

1540 *nu hilff uns durch din reines plut,*
durch dine heren wunden,
das wir ſrolichen werden ſunden,
da susse ist der engel don,
in dein (l. *dim*) *riche: kyrieleison!'*

2285 *do huben sie alle*
gegen got mit schalle:
'nu helff uns das heilige grab
und der sich durch uns darin gab,
mit synen herren wunden,
2290 *das wir tzu Jherusalem ſunden*
werden ſroliche
und in dem hymmelriche
god gebe uns den werden lon,
und singen: kyrieleyson!'

Das dritte Stück steht für sich:

3164 *do man den kil absties,*
selber hub an der jungeling:
'wir lassen alle unser ding
an das heilige kint,
des hymmel und erde alle sint,
den die unvollobte clar,
3170 *sin muter Maria gebar;*
nu helff uns der heilant,
das wir komen in sin lant!
wir ſarn, Crist, in dinem namen,
nu hilff uns in din rich! Amen.'

Die erste Frage wäre, wie weit diese Aufzeichnungen überhaupt den Anspruch machen können, als echte Pilgerlieder genommen zu werden, und wie weit die Hand des epischen Dichters im Spiele ist. Wer spätere Pilgerlieder kennt, für den genügt ein Blick, um festzustellen, daß Ulrich von Eschenbach [1]) hier nicht frei erfunden hat, sondern sich an echte Stücke hält. Das ist am handgreiflichsten bei den Versen 4539 ff.

---

[1]) Daß Ulrich von Eschenbach tatsächlich der Verfasser des Ernst D ist, unterliegt für mich keinem Zweifel mehr nach den Untersuchungen von Hans-Friedrich Rosenfeld, Herzog Ernst D und Ulrich von Eschenbach, Leipzig 1929.

Crist herre, du bist gut ist ein viel verwendeter Gerippvers (s. S. 177), der öfter gerade als Liedeingang auftritt. 4540 ist eine stehende Zeile späterer Pilgerlieder (s. S. 177 Anm. zu 6). Und um den Beweis voll zu machen: beide Zeilen verkoppelt erscheinen, mit geringer volksliedhafter Variation, in dem Einzugsleis der Geißler. Ganz geläufig ist dem jüngeren Pilgerliede die Berufung auf Christi Wunden in der obigen syntaktischen Form (s. S. 119 Anm. zu 43—46). Und völlig entspricht es dem Stil des Pilgerliedes, wenn es in den Wunsch mündet, in das Himmelreich einzugehen.

So kann also nur die Frage strittig sein, mit welchem Grade von Treue Ulrich von Eschenbach das ihm bekannte Volkslied wiedergegeben hat. Ich halte dafür, daß die ersten vier Zeilen echt sind, V. 4542 wenigstens noch dem Reime nach. Der Ausgang dagegen zeigt natürlich ein Eingreifen des epischen Dichters: er mußte das Kyrieleison, das sonst außerhalb des Liedtextes steht, in das Reimpaar hineinarbeiten. Das führte zu einer Umbildung des echten Liedschlusses, die auch schon die Zeile 4543 neu zu formen zwang. Ein Hilfsmittel, mit dem man gern arbeitete, versagt leider: das ist das strophische Maß des zugrundeliegenden Liedes. Nach Ausweis späterer Pilgerlieder würde man am liebsten von einer vierzeiligen Strophe ausgehen; aber gerade sie zeigen auch, daß dies Grundmaß leicht erweitert werden kann. Eine sechszeilige Strophe wäre ohne jeden Anstoß. Für die Frage, wie der echte Strophenschluß ausgesehen haben mag, kommt Hilfe von einer unerwarteten Stelle. Die geistliche Novelle 'Felix im Paradiese' (v. d. Hagen Gesamtab. Nr. 90) schließt mit den Versen (Bd. 3, S. 623):

76 *mit siner* (Christi) *helfe sul wir treten*
in daz ewige himelriche,
daz wir vroliche
müezen mit sinen engelen sin:
des hilf uns, liebe künigin!

Keine Frage, daß hier ein volksläufiger Leis verwertet ist [1]).

[1]) Überhaupt steckt in den frommen Schlüssen mittelalterlicher Erzählungen, in Schreiberversen u. dgl. mancherlei Versgut, das letztlich aus dem geistlichen Volksliede stammt. Nur noch ein paar Beispiele aus dem Gesamtab.: *Diz büechel ist keiser Otte genant. Got der helf uns in sin lant!* Schreibervers vor Konrads von Würzburg Novelle 'Heinrich von Kempten' Bd. 1, S. 63; *Nu hebt uf die hende Und bitet got durch sinen tot, Daz er uns læse*

Diese Verse erweisen in Ulrichs Fassung des Leises als echte Bestandteile die Wörter *frolichen, engel* und *riche. Daz wir werden vunden In dem himelriche Mit den engeln vroliche* wäre ein denkbarer Ausgang des Leises.

Von dem ersten Stücke aus wird das zweite durchsichtig. Auch hier muß für den Schluß die Treue der Überlieferung bezweifelt werden, so gut an sich V. 2293 nach Form und Gedanken in ein Kreuzfahrerlied hineinpaßt. Sonst ist Ulrichs Überlieferung zuverlässig, wenigstens was das Gefüge des Ganzen anlangt. V. 2290—92 ist natürlich mit V. 4542—4 zu vergleichen. Dabei bewahren die Verse 2291/92 mit *froliche: hymmelriche* eine ursprüngliche Fügung. Dagegen ist *tzu Jherusalem* offenbar jüngere Zutat. Wir können hier das lebendige Volksliedleben greifen: man hat Bestandteile eines gegebenen, neutralen Pilgerliedes zurechtgebogen, um es für die Zwecke von Jerusalemfahrern geeignet zu machen. Denn die ungeschickte äußerliche Einflickung des Ortsnamens tut den echten Versen fühlbar Gewalt an; so glatt und sinnvoll es ist *Das wir froliche werden funden in dem hymmelriche*, so sehr schmeckt nach zweiter Hand *Das wir tzu Jherusalem werden funden froliche*. Auch der ungeschickte Eingang des Stückes mit der angeflickten Zeile 2289 *Mit sinen herren wunden* verrät, daß er volksliedhaft zurechtgestückelt ist. Gegeben war die Zeile: *Nu helf uns das heilige grap*. In dem Gedicht von Ludwigs Kreuzfahrt (Mon. Germ. Dtsche Chron. IV 2) heißt es zu Beginn, inmitten eines Kampfes, und nach gewonnener Schlacht:

1891 *als er den trost in gegap:*
'des helf uns daz heilige grap!'
nach dem kyrieleison
sie sungen gote den suzen don.
2222 *'helfe uns daz heilige grap!'*
sie luter stimme sungen ho.
5681 *die Cristen in gote fro*
irn leisen sie sungen do:
'helf uns daz gotes grap!'

---

uz aller not Unt teil uns mit sinen hort, Ich mein sin himelriche dort. Schluß der Crescentialegende Bd. 1, S. 164; *Milter vürste here, Durch diner muoter ere Hilf uns in din riche! Sprechet 'Amen' alle geliche!* Schluß der Novelle 'Der Frauen Trost' Bd. 3, S. 450. Diese Dinge verdienten eine besondere Untersuchung.

Freilich ist nicht auszumachen, ob hier noch an den einzeiligen Ruf oder schon an einen längeren Leis zu denken ist [1]). Daß aber ein einfacher Ruf an den Anfang gehört, ist sicher. Denn er ist mehrfach bezeugt, und zwar in der völligeren Gestalt *Adiuva nos deus et sanctum sepulcrum* (Wilken Gesch. d. Kreuzzüge Bd. 4, Beilage 34; weiteres bei Hoffmann v. Fall. S. 43 Anm.); so hat der Kreuzfahrerleis 'In gotes namen varen wir' den Ruf verarbeitet (s. u.). Der Vorgang ist bei Ulrichs zweitem Stück also der, daß sich an einen Ruf das Bestreben zu liedhafter Erweiterung heftet, ähnlich wie bei den Ausweitungen des Kyrieleison. Aber mit dem Anlehnungsbedürfnis des echten Volksliedes mündet diese Erweiterung alsbald in einem vorliegenden Pilgerlied. Man schließe nicht aus dieser Abhängigkeit des zweiten Stückes vom ersten, daß nicht beide nebeneinander unter denselben Umständen ihre Verwendung gefunden haben könnten. Die Geißlerlieder lehren, daß Pilgerzüge von ausgesprochener Sonderart sich gleichwohl allgemeingültige Pilgerlieder aneignen konnten. Wie etwa das Soldatenlied längst nicht nur Soldatisches umfaßt.

Es bliebe noch die Frage, ob es jeweilig nur die erste Strophe eines längeren Leises ist, die Ulrich von Eschenbach wiedergibt, oder ob wir einstrophige Volkslieder vor uns haben. Ich glaube das zweite: die Strophen fassen in lapidarster Einfachheit, keiner Ergänzung bedürftig, das ganze Anliegen des Singenden zusammen. Sie scheinen für ein Sonderdasein geschaffen, — was nach allgemeinen Gesetzen des Volksliedlebens freilich nicht ausschließt, daß sie nachträglich als strophisches Glied in einen größeren Zusammenhang gefügt wurden. Das ist tatsächlich geschehen (s. folg. Seite), ohne daß wir indes sagen könnten, wann zuerst.

Damit kommen wir auf die Frage nach den Zusammenhängen unserer Leise mit dem bekanntesten Kreuzfahrerleis 'In gotes namen varen wir'. Die älteste erhaltene Fassung findet sich in einer Münchener Hs. von 1422 (Wack. 2, Nr. 678). Ihre erste Strophe lautet:

---

[1]) Die Angaben Mettins über diesen Ruf sind konfus und irreführend. Außer den obigen Stellen, die auf die Schlacht am Berge Turon (1189) zielen, erscheint die Zeile nur noch in dem Leis des Herzog Ernst V. 2287. Weitere Belege, wie sie nach Mettin vorzuliegen scheinen, mangeln.

In gotes namen fara wir,
Seyner genaden gara wir.
Nu helff uns die gotes krafft
Und das heylig grab,
Da got selber ynne lag!
Kyrieleys.

Man darf annehmen, daß hier der ursprüngliche, von Haus aus gewiß nur einstrophige Leis im ganzen getreu erhalten ist. Es ist ein volksmäßiges Gebilde, einfach um den Kreuzfahrerruf herumgebaut. Ulrichs erstes Stück hat nichts mit diesem Leis zu tun; von seinem zweiten könnte man auf den ersten Blick meinen, daß es sekundär aus dem Schluß des Leises gebildet, vielleicht gar erst von Ulrich von Eschenbach zurechtgedichtet sei. Tatsächlich kommt die Formulierung von Vers 2288 auf Ulrichs Rechnung: er stutzte die volksmäßige Assonanz zu einem reinen Reime zu, während das geistliche Volkslied bis ins 16. Jh. die alte Zeile festgehalten hat (Wack. 2, Nr. 679. 680. 681). Also diese Zeile stammt auch in Ulrichs Leis aus dem 'In gotes namen varen wir'. Aber der Stropheneinsatz ist echt und von alter Selbständigkeit; das beweisen die oben angeführten Stellen aus Ludwigs Kreuzfahrt. Noch eine spätere Quelle erhärtet ihr Zeugnis. Nach Wack. 2, S. 515 enthält der 'Psaltes ecclesiasticus' des Georg Witzel von 1550 eine besondere Fassung des Liedes 'In gotes namen varen wir'. Die zweite Strophe spricht aus: *Das Creutz . . . sey unser freud.* Und darauf folgt die dritte:

Auch das heilige Grab,
Da Gott selbest inne lag
Mit seinen fünf wunden also here.
Frölich faren wir daher
gen Jerusalem.
Kyrie eleeson.

Bemerkenswert ist, wie auch hier das *gen Jerusalem* sich dem vierzeiligen Strophenschema nicht fügen will.

Als Ergebnis halten wir fest: Es gab eine Mehrzahl volksmäßiger Kreuzfahrerlieder. Ihre Entstehung verdanken sie z. T. der Ausweitung kurzer Rufe. Sie hängen teilweise durch gemeinsame Verse miteinander zusammen. Unter den Kreuzfahrerliedern gab es anscheinend auch älteres Leisengut. Die Lieder waren, soweit sie uns sichtbar werden, kurz, ursprünglich wohl durchweg einstrophig. — Man erkennt das Voranschreiten der Entwicklung auf dem Wege des volkswüchsigen Pilgerliedes, dessen Beginn wir im althochdeutschen Zeitraum beobachteten.

Bei dem dritten von Ulrichs Leisen klingt der Eingang echt, obgleich mir aus dem späteren Pilgerlied Parallelen nicht zur Verfügung stehen. Eine Floskel wie *diu unvollobte clar* 3169 entspricht freilich dem Stil der Gattung nicht. Greifbar echt sind dagegen die Zeilen 3171 f.: *Nu helf uns der heilant* ist eine stehende Zeile späterer Leise (s. o. Lied II und III), und der Wunsch *Das wir komen in sin lant,* denkbar paßrecht in einem Kreuzfahrerlied, hat in Leisen und sonst mancherlei Parallelen (s. S. 177 f.). Die beiden letzten Zeilen aber sind offensichtlich wieder vom epischen Dichter geformt. *Amen* gehört nicht an den Schluß eines Leises, und die Zeile 3173 beruht offenbar auf der Eingangszeile des Kreuzfahrerliedes 'In gotes namen varen wir'. In diesem Stück scheinen die Eingriffe Ulrichs von Eschenbach stärker als in den beiden anderen. Auch der Eingang spricht dafür. Denn das Lied setzt nicht wie jene mit einem Reimpaar ein, sondern die erste Liedzeile reimt mit der letzten Textzeile. Gegen die Echtheit des Liedeinganges braucht das freilich noch nichts zu besagen: seine beiden ersten Zeilen könnten statt durch Reim durch die Assonanz *dinc: kint* verbunden gewesen sein; dann wäre aber 3168 eine Ergänzung Ulrichs. Indessen selbst wenn, im äußersten Falle, das Stück ein Mosaik sein sollte, das nicht von dem singenden Volk, sondern vom Dichter zusammengefügt ist, — daß er mit echten Steinen arbeitet, unterliegt auch hier keinem Zweifel.

Mettin hat in seinen obengenannten Studien vorab die Kreuzfahrerlieder einer Untersuchung unterworfen, die vor allem der Frage der Verfasserschaft nachgeht. Der methodische Weg ist der, daß er allerlei Berührungen zwischen den deutschen Liedern und der lateinischen Hymnenpoesie feststellt, auch Anklänge an biblische Stellen; und aus solchen 'Entlehnungen' ergibt sich ihm die Folgerung, daß die Pilgerlieder durchweg Geistliche zu Verfassern haben (S. 282). Ich zweifle, ob die Frage richtig gestellt ist. Es läßt sich zwar nicht leugnen, daß Anklänge an die Bibel und die Hymnenpoesie vorhanden sind; aber von dem, was Mettin für die Lieder aus dem Herzog Ernst beibringt, schlägt nur die Gleichung *hêre wunden = alma vulnera* wirklich durch. Aber schon die Anknüpfung von *Wir lassen alle unser ding* usw. 3166f. an Matth. 19, 27 *nos reliquimus omnia* ist gewagt. Und Vorstellungen wie die von Christi *reinem bluot* oder von der Fröhlichkeit im Himmel sind zu trivial, als daß sie, obgleich natürlich letzlich in kirchlich-lateinischem Überlieferungsgut wurzelnd, nur durch Geistliche in die deutschen Lieder gekommen sein könnten. Hier verfängt also Mettins Beweisverfahren nicht. Der entscheidende Mangel seiner Betrachtungsweise aber ist der, daß er die Lieder viel zu sehr als feste, einmalige Größen nimmt und viel zu wenig mit der Tatsache rechnet, daß es sich bei diesen Liedern als echten Volksliedern um Erzeugnisse eines allmählichen Wachstums, um Gebilde von fließenden Grenzen und gleitendem Bestande handelt. Es ist eine ganz schiefe Einstellung, wenn Mettin in jedem Falle auf e i n e n Verfasser aus ist, dessen Stand sich aus dem als Einheit genommenen Liede feststellen lassen müßte; denn eine solche Auffassung geht über die wesentlichsten Lebensgesetze dieser Art von poetischen Schöpfungen hinweg. Um ein Beispiel zu geben von den Irrtümern, zu denen die Verkennung der Problemlage führen muß: Zur Erläuterung des Liedes Herzog Ernst 2285 ff. weist Mettin auf den Hymnus bei Kehrein Nr. 101 hin, wo Jerusalem und das Himmelreich zusammengestellt werden in Erinnerung an Apoc. 21, 2: *et ego Joannes vidi sanctam civitatem Jerusalem novam.* Aber erst müßte bewiesen sein, daß Jerusalem in jenem Pilgerliede ein altes Recht hat und nicht erst, wie es den Anschein hat, nachträglich eingeflickt wurde, ehe eine solche Parallele Bedeutung gewönne.

Am stärksten enthüllt sich die Schwäche von Mettins Standpunkt in seiner quellenmäßigen Betrachtung des Liedes 'In gotes namen varen wir'. Er hat natürlich recht, das Stück bis ins 12. Jahrhundert hinauf und unter die Kreuzzugslieder einzurücken; die bekannten Stellen Trist. 11538 und Wiener Meerf. 283 sprechen bündig (s. Hoffmann v. Fall. S. 72). Aber er ist vollkommen im Irrtum, wenn er die vierstrophige Münchener Fassung vom Jahre 1422, die ältest überlieferte, als den originalen Text des Leises nimmt. Was ihm ein 'vollständig erhaltenes Lied' scheint (S. 279), ist in Wirklichkeit ein wirr zusammengesungenes Volksliedgebilde, von dem nur die ersten beiden Strophen in einer engeren, aber auch nicht notwendig ursprünglichen Verbindung stehen. Die Grundform kannte gewiß nur die Anfangsstrophe. Die zweite Strophe enthält eine nachweisbar alte Zeile, nämlich *Fröleichen fara wir* (s.u. S. 248). Aber der strophische Körper, in den diese Zeile ursprünglich gehört hat, ist aus der Überlieferung des 15. Jhs. nicht mehr zu gewinnen. Auch die Eingangszeile der Strophe, *Sanctus Petrus der ist gût*, vertritt an sich einen alten Typus. Ob sie aber mit den folgenden Zeilen der Strophe in einem alten Zusammenhang steht, ist durchaus offen. Wie die zweite Strophe jetzt gefaßt ist, hat man fast den Eindruck, als wenn sie für einen besonderen Zweck, vielleicht den von Rompilgern, zurechtgebogen wurde. Aber mag sie auch Bestandteile enthalten, die sich, in einer besonderen Strophe gefügt, frühzeitig mit der Strophe 'In gotes namen varen wir' verbanden, — es ist so gut wie sicher, daß diese Strophe in der jüngeren Überlieferung nicht mehr erhalten und aus ihr nicht mehr herzustellen ist. Die Strophe ist vielmehr, wie sie vor uns steht, von dem volksliedhaften Synkretismus, der der Strophengruppe als ganzes ihren Charakter gibt. Mettin geht bei seinen Untersuchungen über das Lied deshalb nach einer doppelten Richtung hin methodisch fehl. Es ist unmöglich, den Leis als ein Stück aus einem Guß zu behandeln, wie Mettin es tut, wenn er ihn insgesamt unter den Einfluß des Trisagiums (Mone Lat. Hymnen d. Mittelalt. 1, Nr. 238) stellt. Und es ist zumeist ebenso anfechtbar, wenn er im einzelnen Anknüpfungen an lateinische Hymnen sucht. Der Vers *Sanctus Petrus der ist gût* z. B. stellt eine Gerippformel dar, bei der keineswegs sicher steht, ob sie in ihrer ersten Prägung das Subjekt *Petrus* aufwies. Darum ist es sehr gewagt, die Zeile als Nachbildung des Hymnenanfangs *Jam bone pastor* (Mone 3, Nr. 684, 9) hinzustellen. Und die Zeile (*der heilige Crist*) *Der aller werlt ein vater ist* bietet eine noch viel alltäglichere Gerippformel, in der statt *vater* die allerverschiedensten Substantiva, z. T. auch Adjektiva eintreten können (s. S. 178). Deshalb bedeutet es eine viel zu schwere Belastung dieser Allerweltszeile, wenn man sie mit dem Hymnenanfang *Pater, cuncta qui gubernas* (Mone 1, Nr. 235) in Verbindung bringen will. Auf weitere solcher haltlosen Verknüpfungen einzugehen erübrigt sich. Es ist immer derselbe Fehler: die spezifisch volksliedhaften Züge des Pilgerliedes sind nicht erkannt; es wird ein Lied noch als Individuallied gewertet, das schon ein jahrhundertelanges Volksliedleben hinter sich hat.

Die ganze Abwegigkeit der Mettinschen Untersuchung enthüllt sich am drastischsten an jener Stelle, wo er die Summe zieht (S. 282): der poetische Wert der Pilgerlieder, sagt er, sei einerseits so gering, daß man keinem der berühmteren Dichter die Verfasserschaft zumuten könne; einem Manne aber aus der Menge, einem Wallfahrer selbst sie zuzuschreiben verbiete die von ihm erwiesene Bekanntschaft mit Bibel und Kirchenlied; so blieben denn nur Geistliche als Verfasser übrig. Der springende Punkt ist eben, daß bei diesen Pilgerliedern mit dem einen Verfasser, der für jede Zeile verantwortlich zu machen ist, nicht mit der Selbstverständlichkeit gerechnet werden darf, wie bei einem Kunstliede, das frisch aus der Hand seines Schöpfers kommt. Die Frage des Verfassers will vielmehr bei diesen poetischen Gebilden als echten Volksliedern auf eine besondere Art angegriffen werden, und sie ist nicht die wichtigste. Gerade die unindividuellen Elemente im Aufbau dieser Lieder herauszuholen, die Tatsache der wechselseitigen Verflechtung und Verfitzung, diesen hervorstechendsten Zug echter Volksläufigkeit, zu erkennen, darauf kommt es an.

Eine große frühmittelhochdeutsche Dichtung wird vielfach in den Bereich der Kreuzzugslieder gerückt, das ist Ezzos Gesang. So umstritten das Werk ist, über einen Punkt herrscht weitgehende Übereinstimmung, daß nämlich das Lied auf der Kreuzfahrt der Jahre 1064/65 von den Pilgern gesungen worden sei (Ehrismann Gesch. d. dtsch. Lit. 2, 1, S. 44 f.; Vogt Gesch. d. mhd. Lit. S. 28). Und in abgeleiteten Darstellungen ist es geradezu zum 'Volkslied' geworden (H. J. Moser Gesch. d. dtsch. Mus.[4] 1, 219). Aber die Auffassung von Ezzos Gesang als Pilgerlied steht auf sehr schwachen Füßen. Die Vita Altmanni meldet bekanntlich: *inter quos* (den ausgezeichneten Teilnehmern der Kreuzfahrt) *praecipui duo canonici extiterunt, videlicet Ezzo scolasticus, vir omni sapientia et eloquentia praeditus, qui in eodem itinere cantilenam de miraculis Christi patria lingua nobiliter composuit, et Cuonradus omni scientia et facundia ornatus, qui postea in nostro loco canonicis praelatus praepositus fuit* Mon. Germ. SS. 12, 230. Man hat sich mehr und mehr dahin geeinigt, daß diese Angabe über die Entstehung des Ezzoliedes als sagenhaft zu nehmen ist. Glaubwürdiger sind die Aussagen der Prolog-Strophe der Vorauer Handschrift, — obgleich auch sie erst geraume Zeit nach der Entstehung des Gesanges gedichtet scheint [1]). Es ist gewiß zutreffend, wenn man einen Hauptgewährsmann für die Göttweicher Tradition, die in der Vita Altmanni ihren Niederschlag gefunden hat, in jenem praelatus Cuonradus sucht (Ehrismann S. 44). Aber genügt es nicht anzunehmen, daß durch diesen Konrad die Kunde nach Göttweich kam: Unter den Teilnehmern der Kreuzfahrt war auch der scolasticus Ezzo, der den berühmten Gesang verfaßt hat? Daraus machte die Klostertradition mit leichter und begreiflicher Verschiebung, daß das große geistliche Erlebnis der Kreuzfahrt Ezzo zu seinem Gesang begeistert habe. Mir scheint, es bedarf der Annahme nicht, daß Ezzos Lied auf der Kreuzfahrt wirklich gesungen worden sei, um die sagenhafte Göttweicher Überlieferung zu erklären. Wie fern übrigens der Verfasser der Vita Altmanni den Dingen und Personen schon stand, erhellt aus dem bläßlichen, im Grunde übereinstimmenden Lobpreis, den er Ezzo und Konrad widmet. Man könnte sogar in Zweifel ziehen, ob ihm Ezzos Gesang überhaupt im Wortlaut bekannt gewesen ist: vielleicht daß sich durch eine solche Voraussetzung die Bezeichnung *cantilena de miraculis Christi* erklärt, die ja eine schlechte Inhaltsangabe bleibt, auch wenn man das Wort *miraculum* in weiterem Verstande nimmt. Eins jedenfalls steht heute fest, 'daß man nicht mehr das Gedicht als für den Gesang der Menge bestimmt ansehen darf', wie es Steinmeyer Denkm.3 2, 187 ausdrückt. Aber wenn er fortfährt, 'obwohl es natürlich diesem mit Fortlassung der Eingangstrophe dienen konnte', so darf man das füglich bezweifeln.

Es gibt vielleicht noch eine bessere Möglichkeit, der Frage des 'Pilgerliedes' nahezukommen, als solche auf einem fragwürdigen Zeugnis beruhenden Kombinationen, das ist die Deutung von innen heraus. Nun halte man echte Pilgerlieder wie das 'In gotes namen varen wir' und die Leise aus dem Herzog Ernst neben das Ezzolied, — der ungeheure Abstand

[1]) Die Schlußzeilen der Strophe *Von ewen zuo den ewen Got gnade ir aller sele* scheinen vorauszusetzen, daß die Personen, von denen die Strophe handelt, längst tot sind.

in Stoff und Stil ist deutlich, der eins vom andern trennt. Freilich jenes sind Volkslieder, dies ist eine Kunstdichtung; erfahrungsgemäß eignet sich volksmäßiger Gemeingesang auch Dichtungen an, die ihm an sich stilfremd sind. Aber daß zu einer Zeit, in der das greif- oder erschließbare Pilgerlied noch recht primitive Formen aufweist, eine solche Kluft übersprungen sein sollte, hält schwer zu glauben. Das Ezzolied bietet die Heilsgeschichte in einer theologisch ausgesponnenen, z. T. gar allegorisierenden Darstellung; dem Pilgerlied — und auch dem späten noch — kommt es auf eine kompakte einlinige Wiedergabe und Auffassung der Heilstatsachen an, das ist der stoffliche Unterschied. Und dem Stile des Pilgerliedes — wieder ziehen wir spätere mit heran — ist Ezzos Gesang deshalb fremd, weil im Pilgerliede das subjektive Element der Anrufung und Bitte viel stärker im Vordergrund zu stehen pflegt und epische Inhalte viel unmittelbarer auf die pilgernden Träger des Liedes und den Zweck ihres Pilgerns bezogen sind, als das bei Ezzo der Fall ist. Es ist einfach ein geistiger Schichtenunterschied, der hier vorliegt. Von einem Chor von Klerikern kann man sich das Ezzolied vorgetragen denken, — notfalls auch auf einer Kreuzfahrt. Aber wer von 'Pilgerlied' spricht, denkt doch gerade an die breite Menge der ungeistlichen Wallfahrer; und ihr Gesang war einer solchen Dichtung nicht gewachsen und nicht geneigt, auch wenn man ihm nicht das ganze Stück zuschiebt, sondern nur etwa die zweite Hälfte, von Strophe 17 ab (Ehrismann S. 45).

Nur einige wenige Abschnitte sehen sich etwas anders an. Dahin gehört vor allem die Strophe 26, *Spiritalis Israel, Nu scouwe wider din erbe* usw., die schon Müllenhoff heraushob (Denkm.[3] 2, 182). Diese Strophe hat etwas vom Stil des volksmäßigen Pilgerliedes. Sie baut sich mit den Ausdrücken des *varens* in ein *lant*, auf das die Christen Anspruch haben, um Vorstellungen herum, die jüngeren Pilgerliedern sehr geläufig sind. Sie enthält mit dem Verse 367 *Der unser herzoge ist so guot* eine Gerippzeile, die in jüngeren Pilgerliedern nicht selten auftritt (s. S. 177) und zweifellos von Ezzo bereits vorgefunden wurde. Auch die Zeile 369 *Vil michel ist der sin gewalt* (ebenso V. 244) gemahnt an diese Sphäre. Das ist eine Strophe, die einfach genug im Ton ist, um als Pilgerlied aufgenommen zu werden, überdies auch geschlossen im Inhalt, — wenngleich immer noch eine handfeste Umdeutung nötig war, um sie für die Zwecke von Jerusalemfahrern geeignet zu machen. Sonst nähert sich noch die hymnische Schlußstrophe der Art des Pilgerliedes mit Versen wie *Des lobe wir got vater al Unt loben es ouch den sinen sun* 408 f.; *Der scol uns ouch genaden* 414 (vgl. *Christe ginado* S. 227). Im übrigen aber begegnet nur hie und da eine Zeile, die an diese Sphäre erinnert: *So lost uns der heilant* 252; *Des pir wir alle geheiligot* 254; *Durch unsih alle erstarb er sit* 246; *Durch unsih leid er note* 290. Aber wenn sich dergleichen auch gelegentlich ballt (244—256), im ganzen ist es viel zu wenig, um Ezzos Gesang der Tiefenlage eines Pilgerliedes anzugleichen. Und ich würde aus solchen Einschlägen nicht schließen, daß das Gedicht zum Pilgerlied geworden ist, sondern daß der Dichter sich hie und da Formeln auch aus der Sphäre des geistlichen Volksliedes angeeignet hat. Gerade bei der Strophe 26 meldet sich die Vermutung, daß sie mindestens einzelnes der künstlerischen Umbildung volksmäßiger Elemente verdankt.

Im Rolandslied hält der Erzbischof Turpin während der letzten großen Schlacht eine Ansprache an das Christenheer, auf die der gemeinsame Gesang des 'Gloria in excelsis deo' folgt:

do sprach der bischof Turpin:
»nu vlehet alle minen trehtin,
wand er durch uns dolte den tot,
daz er bekenne unser aller not,
daz wir reine vür in komen.
wir werden hiute geboren
zuo der ewigen wunne.
hiute werden wir der engel kunne.
hiute sulen wir vrolichen varen.
hiute werden wir lutere westerbarn.
hiute ist unser froude tac,
wand sich sin vrouwen mac
elliu diu heilige cristenheit.
hiute vergilt man uns die arbeit.
wir werden hiute enphangen
mit dem engelsange
zuo den himelischen eren.
hiute gesehe wir unseren herren.
da biren wir iemer mere vro.«
sie sungen 'gloria in excelsis deo'.

Es kann keinem Zweifel unterliegen, daß die Rede des Bischofs nach Inhalt und Wortlaut vom volkstümlichen geistlichen Liede beeinflußt ist, wenn man gewiß auch zu weit gehen würde mit der Annahme, daß es sich (wie beim Herzog Ernst) um die Paraphrase eines bestimmten Einzelliedes, sagen wir: eines Kreuzfahrerleises handelte. Daß der Dichter geistliche Lieder im Munde der Soldaten kannte, geht ja mit aller Deutlichkeit aus einem Verse wie 3778 *Daz gotes lop sie sungen* (vgl. Hoffmann v. Fall. S. 44 Anm.) hervor. Schon der Eingang von Turpins Rede (V. 3281/84) bietet den stehenden Gedanken des geistlichen Volksliedes: 'um deines Todes willen laß uns selig sterben'; der Leis im Herzog Ernst 4538 ff. ist unmittelbar vergleichbar. Neben 3283 halte man den Leis *Sant Mari, muoter unde meit, All unser not si dir gekleit,* der als Schlachtruf im 13. Jh. bekanntlich mehrfach bezeugt ist (Mettin S. 279). V. 3287 erinnert an die Wanderzeile *Hilf uns an der engel schar* (s. S. 188 f.). V. 3288 enthält gewiß nicht von ungefähr den Begriff des *varens*, der im Kreuzfahrerleise wie in sonstigen Pilgerliedern immer wiederkehrt; und die Formel *vrolichen varen* vergleicht sich unmittelbar dem Verse *Frôleichen fara wir,* den die älteste Fassung des Leises 'In gotes namen varen wir' in der zweiten Strophe enthält. Das Rolandslied liefert also ein wertvolles Zeugnis dafür, daß diese Strophe oder sagen wir vorsichtiger: eine Strophe mit dieser Zeile bereits im älteren 13. Jh. vorhanden war (s. o. S. 242 f.). Ganz greifbar wird der Einfluß aus dem Bezirke des deutschen Liedes beim Verse 3290; denn er stellt sich dicht neben die Zeile *Hiute ist, herre, din tac:* so begann ein Lied, das für 1189 im Munde von Kreuzfahrern bezeugt ist (Hoffmann v. Fall. S. 43). Mettin nimmt dies Lied als Übersetzung eines lateinischen Hymnus (S. 279), leider ohne ihn namhaft zu machen. Zumindest liegt also eine Gerippzeile vor, die der Dichter des Rolandsliedes auf seine Art gefüllt hat. Vielleicht aber darf man noch weitergehen. Ein Hymnus aus dem 14. Jahrh. (De nativitate domini, Wack. S. 206) beginnt: *Dies est laetitiae in ortu regali.* Die Vermutung meldet sich, daß der Hymnus sich dieselbe geprägte Liedformel zunutze macht, die in Turpins Rede eingeflochten ist. Auch die Zeilen 3291 f. sind möglicherweise Zitat; sie würden sich jedenfalls in einem Festtagsliede sehr bequem an 3290 anschließen. V. 3293 endlich bringt den Gedanken des Lohnes, der wie im kunstmäßigen, auch im volksmäßigen Kreuzfahrerliede nicht fehlt (vgl. Herzog Ernst 2293). Und zu dem Ausgang der Rede 3294 ff. vergleiche man den Schluß des ersten Leises aus dem Herzog Ernst: (*hilf uns,*) *Das wir frolichen werden funden Da susse ist der engel don, In dime riche.* G. Wolfram hat Zs. f. d. Alt. 30, 89 ff. den Nachweis geführt, daß die kunstmäßigen Kreuzlieder des 12. und 13. Jahrh.s inhaltlich aufs stärkste von den Kreuzpredigten bestimmt sind. Die Rede Turpins im Rolandsliede bietet, wenn man will, den ältesten Beleg für den Zusammenhang von Kreuzlied und Kreuzpredigt. Denn dem Inhalt nach nährt sich diese Rede deutlich aus Liedelementen; stilistisch dagegen ist sie offenbar als ein Stück Predigt gemeint. Daher doch wohl die gutenteils anaphorische Wiederholung des *hiute* Satz für Satz. Diesem rhetorischen Mittel zuliebe wird 3288 eine Liedformel ein wenig schief gebogen. Auf seine Rechnung kommt auch das Zitat 3290. Das formal Bestimmende des Stückes stammt also aus den Bezirken der Rede. Das genügt zum Beweis dafür, daß kein konkretes Einzellied den Ausgangspunkt des Dichters bildet, — sofern es solches Beweises überhaupt bedarf.

Man würde an sich bei den Kreuzfahrerscharen des 11. Jhs. ähnliche Leise voraussetzen, wie sie uns erst bei denen des 12. Jhs. einigermaßen greifbar werden. Denn die Tradition ist bei solchen Gebilden außerordentlich zäh, wie z. B. die Schlageformel der Geißlerliturgie lehrt. Nun schlägt das Rolandslied die erwünschte Brücke.

Daß die Kreuzlieder der mittelhochdeutschen Lyriker nicht ohne weiteres biographisch ausgemünzt werden dürfen, sondern daß auch hier ein literarischer Typus waltet, so gut wie bei den anderen Gattungen mittelhochdeutscher Lyrik, dürfte heute nicht mehr ernstlich bestritten werden. Damit soll natürlich nicht gesagt sein, daß man nicht ein Recht hätte, das einzelne Stück historisch zu beziehen und unter Umständen als Zeugnis für die Teilnahme seines Verfassers an einem Kreuzzug zu bewerten; es soll nur betont werden, daß wir auch diesen Dichtungen gegenüber verpflichtet sind, ernstlich die Frage zu prüfen: Was ist aus der geschichtlichen Situation herzuleiten und Erlebnisgehalt, und was ist Ausdruck und Wirkung des literarischen Vorbildes, formaler Tradition?

Hält man die beiden Kreuzlieder Walthers von der Vogelweide nebeneinander, so springt der starke Stilunterschied sofort in die Augen. In 14, 38 eine Darstellung von Christi Erlösungswerk in ständiger Beziehung aufs heilige Land, in geschlossenem gesteigertem Aufbau, aufs Präteritum gestellt: der Eindruck des Liedes ist vorwiegend episch. Ganz anders 76, 22: es fehlt die durchgehende gedankliche Linie, obgleich ein geschlossener stofflicher Kern wohl vorhanden ist; flackernd, z. T. andeutungshaft und abgekürzt reihen sich die Gedanken aneinander. Das Lied lebt von Imperativen, sein Charakter ist hymnisch.

Wo für die stilistische Haltung des ersten Liedes die Anknüpfungspunkte liegen, ist schwer zu sagen und soll hier nicht untersucht werden. Um so greifbarer ist die literarische Sphäre, mit der das zweite Lied in Berührungen steht: es ist die des Pilgerliedes. Ein zwingender Nachweis hat freilich aus mehr als einem Grunde seine Schwierigkeiten. Zunächst ist das zeitgenössische Vergleichsmaterial zu dürftig. Was an Resten der Kreuzfahrerleise erhalten ist, gibt nicht genug her. Aber ich zweifle nicht, daß diese Reste als Zeugen für ein breiter entwickeltes Pilgerlied zu werten sind, das nicht nur bei Auslandfahrten wie den Kreuzzügen, sondern mehr noch bei heimischen Wallfahrten und Umgängen in Gebrauch stand. Die Geißlerlieder bleiben einfach unverständlich, wenn man sie nicht als Gewächs an einem schon viele Generationen alten Baume versteht. Es ist unzweifelhaft, daß man nicht nur ihre ganze stilistische Haltung, sondern auch vieles von ihren Einzelzügen als Erbgut betrachten darf, das auch in Wallerliedern des früheren 13. Jhs. schon da war. Wenn man sieht, mit welcher Zähigkeit gerade die Pilgerlieder ihren Gedanken- und Formelschatz bis auf den heutigen Tag festhalten, wagt man den Schluß, daß das Pilgerlied des 16. Jhs. — und erst in dieser Zeit wird es uns als breiter Strom sichtbar — in einzelnem eine Jahrhunderte alte Tradition vertritt. So scheint es also methodisch gerechtfertigt, auch aus jüngerem Material die Meinung zu stützen, daß in Walthers Kreuzlied das zeitgenössische Pilgerlied seine Spuren hinterlassen hat.

Eine andere Schwierigkeit liegt darin, daß Walthers Vers wenigstens nicht völlig dem des Pilgerliedes entspricht. Der Vers des Pilgerliedes ist normalerweise vierhebig, und zwar von der althochdeutschen Zeit bis heute: so paßt er sich dem Marschschritt an. Die Leise des 14. Jhs. bevorzugen den stumpfen Ausgang, aber sie scheuen auch vierhebig klingende Verse nicht. Halten wir uns an den sichersten Fall, den Leis 'In gotes namen varen wir', so scheint auch schon für das ältere Pilgerlied diese Bevorzugung des stumpfen Vierhebers gegolten zu haben. Walthers Lied dagegen steht auf sog. dreihebig klingenden Versen; nur jeder vierte Vers geht stumpf aus und pausiert den vierten Takt. So weist also der äußere Strophenrahmen des Kreuzliedes leichte Unterschiede gegenüber dem Pilgerliede auf. Das hat zur Folge, daß eine wortwörtliche Zeilenübernahme erschwert ist. Zudem wären solche wörtlichen Entlehnungen dem Dichter Walther kaum gemäß.

Aber trotz dieser mehrfachen Erschwerung der Beweisführung bleiben ganz greifbare Anhaltspunkte. Berthold von Regensburg zitiert als geistliches Volkslied (1, 43):

Nu biten wir den heiligen geist
Umb den rehten glouben aller meist,
Daz er uns behüete an unserm ende,
So wir heim suln varn uz disem ellende.
Kyrieleis.

Daß diese Verse auch im Pilgerliede ihre Rolle spielten, erweist der Ausgang des Einzugsleises der Geißler in der Fassung Hugos von Reutlingen (s. S. 176). Walthers Kreuzlied sagt in der letzten Strophe:

Bewar uns an dem ende,
So uns der geist verlat,
Vor helleheizen wallen.

Es sind weniger Anklänge im Wortlaut, die hier von Belang sind, als vielmehr die Tatsache, daß die Schlußstrophe des Liedes breit und stark mit einem Gedanken einsetzt, wie er sich aus dem Kreuzliede nicht ohne weiteres versteht, wie er aber zum eisernen Bestande des Pilgerliedes und verwandter poetischer Formen gehört: oft gipfelt das religiöse Volkslied in solcher Bitte und mündet in sie aus. Man beachte übrigens, daß ähnlich wie der obige Leis auch das Kreuzlied in den Versen 77, 30 ff. den Glauben und das Sterben zusammenrückt[1]).

[1]) Von hier aus ergibt sich auch ein Einwand gegen Riegers Versuch (Zs. f. d. Alt. 46, 381), das Kreuzlied in vier Einzellieder aufzulösen. Eine solche Bitte um Beistand beim Ende ist schwerlich geschickt, um ein selb-

Aber nicht nur dieser Stropheneingang führt von dem für ein Kreuzlied nahe- und bereitliegenden Gedankengut ein wenig ab; es fällt auf, wie stark das Lied im ganzen ähnliche Vorstellungen und Empfindungen, die Sorge vor dem sündigen Ende, Gottes Hilfe gegen den Teufel, das Bangen vor der Hölle und um den Himmel, in den Vordergrund treten läßt. Hier sind stoffliche Berührungen mit zeitgenössischen Pilger- resp. Wallfahrtsliedern zu vermuten, sofern man überhaupt aus jüngeren Liedern Rückschlüsse auf den Charakter des geistlichen Volksliedes des 13. Jhs. ziehen darf; man vergleiche etwa das Geißlerlied 'Maria muoter reiniu meit' oder die zweite Hälfte des Leises 'In gotes namen varen wir' in der Fassung vom Jahre 1422 (Hoffmann v. Fall. S. 72 f.).

Aber wichtiger als ein solches stoffliches Zusammengehen sind Stil und Formelsprache des Kreuzliedes. Nicht weniger als fünfzehn Anrufungen enthält das Lied, zehn sind an die Gottheit, fünf an die Kreuzfahrer gerichtet. Das ist der imperativische Stil des Pilgerliedes (vgl. wieder das Geißlerlied 'Maria muoter reiniu meit'). *Nu helf uns der heilant* oder *Nu helf uns die gotes kraft* sagt das geistliche Volkslied, und ähnliche Zeilen sind sicher uralt. Walther umschreibt: *Got sol uns helfe erzeigen* 77, 1, oder *Got, dine helfe uns sende* 78, 4; fünfmal sind die Anrufungen mit dem Begriff des Helfens gefüllt, der auch im Pilgerliede vorherrscht (vgl. alle drei Lieder aus dem Herzog Ernst S. 235 f.). Wenn übrigens die göttlichen Personen innerhalb dieser Anrufungen wechseln, auch *Maria* und der *heiliggeist* erscheinen, darf man vielleicht an das geistliche Volkslied mit seinem Hange zu litaneihaftem Wechsel der Angerufenen erinnern. Schwerlich hat Mettin recht, wenn er in der Anrufung Mariens 'eine Konzession an das religiöse Gefühl der Zeit' sieht (Beitr. 18, 538); wieder liefern die Geißlerlieder, etwa der Einzugsleis, Parallelen. Im übrigen klingen gerade einige der allerhäufigsten Zeilen aus jüngeren Wallerliedern in dem Kreuzliede an, man vergleiche *Bewar die kristen-*

ständiges Kreuzfahrerlied einzuleiten: sie hat ihren natürlichen Platz am Ausgang eines größeren Liedzusammenhanges. Ebenso wird man die breitausladende Anrufung Gottes zu Beginn der ersten Strophe als Einleitung eines größeren Liedgebildes nehmen müssen; sie steht in sehr fühlbarem Gegensatz zum Eingang der zweiten und dritten Strophe: wie die letztere anhebt, kann kaum ein selbständiges Lied begonnen haben.

heit 76, 25 und *Erbarm dich über die kristenheit* (Lied III 2); *Jesus durch diner namen dri Du mach uns, herre, vor sünden vri* heißt es in der Geißlerliturgie und mannigfach ähnlich in späteren Liedern (s. S. 119); vgl. bei Walther *Dur diner namen ere La dich erbarmen, Krist* 78, 18 f. Auch der *læser uz den sünden* 76, 30 gehört hierher; aus den Geißlerleisen vergleicht sich *Daz er uns lôs von aller not* Lied III 11 und *Du mach uns, herre, vor sünden vri* Lied I 44; aber auch der *læser* erscheint formelhaft im geistlichen Volksliede, s. S. 178. *Kristes wunden* 77, 9 kennen auch zwei Kreuzlieder aus dem Herzog Ernst (später in einer festen Schlagzeile des religiösen Volksliedes, s. S. 119), wie ich denn auch in 77, 23 *Erlœsen wir daz grap* eine Erinnerung an den durch ebenjenes Lied und sonst bezeugten Kreuzfahrerruf *Nu helf uns daz heilige grap* sehen möchte (vgl. Lachmann zur Stelle). Aber über solche Einzelheiten hinweg erinnert noch ein anderes an den Stil des religiösen Volksliedes, das ist das eigentümlich Zusammenhanglose in der Gedankenführung und im Aufbau des Waltherschen Liedes. Gegenüber dieser lockeren Fügung ist gar nichts gewonnen, wenn man mit Rieger das Kreuzlied in vier Einzellieder zerlegt; denn diese Lockerheit sitzt ja auch in den einzelnen Strophen. Das synkretistische religiöse Volkslied aber arbeitet seinem Wesen nach ähnlich mosaikartig, ähnlich bindungslos: Assoziationen, zuweilen kaum nachzuempfinden, müssen oft den klaren gedanklichen Fortgang des Inhalts ersetzen.

Ich schließe also für das Kreuzlied auf eine bewußte stilistische Anlehnung Walthers an die Art des Pilgerliedes als religiösen Volksliedes, entfernt vergleichbar der Art, wie er nach Carl von Kraus' schönem Nachweis in der Elegie Anlehnung an die Form des österreichischen Heldenepos suchte [1]). So würde ich es auch deuten, wenn in dem Liede politische Dinge mit keinem Wort berührt werden. Damit läßt sich chronologisch gar nichts anfangen (vgl. Wilmanns, Leben S. 226), das hat einfach Gründe des Stils.

Auf einem ganz anderen Blatt steht die Frage, ob das Lied als Pilgerlied gedichtet und zum Pilgerlied geworden ist. Man

---

[1]) Hier scheint sich ein fester Haltepunkt für eine vielerörterte Frage darzubieten: ob und wieweit man bei einem Dichter wie Walther mit der Benutzung volksmäßiger Lyrik weltlichen Inhalts rechnen darf.

beantwortet diese Frage seit Lachmann, der von einem 'Gesange des Kreuzheeres' sprach (Walther S. 134), gemeinhin mit ja, aber vielleicht ein wenig zu schnell. Mettin äußert sich Beitr. 18, 537 weniger zuversichtlich, und zwar auf Grund des großen Umfangs des Strophengebäudes. Der Punkt ist tatsächlich bemerkenswert. Zwar wird die Strophe durch die Zerlegung in fünf gleich rythmisierte Abschnitte wesentlich vereinfacht; aber obgleich zuzugeben ist, daß die so gewonnenen vierzeiligen Binnenstrophen sich den einfachen Formen des religiösen Volksliedes stark nähern, die normale strophische Form des Pilgerliedes stellen sie nicht dar; es wird schwer halten, im Volksliede Gegenstücke zu ihnen zu finden. Man darf bei diesen Strophenteilen doch wohl von einer veredelten Form volksmäßiger Strophik sprechen; und die durch Reimbindungen erfolgende Zusammenfassung dieser Binnenstrophen zu einem großen strophischen Körper treibt die Stilisierung weiter.

Aber wie es mit der Strophenform auch bestellt sein mag, bestimmt es ist nötig, daß man sich mehr und gründlichere Gedanken macht über das Verhältnis einer Waltherschen Kunstdichtung und eines geistlichen Volksliedes aus dem 13. Jh. Denn darauf läuft es doch hinaus, wenn Wilmanns das Lied für den Gesang vieler bestimmt sein läßt (Leben S. 226), wenn Mettin von einer Rücksicht des Dichters auf das 'Volk' spricht (Beitr. 18, 537), wenn Wolfram von 'Gesang der Menge' redet (Zs. f. d. Alt. 30, 96). Man denkt bei 'Volk' und 'Menge' doch offenbar an die Massen des Kreuzheeres, die auf dem Marsch (Schönbach, Walther[4] S. 186), auf der Meerfahrt (vgl. Herzog Ernst D 3164 ff. 4521 ff.), im Ruhelager das Lied anstimmten; das ergäbe also ein Soldatenlied des Kreuzheeres. Nun spricht aber alle Erfahrung der Volksliedforschung, auch der die es mit dem Soldatenliede zu tun hat, dagegen, daß ein Kunstlied ohne weiteres zum Volkslied wird, auch wenn es sein Verfasser vielleicht so gedacht hat. Was Volkslied wird, darüber befindet allein das Volk; und je tiefer seine soziale Schicht ist, um so geringer pflegt seine Neigung zu sein, sich ganz frische Kunstlieder anzueignen. Für Gleims 'Kriegslieder eines preußischen Grenadiers' begeisterten sich bekanntlich die Fritzischen Offiziere, die Soldaten zogen andere Lieder vor; und mit den Liedern der großen Sänger der Freiheitskriege stand es nicht anders. Ähnlich bedurfte es eines geschulteren Sinnes, um mit dem Waltherschen Kreuzliede zurechtzukommen, das bei aller Anlehnung an das Pilgerlied doch ebenso deutlich über diese Form hinausstrebt. Es mag für den Kreuzzug bestimmt gewesen sein, in dem Sinne, daß es von einem ritterlichen Herrn oder einem Spielmann vorgesungen wurde, aber daß es ein 'Gesang des Kreuzheeres' war, also vom Kunstliede zum Volkslied wurde, das bedürfte erst eines Beweises, der schwer zu führen sein wird.

Der Zweifel, der sich hier regt, verstärkt sich bei dem Liede *Allererst leb ich mir werde*, wenn auch das als 'für den Gesang der Menge bestimmt' hingestellt wird (Wolfram Zs. 30, 96). Auch Schönbach neigte dieser Meinung zu (Walther[4] S. 184). Hier heißt es ganz gewiß den Dichter mißverstehen, wenn man ihm unterlegt, daß er einen Gemeingesang habe schaffen wollen; schon die Ich-Form spricht dagegen. Und richtiger sieht Rieger die Dinge (Zs. 46, 382), wenn er das Lied 'als Vortrag eines einzelnen Sängers gedacht' sein läßt; nur daß er irrt, wenn er es als Zeugnis für die Anwesenheit des Dichters im heiligen Lande nimmt. Wilmanns (Leben S. 225) glaubt aber immerhin, aus dem Zustande der Überlieferung des Liedes den Schluß ziehen zu können, daß es Volkslied geworden sei: die Entstellungen, die es in den Handschriften erfahren hat, so meint er, erweisen es, daß die handschriftliche Überlieferung 'durch den Mund des Volkes gegangen war'. Er findet die volkstümlichste Form des Gedichtes in der Weingartner Handschrift (Leben S. 453f., Anm. 103, wo aber irrige Angaben über den Strophenbestand des Liedes in D gemacht sind). Demgegenüber ist indessen zu betonen, daß dem Liede in B, abgesehen vom strophischen Bestande, alle Merkmale echter Volksläufigkeit fehlen: die Strophen sind in sich, ihrem ursprünglichen Versbestande nach, völlig intakt, die echten Reime sind ausnahmslos bewahrt; keine Spuren von Aushöhlung oder Verschmelzung innerhalb der Strophen treten auf. Kein Zweifel, daß das Lied wesentlich anders aussehen müßte, wenn es ein lebendiges Kreuzfahrerlied gewesen wäre und 'durch den Mund des Volkes' seinen Weg in die Handschrift gefunden hätte. Selbst die innerlich jüngere und entstelltere Fassung in der Würzburger Handschrift bietet, obgleich um mehr als ein Jahrhundert vom Original entfernt, die echte Dichtung noch in einer vergleichsweise so gut erhaltenen Gestalt dar, daß ich Bedenken tragen würde, den Volksmund als Vermittler anzunehmen, ganz abgesehen davon, daß schon die Bewahrung des Verfassernamens in der Würzburger Handschrift in eine andere Sphäre weist als die volksliedhafter Überlieferung im gewöhnlichen Verstande.

Auch Carl von Kraus hat den Gedanken erwogen, wieweit Beliebtheit und Verbreitung von Minneliedern für den unterschiedlich verderbten Überlieferungsstand verantwortlich zu machen sei: er stand bei Morungen vor der Tatsache, daß die schönsten (also wohl auch beliebtesten) Lieder im einzelnen am meisten geschädigt sind. Aber er zog vorsichtig nur den Schluß: 'So sehen wir solche Lieder gewissermaßen auf der ersten Station des Leidensweges zum Volksliede' (Zu den Liedern Heinrichs von Morungen, Berlin 1916, S. 4).

Wir sehen ja über die äußeren Lebensbedingungen der höfischen Lyrik leider nicht hinreichend klar. Es fehlt uns schon eine sichere Vorstellung von den Verbreitungsformen dieser Lieder, nicht minder aber tappen wir im Dunkeln, was den Verbreitungskreis anlangt. Daß er auch sozial tiefere Schichten ergriffen hat, lehrt die Geschichte des Minneliedes im späteren Mittelalter; aber die Frage ist noch offen, in welchem Tempo und auf welchen Wegen die Minnedichtung die Schichten durchschritt. Es liegt auf der Hand, wie wichtig eine Einsicht in diese Dinge für das Verständnis der Textgeschichte und die kritische Beurteilung der Überlieferung wäre; und vielleicht ist es ein Mangel der seitherigen Beschäftigung mit der Minnedichtung, auch der textkritischen Forschung, daß sie sich den gesellschaftlichen Lebensboden dieser Dichtung nicht hinreichend anschaulich zu machen versucht hat. Gewiß werden damit Fragen aufgeworfen, bei denen zweifelhaft sein kann, ob je eine befriedigende Antwort zu erwarten ist. Ein Deutemittel aber sollte man nicht ungenutzt lassen, das ist die Liedüberlieferung der frühneuhochdeutschen Zeit. Die großen Sammlungen der sogenannten Gesellschaftslieder des 16. Jhs. weisen Verhältnisse auf, die äußerlich in manchem durchaus dem Überlieferungsbild vergleichbar sind, vor das die großen Minnesängerhandschriften uns stellen: in beiden Fällen die Tatsache, daß die Liederhandschriften oder -bücher weithin dasselbe Liedergut darbieten (man sehe einmal die Tabellen an, mit denen Arthur Kopp seine Ausgabe des Pal. 343 beschließt [Deutsche Texte des Mittelalters Bd. V]). Hier ist die Aufgabe wesentlich einfacher, die Überlieferungsgeschichte der Dichtungen im Zusammenhang mit ihren gesellschaftlichen Hintergründen zu studieren. An dieser Stelle müßte eine vergleichende Betrachtung einsetzen, um aus Übereinstimmungen oder aus Unterschieden die literarische Situation der älteren Minnedichtung zu klären. Ein solcher Vergleich würde, glaube ich, die schiefe Beleuchtung, in die gerade auch die Waltherschen Kreuzlieder gerückt worden sind, nicht haben möglich werden lassen.

Anhang.

Walthers Kreuzlied 76, 22 nimmt stilistisch durchaus eine Sonderstellung innerhalb der Kreuzlieder mittelhochdeutscher Kunstdichtung ein. Die anderen stehen ihren Stilformen nach dem volksmäßigen Pilgerlied so fern, daß bei ihnen die Fragestellung von vornherein kaum eine Ausbeute verspricht, die das künstlerische Wesen jenes Waltherschen Liedes erhellte. Doch sei anhangsweise auf einen typischen Zug in ihnen hingewiesen, für den bislang die Deutung mangelt. Wolfram, der auf den Spuren von Diez (Poesie d. Troub.[2] S. 158) das Gedankengut der Kreuzlieder im wesentlichen aus der Kreuzpredigt hergeleitet hat, vermochte für ihn in diesem Bezirk keine Anhaltspunkte zu finden (Zs. 30, 104 f.); er klingt übrigens häufiger an, als Wolfram beobachtet hat. Es ist der Hinweis auf die Kürze des Lebens und der verwandte Gedanke an das vielleicht nahe bevorstehende Ende: *Diz kurze leben verswindet, Der tot uns sündic vindet* sagt Walther 77, 4 f., ähnlich *Diz kurze leben daz ist ein wint* Heinrich von Rugge 97, 39; vgl. *Dir sint diu jar gemezzen* Walth. 77, 33. *Nieman weiz wie nahe im ist der tot* sagt Friedrich von Husen 46, 28, ähnlich *nieman weiz wie lange er lebet* Heinrich von Rugge 99, 15. Die erste Waltherstelle zeigt deutlich, was zu solcher Erinnerung ruft: es ist die Sorge um einen bußelosen Tod, um ein Ende in Sünden. Und so reihen sich an diese Stellen weitere an, die unmittelbar von diesem Ende sprechen: über Walther 78, 6 ff. wurde oben gehandelt; vgl. dazu *Und wer sol ime ze helfe komen an sinem ende, Der gote wol hulfe und tuot ez niht* Albrecht von Johannsdorf 89, 33 f. Von hier aus erhalten erst die rechte Beleuchtung Stellen wie *Nu sihe ich wol daz im* (dem minnenden Herzen) *ist gar unmære Wie ez mir an dem ende süle ergan* Friedrich von Husen 47, 23 f. Und *Vil manger nach der werlte strebet, Dem si mit bœsem ende gebet* Heinrich von Rugge 99, 13 f.

Daß hier Zusammenhänge walten, scheint deutlich. Ich wüßte nicht, welche Annahme näher läge als die, daß sie sich als Anklänge geistlicher Liederdichtung erklären. Das brauchte nun freilich nicht notwendig geistliche Volksdichtung zu sein, so sehr sie im Pilgerlied und sonst solche Gedanken in den Vordergrund stellt. Aber ich möchte doch darauf hinweisen, wie nahe Husens Zeilen

Der kan den liuten helfen uz der not.
Nieman weiz wie nahe im ist der tot 46, 27 f.

einem der geläufigsten, bis in unsere Zeit immer von neuem wiederholten und abgewandelten Verspaar des Wallfahrerliedes kommen, das uns zufrühest das Geißlerlied 'Maria muoter reiniu meit' überliefert in der Gestalt:

Daz er uns lôs von aller not
Und bhôtte vor dem gâhen tot

(d. h. von Haus aus eben: vor dem Ende in Sünden, s. o. S. 120). Sind die Zeilen Husens eine Reminiszenz an ein entsprechendes Verspaar des geistlichen Volksliedes?

Register

bearbeitet von Dr. Hans Neumann.

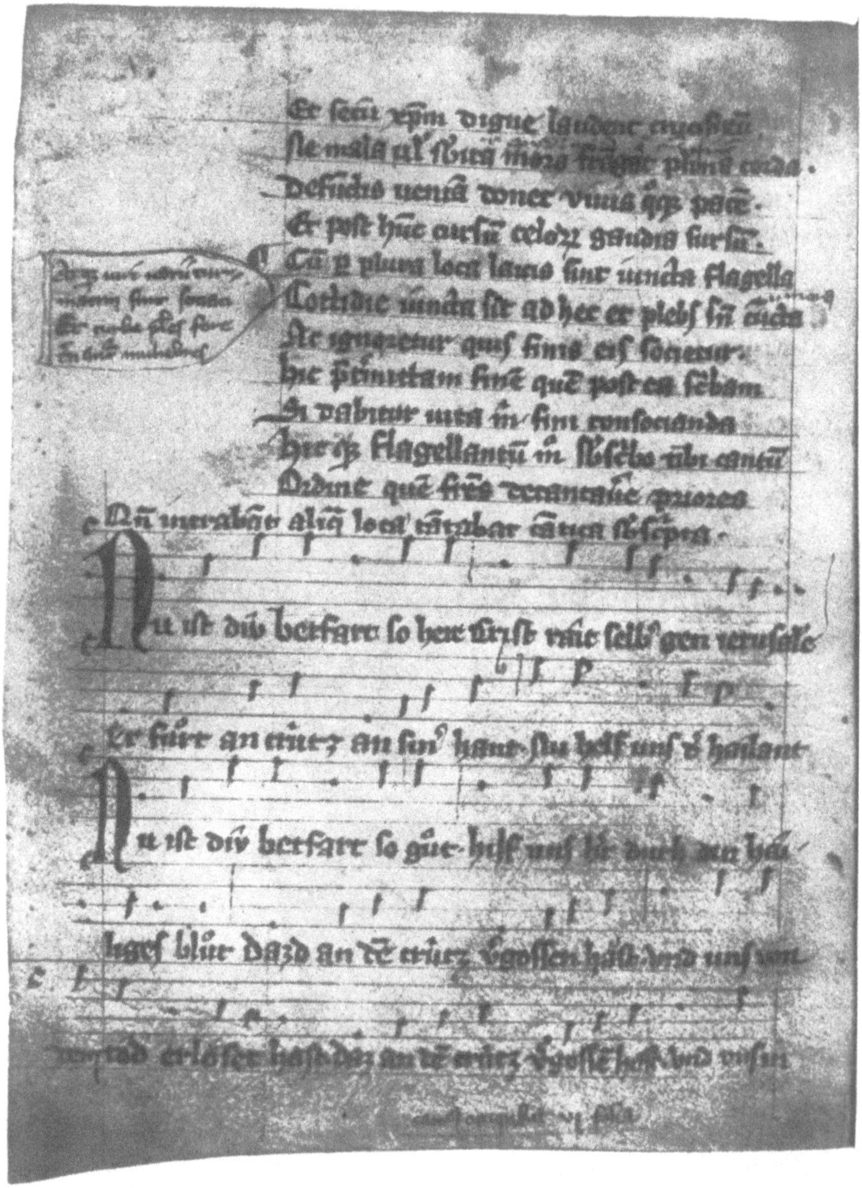

Leningrader Hs. Bl. 30v
Lied II (Einzugsleis).

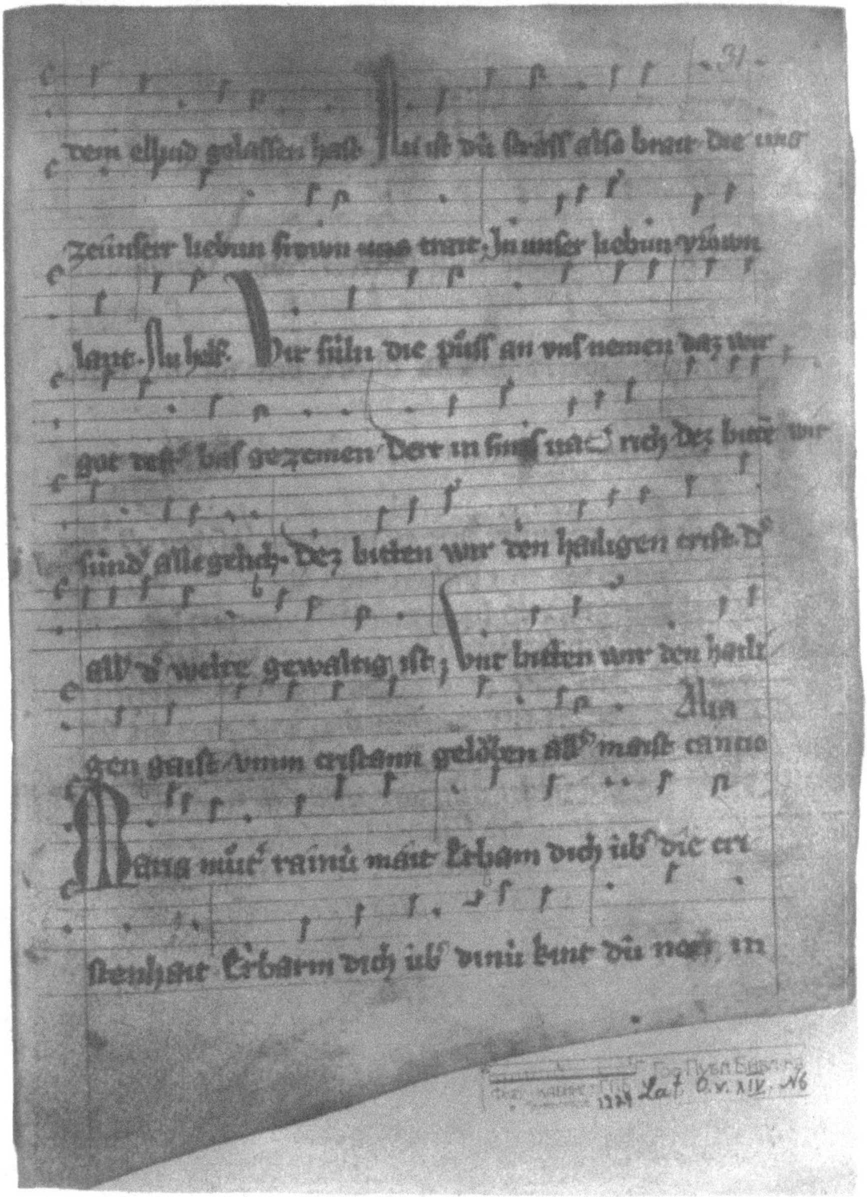

Leningrader Hs. Bl. 31r

Fortsetzung von Lied II und Anfang von Lied III.

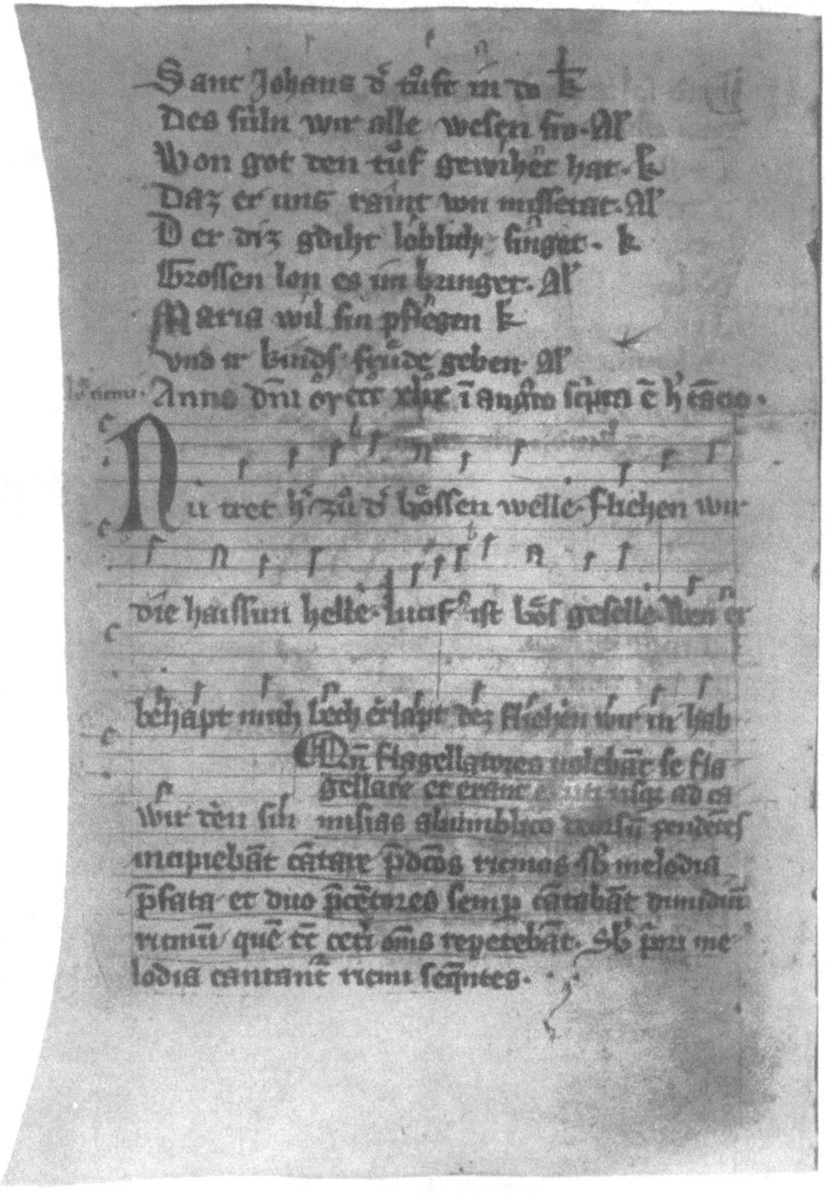

Leningrader Hs. Bl. 34 v

Schluß von Lied IV und Anfang von Lied I (Liturgie).

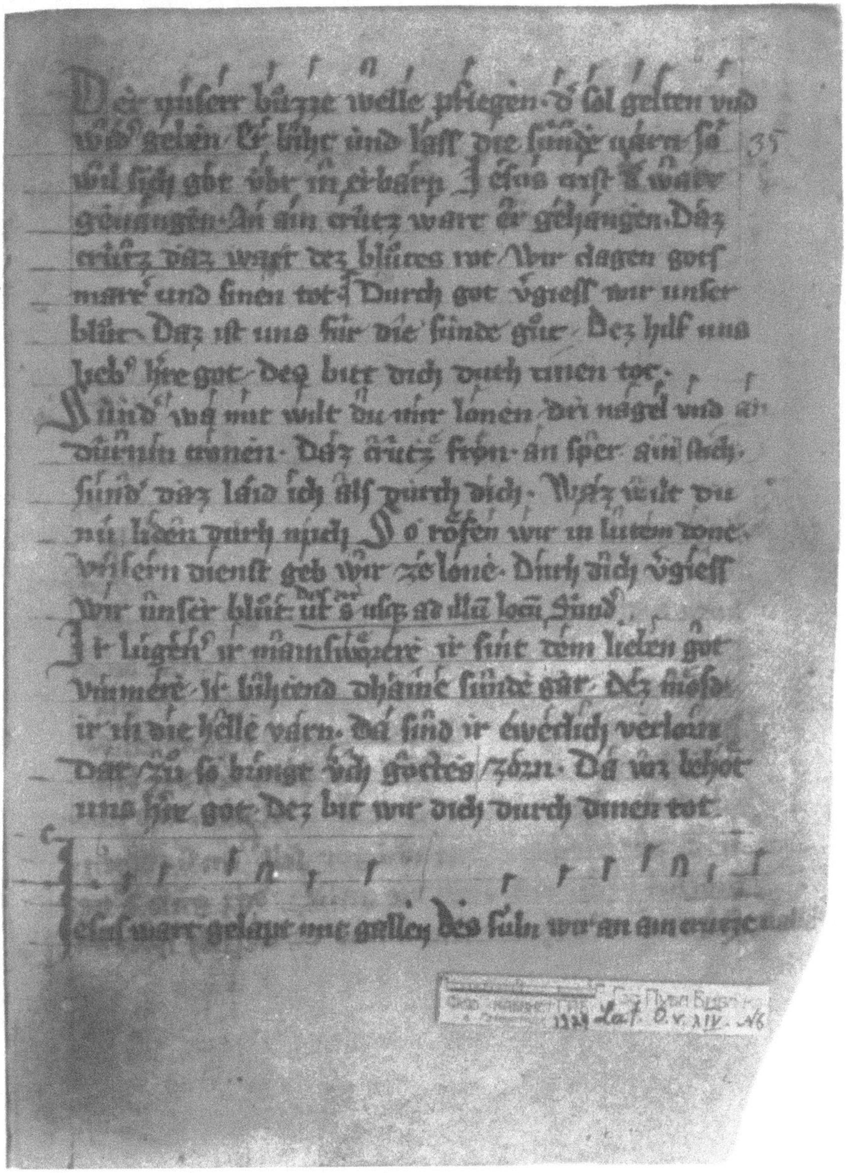
Der unser buzze welle pflegen· d' sol gelten und
wid' geben· Er buze und lazz die sunde varn so
wil sich got uber in erbarn· Jesus crist wart
gevangen· An ein cruze wart er gehangen· Daz
cruze daz wart des blutes rot· Wir clagen gots
marter und sinen tot· Durch got v'giess wir unser
blut· Daz ist uns fur die sunde gut· Dez hilf uns
lieb' herre got· Dez bit wir dich durch dinen tot·
Sund wie wilt du mir lonen· Dri nagel und ein
durnin cronen· Daz crutz fron· ein sper ein stich·
sund daz leid ich als durch dich· Waz wilt du
nu liden durch mich· So rufen wir in lutem done·
unsern dienst geb wir ze lone· Durch dich v'giess
wir unser blut· [illegible] sund·
Ir lugener ir mainswere ir sint dem lieben got
unmere· ir bihtent dhaine sunde gar· Dez muzt
ir in die helle varn· Da sind ir ewerlich verlorn·
Dar zu so bringt uch gottes zorn· Da vor behut
uns herre got· Dez bit wir dich durch dinen tot·
Jesus wart gelabt mit gallen· Des suln wir an ein cruze [illegible]

Leningrader Hs. Bl. 35r
Fortsetzung von Lied I.

FSC
www.fsc.org
MIX
Papier | Fördert
gute Waldnutzung
FSC® C083411

Kolibri 360 GmbH
Ferdinand-Jühlke-Straße 7
99095 Erfurt, Deutschland
produktsicherheit@kolibri360.de